CMP BOOKS
机工IT

系列丛书

朝乐门 主编

数据分析原理与实践

基于经典算法及Python编程实现

DATA ANALYSIS

PRINCIPLE AND PRACTICE

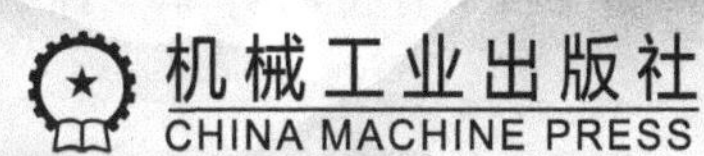

本书主要采用理论学习与实践操作并重、上层应用与底层原理相结合的方式讲解数据分析师需要掌握的数据分析基础知识，包括基础理论、关联规则分析、回归分析、分类分析、聚类分析、集成学习、自然语言处理、图像处理和深度学习。每章内容从 7 个方面展开讲解：包括应用场景、算法原理、核心术语、Python 编程实践、重点与难点解读、习题和主要参考文献及推荐阅读书目。

本书在编写过程中不仅充分借鉴了国内外著名大学设立的相关课程、专家学者的代表性成果，以及近几年的热门畅销书，而且也考虑到了国内相关课程的教学以及相关从业人员自学的需求。

本书可以满足数据科学与大数据技术、大数据管理与应用、计算机科学与技术、管理工程、工商管理、数据统计、数据分析、信息管理与信息系统、商业分析等多个专业的教师、学生的教学和学习需要，也适合广大从事数据分析工作的人员学习参考。

本书配有教学用 PPT，全部程序源代码及数据集，扫描关注机械工业出版社计算机分社官方微信订阅号——IT 有得聊，回复 71082 即可获取本书配套资源下载链接。

图书在版编目（CIP）数据

数据分析原理与实践：基于经典算法及 Python 编程实现/朝乐门主编．—北京：机械工业出版社，2022. 7（2025. 2 重印）

（启迪数字学院系列丛书）

ISBN 978-7-111-71082-0

Ⅰ. ①数…　Ⅱ. ①朝…　Ⅲ. ①数据处理　Ⅳ. ①TP274

中国版本图书馆 CIP 数据核字（2022）第 113465 号

机械工业出版社（北京市百万庄大街 22 号　邮政编码 100037）

策划编辑：王　斌　责任编辑：王　斌　胡　静

责任校对：徐红语　责任印制：李　昂

北京捷迅佳彩印刷有限公司印刷

2025 年 2 月第 1 版第 3 次印刷

184mm×240mm · 17 印张 · 389 千字

标准书号：ISBN 978-7-111-71082-0

定价：89.90 元

电话服务		网络服务	
客服电话：	010-88361066	机　工　官　网：	www.cmpbook.com
	010-88379833	机　工　官　博：	weibo.com/cmp1952
	010-68326294	金　　书　　网：	www.golden-book.com
封底无防伪标均为盗版		机工教育服务网：	www.cmpedu.com

启迪数字学院系列丛书

编　委　会

前　言

数据分析已成为现代人才必备的能力之一。然而，数据分析能力是一种综合素质，不仅需要扎实的理论功底，而且还需要丰富的实践经验。在理论学习方面，数据分析师必须具备机器学习、统计学、数据分析、高等数学、线性代数、运筹学、离散数学、人工智能、数据库、数据仓库、数据挖掘等基础知识；在实践操作方面，数据分析师需要积累大量的实际动手操作经验，尤其是基于 Python 语言的开源工具的数据分析实战经验。因此，如何有效学习数据分析理论和进行实践已成为多数初学者所面临的挑战。

破解这一难题的关键在于师资和教材。遇到一位好老师或一本好书，对于初学者而言是机遇也是幸运。我认为，一本好的数据分析图书需要同时满足以下条件：不仅能读懂，而且能读下去；能激发深入学习的兴趣，增强读者继续学习的信心；不仅有理论知识，而且有实践操作；融会贯通数据分析的多种基础理论，不受限于单一理论；探讨更好的学习思路，提供更丰富的实践技巧；有特色，有智慧。但是，很多同学和朋友曾多次跟我反映，“很难找到这样的好书”。对此，我都会回答：“那么，等我写一本吧！”这就是我写本书的初心和使命。

本书的编写过程是一个反复打磨的过程，融入了我和我的团队长期从事数据科学与大数据分析相关的教学一线、科学研究和数据分析的实践经验，以及我应邀担任多个企事业单位数据科学家或大数据顾问的经验。同时，本书不仅吸收了国际一流大学及国外相关领域的标志性成果及最新进展，而且充分体现了我国数据分析人才培养的需要及未来社会人才需求的基本要求。

本书由朝乐门主编，完成了顶层设计、内容选择、知识讲解和注解点评，张晨（第 2 章和第 7 章）、余欣（第 3 章）、刘璇（第 3 章、第 6 章）、王锐（第 3 章、第 4 章）、孙智中（第 4 章）、尹显龙（第 4 章）、靳庆文（第 4 章、第 5 章）、肖纪文（第 6 章）、熊雷（第 9 章）、任安兴（第 8 章）参与部分内容的起草工作，邓宁远参与了校对工作，在此一并感谢。同时，本书出版得到了机械工业出版社的王斌编辑、中国人民大学、启迪数字学院、教育部-阿里云计算有限公司产学合作协同育人项目以及本书编委会的指导与帮助，在此感谢他们的鼎力支持。

本书在编写过程中参考和引用了大量国内外文献资料，虽尽可能地标注了出处，但也难免有遗漏。因此，也向有关作者表示衷心的感谢。由于我们的水平有限，疏漏、不足乃至错误之处在所难免，敬请各位专家批评指正。

朝乐门

2022 年 6 月 18 日

于中国人民大学中关村校区

目　录

第 1 章　数据分析概述

数据分析是激活数据价值的主要手段之一。学习数据分析不仅需要学习算法和模型，而且还需要了解数据分析的基本类型、主要流程、算法选择、注意事项、发展现状及未来趋势。

1.1　数据分析的基本类型

从复杂度及价值两个维度，可将数据分析分为描述性分析（Descriptive Analytics）、诊断性分析（Diagnostic Analytics）、预测性分析（Predictive Analytics）和规范性分析（Prescriptive Analytics）4 种，如图 1-1 所示的 Gartner 分析学价值扶梯模型。

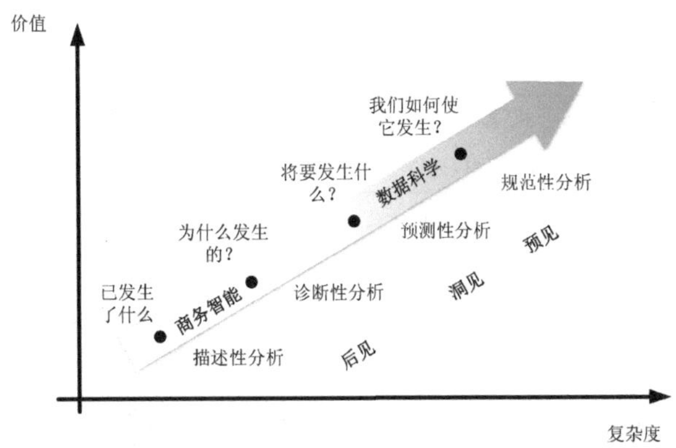

图1-1　Gartner 分析学价值扶梯（Gartner's analytic value escalator）模型

- 描述性分析：主要关注的是“过去”，回答“已发生了什么?”，揭示客观现象的数量特征描述性分析是数据分析的第一步。
- 诊断性分析：主要关注的是“过去”，回答“为什么发生?”，确定数据点之间的因果关系是对描述性分析的进一步理解。
- 预测性分析：主要关注的是“未来”，回答“将要发生什么?”。预测性分析是规范性分析的基础，目前广泛应用的数据挖掘技术可以归类为预测性分析。
- 规范性分析：又称指导性分析，主要关注的是“模拟与优化”的问题给出最优行动建议，即“如何从即将发生的事情中受惠”以及“如何优化将要发生的事情”。规范性分析是数据分析的最高阶段，可以直接产生产业价值。

1.2 数据分析与机器学习

目前，数据分析的实现方式主要有 3 种，机器学习、统计学和数据可视化。

1.2.1 统计学与机器学习

统计学和机器学习的主要区别在于：

- 统计学需要事先对处理对象（数据）的概率分布做出假定（如正态分布等），而机器学习则不需要做事先假定。
- 统计学通过各种统计指标（如 R 方、置信区间等）来评估统计模型（如线性回归模型）的拟合优度，而机器学习通过交叉验证或划分训练集和测试集的方法来评估算法的准确度。

当然，两者之间也存在一定的内在联系。表 1-1 给出了两者主要术语之间的对照关系。

表 1-1 统计学与机器学习的术语对照表

	机器学习	统计学
1	学习（Learn）	拟合（Fit）
2	算法（Algorithm）	模型（Model）
3	分类器（Classifier）	假设（Hypothesis）
4	无监督学习（Unsupervised Learning）	聚类（Clustering） 密度估计（Density Estimation）
5	有监督学习（Supervised Learning）	分类（Classification） 回归（Regression）
6	网络（Network）/图（Graph）	模型（Model）
7	权重（Weights）	参数（Parameters）
8	特征（Feature）矩阵	自变量（Independent Variable）
9	目标（Target）向量	因变量（Dependent Variable）

在无监督学习中，已知数据集为特征（x），不包括目标（y）。关于特征与目标的详细解读，参见本书【第 3 章回归分析】。

有时，机器学习中的“算法”亦称“学习器（Learner）”。

1.2.2 机器学习算法的类型

机器学习的基本思想是基于已知数据集（特征 x 与目标 y）和算法，学习出一个具体的分析模型，然后将新样本的特征（x_{new}）作为分析模型的输入，计算出对应的目标值（$y_{predicted}$），如图 1-2所示。

从图 1-2 可以看出，基于机器学习的数据分析有两个主要阶段。

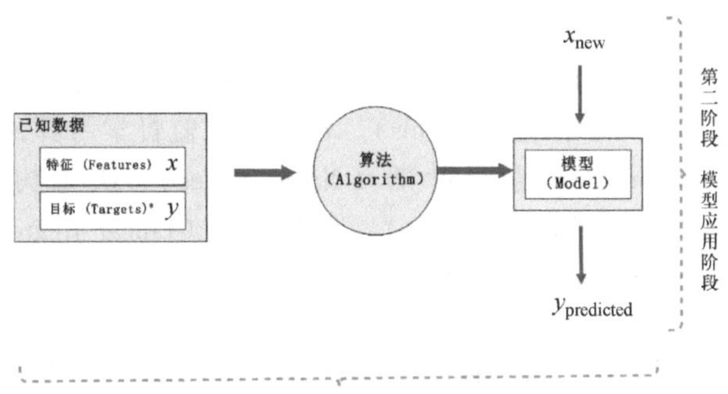

图 1-2　机器学习的示意图

1）建模阶段：基于已知数据集（x，y）和算法，学习出一个具体的分析模型。例如，本书【3.4.1 线性回归】中，已知数据和算法分别为数据集 women.csv（x 为身高，y 为体重）和简单线性回归，所学习出的分析模型为 $y=3.45*x-87.52$。

2）模型应用阶段：将新样本的特征（x_{new}）作为分析模型的输入，通过模型计算出对应的目标值（$y_{predicted}$）。在【3.4.1 线性回归】中，当新样本的特征（x_{new}）为 72 英寸①时，对应的目标值（$y_{predicted}$）为 160.88 磅②。

在数据分析中，建模阶段又可以分成训练（train）、测试（test）和验证（validate）等多个子阶段。建议读者结合后续章节中对具体算法的讲解进行深入理解。

根据学习任务的不同，机器学习算法通常分为有监督学习（Supervised Learning）、无监督学习（Unsupervised Learning）和半监督学习（Semi-supervised Learning），如图 1-3 所示。

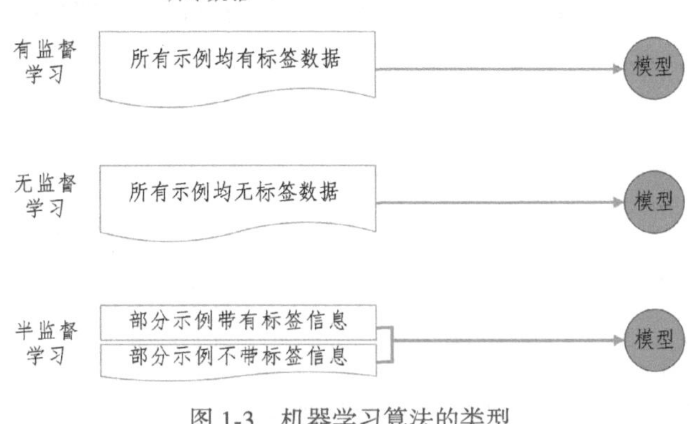

图 1-3　机器学习算法的类型

2019 年，谷歌团队提出了一种名为 UDA（Unsupervised Data Augmentation）的半监督学习方法，采用【仅 20 条有标签数据+7 万条无标签数据】进行“半监督学习”，结果性能超过了基于【2.5 万条完整标签的数据】进行的“有监督学习”的效果。

① 1 英寸=2.54 厘米；

② 1 磅=453.59 克。

(1) 有监督学习

详见本书【第 4 章分类分析】和【第 3 章回归分析】。

有监督学习用数据与已知模式去预测数据，其使用前提是训练集为带标签数据（Labeled data），即训练集中的每个示例（Examples）均带有自己的输出值——标签（Labels）。常见的有监督学习算法有最近邻（Nearest Neighbor）、朴素贝叶斯（Naive Bayes）、决策树（Decision Tree）、随机森林（Random Forest）、线性回归（Linear Regression）、支持向量机（Support Vector Machine，SVM）和神经网络分析等算法。

(2) 无监督学习

详见本书【第 5 章聚类分析】。

无监督学习常用于从数据中发现未知的模式信息，当训练集中未带标签信息时，通常采用无监督学习算法。常见的无监督学习算法有 k-means 聚类、主成分分析（Principal Component Analysis，PCA）、关联规则分析等。

(3) 半监督学习

当训练集中的部分样本缺少标签信息时，通常采用半监督学习（Semi-supervised Learning）。常见的半监督学习算法有：半监督分类方法（如生成式方法、判别式方法等）、半监督回归方法（如基于差异的方法、基于流形学习的方法）、半监聚类方法（如基于距离的方法和大间隔方法等）和半监督降维方法（如基于类标签的方法和基于成对约束的方法）。

1.2.3 机器学习中的算法、模型、参数和超参数

掌握算法、模型、参数和超参数的区别与联系对于正确理解机器学习具有重要意义。

在机器学习中，算法是用来训练模型的方法。算法所训练出的模型通常由参数（Parameter）定义或表示。有时，训练模型的过程涉及选择最佳超参数（Hyperparameter），超参数定义了模型更高层次的概念，如模型的复杂程度，需要在训练模型之前预先定义。超参数的选择也会影响模型参数与模型的预测效果。最终，通过算法训练得到的模型实现数据从输入特征（自变量）到标签或目标（因变量）的映射关系。如表 1-2 所示。

表 1-2 算法、模型、参数和超参数的区别与联系（以简单线性回归为例）

概　念	功　能	举　例
算法（Algorithm）	用于训练模型的方法	简单线性回归算法、KNN 算法、k-means 算法、SVM、逻辑回归算法
模型（Model）	表示算法所训练出的结果	$y=\beta_1 x+\beta_0$（线性回归）
参数（Parameter）	用于描述一个具体模型的参数，其取值可以由训练集训练得出	β_1 和 β_0
超参数（Hyperparameter）	控制机器学习过程并确定学习算法最终学习的模型参数值的参数	训练集和测试集的划分比例（又称学习率，十分重要）

1）算法（Algorithm）：用于训练模型的方法，可分为有监督学习、无监督学习和半监督学习等类型，例如，本书后续章节将介绍的简单线性回归算法、KNN 算法、k-means 算法、SVM、逻辑回归算法等。

参见本书【1.2.2 机器学习算法的类型】

2）模型（Model）：模型是机器学习算法条用已知数据集训练出的结果，是算法的输出。由训练数据和算法共同决定一个模型。由于数据集的选择将影响算法训练的模型，算法和模型之间并非一一对应关系。例如，将简单线性回归算法应用在不同训练集（如父子身高数据集、某企业广告投入与销售额数据集等）上可以得到多个不同的模型，这些模型的区别在于参数取值不同；基于父子身高数据集训练出的模型为 $y=-0.04*x+77.69$，基于某企业广告投入与销售额数据集训练出的模型为 $y=195.34*x+23.5$。

与统计学不同的是，机器学习所训练出的模型一般无法用“公式”表示，所以，只能用“参数”来描述和区分。

一个“算法”可以根据“数据”的不同，产生多种不同的“模型”，即模型的参数不同。

3）参数（Parameter）：参数可以分为算法参数和模型参数。其中，算法参数又称为“超参数（Hyperparameter）”，而模型参数统称简化为“参数”。算法参数和模型参数的区别在于前者由数据分析师来手动指定，而后者可以通过机器学习自动训练，如图 1-4 所示。因此，（模型）参数用于描述一个具体的模型。通常，同一个算法所训练出的模型的参数个数和类型是一致的，区别在于参数取值。例如，简单回归分析中的斜率 β_1 和截距项 β_0。

人们通常所说的“参数”，实际上是“模型参数”。

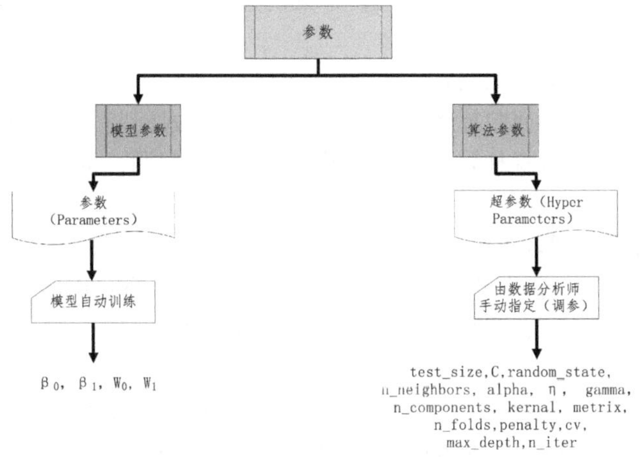

图 1-4　scikit-learn 中常见的模型参数与算法参数

与参数不同的是，超参数的取值与训练数据集无关。通常在模型训练开始之前选择和设置超参数值。因此，超参数被认为是“模型的外部参数”，模型在学习/训练期间无法更改其值。

4）超参数（Hyperparameter）：控制机器学习过程并确定算法最终学习得到的模型参数值的参数，例如，训练集和测试集的分割比例、优化算法中的学习率、聚类算法中的聚类数、多数算法中损失函数的选择、神经网络学习中激活函数的选择、神经网络中隐藏层数及迭代次数（epoch）等。图 1-4 给出了 Python 机器学习第三方包 scikit-learn 中常用的超参数和参数。

scikit-learn 及每个参数或超参数的含义，请结合后续章节的学习进行理解。

1.2.4 数据分析中的基础算法

根据属性值是否为连续属性（continuous attribute，即取值连续或可以取无穷多个可能值的属性），可将有监督学习算法和无监督学习算法进一步分为四大类，如图 1-5 所示。

	无监督学习	有监督学习
连续型	聚类 k-means/GMM/LVQ DBSCAN AGNES 降维 SVD/PCA	回归 线性回归 多项式回归 决策树与随机森林
分类型	关联规则分析 Apriori FP-Growth	分类 KNN 逻辑回归 朴素贝叶斯 SVM 决策树与随机森林

图 1-5 有监督学习算法和无监督学习算法的分类

1）**关联规则分析（Association Rule Analysis）**：属于无监督学习方法，所涉及的属性为分类型属性，常见的关联分析算法有：Aprori 算法和 FP-Growth 算法。

2）**回归（Regression）**：属于有监督学习方法，所涉及的属性为连续型属性，常见的回归算法有：线性回归、多项式回归、泊松回归等算法。决策树与随机森林算法既可以用于解决分类问题，也可以用于解决回归问题。

3）**分类（Classification）**：属于有监督学习方法，所涉及的属性为分类型属性（categorical attribute）。常见的分类算法有：KNN（k-nearest Neighbor，k 近邻）、逻辑回归、朴素贝叶斯、SVM（Support Vector Machine，支持向量机）、决策树以及随机森林等算法。

4）**聚类（Clustering）**：属于无监督学习方法，所涉及的属性为连续型属性（continuous attribute）。常见的聚类算法有：k-means（K 均值聚类）、GMM（Gaussian mixture model，高斯混合聚类）、LVQ（Learning Vector Quantization，学习向量量化）和 AGNES（Agglomerative Nesting，聚集嵌套）算法等。

5）**降维（Gradient Descent）**：属于无监督学习方法，所涉及的属性为连续型属性，常见的降维方法有：SVD（Singular Value Decomposition，奇异值分解）和 PCA（主成分分析，Principal Component Analysis）算法。

1.2.5　数据分析中的高级算法

除上述基础算法外，数据分析还采用以下高级算法。

1）集成学习（Ensemble Learning，EL）：由于上述基本算法在实际应用中容易导致过拟合或欠拟合，在数据分析中一般采用基于多个学习器来共同完成同一个数据分析任务。

关于集成学习，参见本书【第 6 章 集成学习】

2）深度学习（Deep Learning，DL）：人工智能、机器学习和深度学习是数据分析中常用技术和方法，其区别和联系如图 1-6 所示。机器学习是人工智能的组成部分之一，而深度学习是机器学习的一种方法。

关于深度学习，参见本书【第 9 章 深度学习】

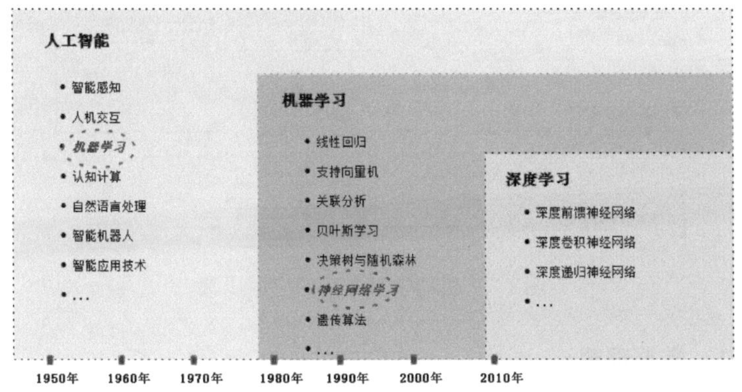

图 1-6　人工智能、机器学习和深度学习的区别与联系

3）增强学习（Reinforcement Learning，RL）：又称强化学习主要研究的是如何协助自治 Agent 的学习活动，进而达到选择最优动作的目的。强化学习是通过反馈的结果信息不断调整之前的策略，从而算法能够学习到在什么样的状态下选择什么样的动作可以获得最好的结果。增强学习中讨论的 Agent 需要具备与环境的交互能力和自治能力，当 Agent 在其环境中做出每个动作时，施教者会提供奖赏或惩罚信息，以表示结果状态的正确与否。通常，强化学习任务用马尔可夫决策过程描述。常用的强化学习算法有蒙特卡洛强化学习和 Q-Learning 算法。

除了深度学习、集成学习和增强学习之外，近年来联邦学习（Federated Learning）、元学习（Meta learning）、可解释机器学习（Interpretable Machine Learning）以及机器学习的可解释性也成为机器学习的新研究点。鉴于编写定位及篇幅限制，本书不再详细介绍上述算法或技术。

1.3　数据分析的主要流程

基于机器学习的数据分析主要包括数据理解、数据准备、模型训练、模型评估、模型优化与重新选择以及模型应用等，如图 1-7 所示。

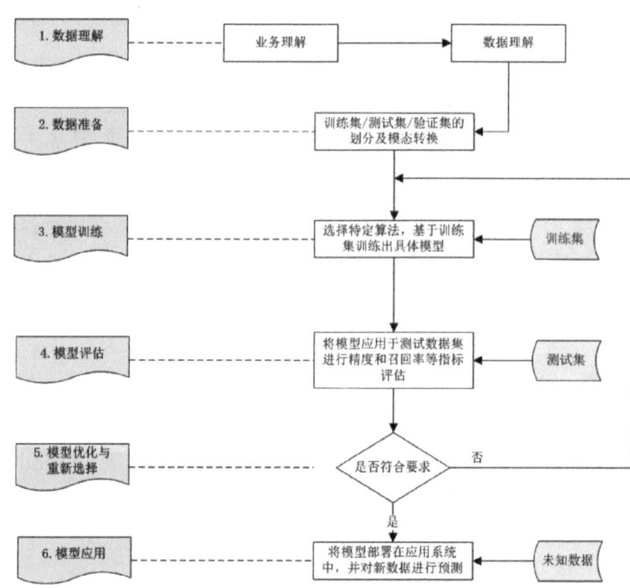

图 1-7　机器学习方法的应用步骤

（1）数据理解

数据理解应以业务理解为基础。业务理解所涉及的主要内容有：确定业务目标，分析业务现状、趋势及存在的问题，确定数据分析目标以及制订数据分析计划等；在正确理解业务及需求的基础上，数据分析师需要进一步在数据层次理解所处理的任务。数据理解是数据准备和选择机器学习算法的关键所在。数据理解所涉及的主要活动包括理解数据与业务之间映射关系，以及采用描述性统计学、探索性数据分析（Exploratory Data Analysis，EDA）以及可视化分析方法对数据的分布、个数、均值、最大值、最小值、均值和相关关系进行分析，为数据准备和算法选择等后续步骤奠定基础。

（2）数据准备

数据准备包括数据整合、数据清洗（数据标准化、数据标注、缺失值和异常值的处理）、数据转换、数据集划分等步骤。机器学习的数据集分为训练集、测试集和验证集 3 种，如图 1-8 所示。也就是说，基于机器学习的数据分析工作需要将数据随机地拆分为 3 个子集——训练集、测试和验证集。3 个子集的占比没有规定的比例，但训练集的占比应最大，经验分配比例为 7：1.5：1.5 或 9.5：0.25：0.25。

1）训练集（Training Set）：用于模型的训练。以数据集 bc_data 为例，可以随机选取 75%的样本作为训练集，训练出一个能够自动诊断癌

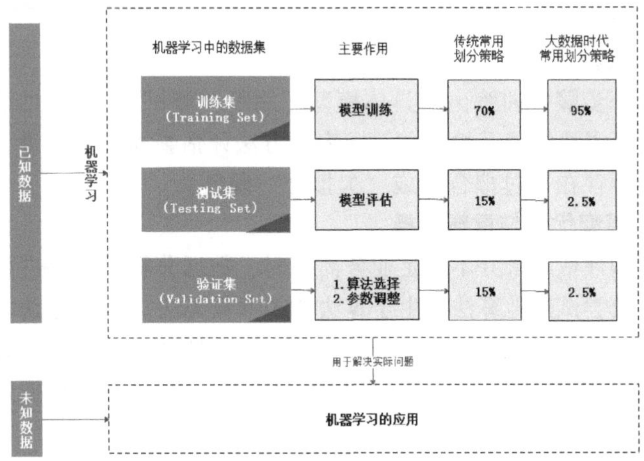

图 1-8　机器学习中的数据划分

症病例的模型——cancerModel。

2）测试集（Testing Set）：用于模型的评估。例如，从数据集 bc_data 中随机选取 15%的样本作为测试集，用于评估模型 cancerModel 的性能。具体评估方法为生成混淆矩阵，并计算精度和召回率。

3）验证集（Validation Set）：用于算法选择和参数调整。可用于训练模型 cancerModel 的算法可能有多种，到底哪一个算法更优？有时算法本身需要设置超级参数，如何设置最优参数值？以上两个问题的回答将用到验证集。

在 Python 机器学习包 scikit-learn 中提供了专用函数 sklearn. model_selection. train_test_split( )，可用于训练集和测试集的划分，该函数的形式参数 test_size 为测试集的占比，float：表示测试数据集占总数据集的比例，取值在 0. 0~1. 0 之间；int：代表测试数据集具体的样本数量；默认设置 0. 25，如图 1-9 所示。

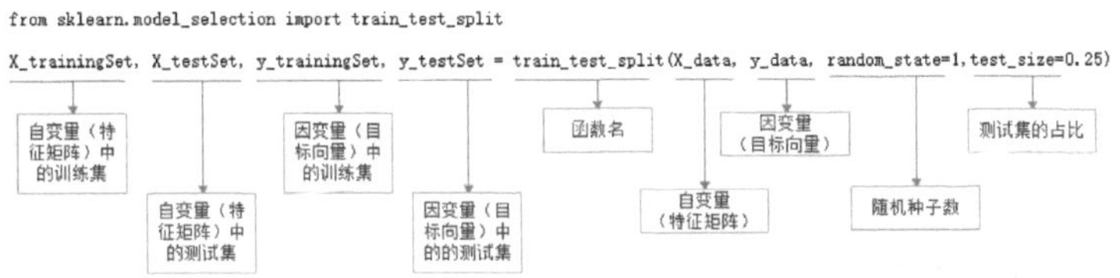

```
from sklearn.model_selection import train_test_split
X_trainingSet, X_testSet, y_trainingSet, y_testSet = train_test_split(X_data, y_data, random_state=1, test_size=0.25)
```

自变量（特征矩阵）中的训练集
自变量（特征矩阵）中的测试集
因变量（目标向量）中的训练集
因变量（目标向量）中的的测试集
函数名
自变量（特征矩阵）
因变量（目标向量）
随机种子数
测试集的占比

图 1-9　sklearn. model_selection. train_test_split( ) 函数

除了测试集、训练集和验证集的划分，机器学习中的数据准备还涉及特征选择、数据标准化、数据标注、缺失值和异常值的处理等。

（3）模型训练

根据业务需求及数据特征，选择某一个机器学习算法，并以“训练集”为基础训练出具体模型。

(4) 模型评估

将上一步骤中训练出的具体模型应用于“测试集”，通过绘制学习曲线、计算混淆矩阵及精度和召回率等方法评估新模型的优度，进而判断模型是否存在“过拟合”或“欠拟合”现象。

有监督学习和无监督学习的评估方法有所不同，建议读者结合本书第 2~5 章的内容进一步理解模型评估方法。

(5) 模型优化与重新选择

当模型评估结果并不满足业务需求时，数据分析师需要进行超参数的调优以及尝试其他算法。由于算法的超参数无法自动优化其取值（如 SVM 算法中的 C 参数），数据分析师需要另行处理超参数的调优。常用的超参数的调优方法有 3 种：网格搜索（Grid search）、随机搜索和贝叶斯超参数优化。

与参数（parameter）不同的是，超参数（hyperparameter）的取值与训练数据集无关。通常在模型训练开始之前选择和设置超参数值。超参数的作用是控制机器学习过程并确定学习算法最终学习的模型参数值。

(6) 模型应用

当发现新模型的信度和效度已符合业务需求时，可以将该模型实现并部署在应用系统中，用于解决实际问题。

1.4　数据分析中的算法选择

在数据分析中，算法的选择主要取决于业务目的、样本和特征的个数、属性值是分类型、数据集是否带有标签信息等。图 1-10 给出了 Python 机器学习包 scikit-learn 中提供的算法及其选择策略。当然，在实际项目中还需要考虑算法的可解释性、是否支持内存计算、训练时间复杂度以及预测时间复杂度等影响模型应用的具体因素。

1.5　数据分析中常用的 Python 包

数据分析常用的 Python 工具包如下。

1.5.1　NumPy

NumPy（Numerical Python）是 Python 数值计算最基础的包之一，包含一个强大的 n 维数组对象。

NumPy 的主要功能是数组计算，“数组”亦称“矩阵”。

（1）NumPy 特点

1）提供高性能的多维阵列对象和与阵列工作的工具。

2）NumPy 的主要对象是同构多维数组，它是一个由相同数据类型的元素或数字组成的表。

3）可用于处理、存储相同数据类型值的数组。

4）简化数组的数学操作及进行数组的向量化，大幅度提升计算性能并缩短运行时间。

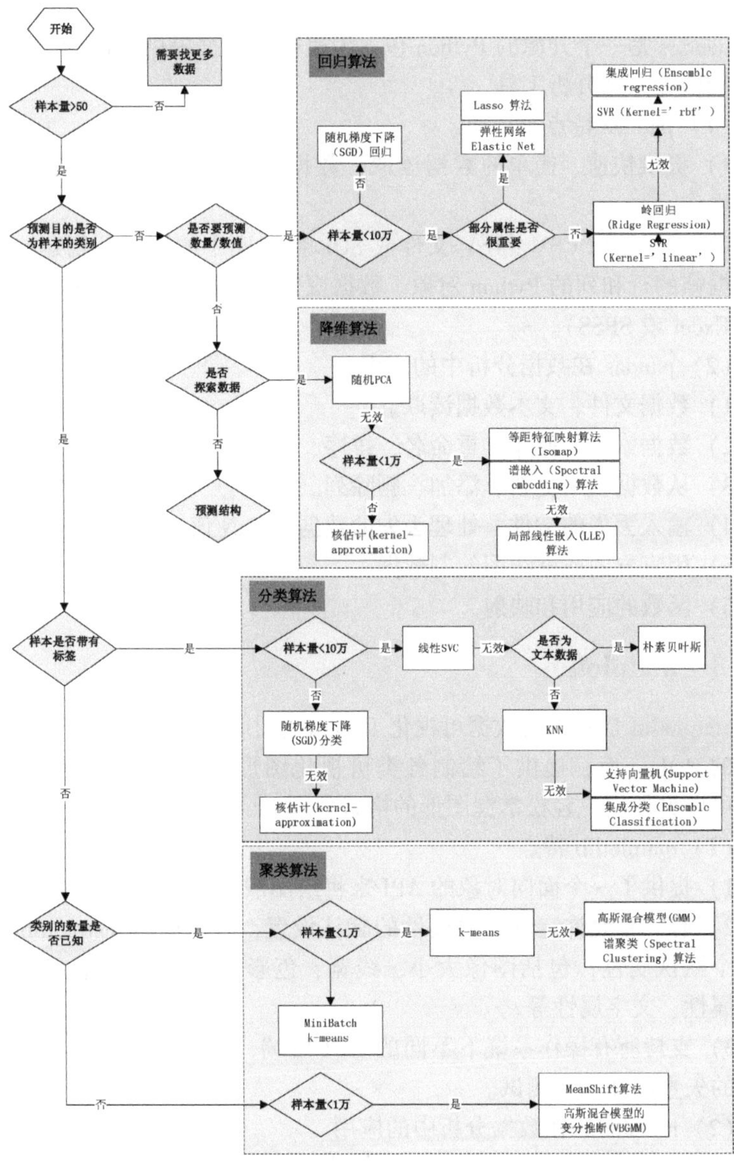

图 1-10 scikit-learn 中提供的算法及其选择策略

（2）NumPy 在数据分析中的应用

1）实现基本的数组操作：相加、相乘、切片、扁平化、矩阵变维、索引数组。

2）高级阵列操作：堆栈阵列、分段阵列、广播阵列。

3）实现线性代数、随机数生成以及傅里叶变换功能。

1.5.2 pandas

pandas 的主要功能为数据框处理，数据框是一种类似于“关系表”的结构。

pandas 是一个开源的 Python 包，为表格类数据提供高性能、易用的数据结构和数据分析工具。

（1）pandas 特点

1）提供快速、简单的数据读取、数据处理、数据聚合和数据可视化等操作。

2）通过获取 CSV、TSV 文件或 SQL 数据库中的数据，创建一个包含数据帧的行和列的 Python 对象。数据框架非常类似于统计软件中的表格（Excel 或 SPSS）。

（2）pandas 在数据分析中的应用

1）数据文件、文本数据读取。

2）数据索引、操作、重命名、排序、合并数据帧。

3）从数据帧中更新、添加、删除列。

4）输入丢失的文件，处理丢失的数据（NaN 值）。

5）用直方图或框线图绘制数据。

6）函数的应用和映射。

1.5.3 matplotlib

matplotlib 的主要功能是数据可视化。

matplotlib 是强大的数据可视化工具和绘图库，是主要用于绘制数据图表的 Python 库，提供了绘制各类可视化图形的命令字库、简单的接口，可以方便用户轻松掌握图形的格式。

（1）matplotlib 特点

1）提供了一个面向对象的 API 来将绘图嵌入到应用程序中。

2）有一套允许定制各种属性的默认设置，可以控制 matplotlib 中的每一个默认属性，包括图像大小、线宽、色彩和样式、子图、坐标轴、网格属性、文字属性等。

3）支持所有操作系统下不同的 GUI 后端，并且可以将图形输出为常见的矢量图和图形测试。

（2）matplotlib 在数据分析中的应用

1）绘制各种数据可视化图表（折线图、散点图、条形图、柱状图、饼图、等值线图、雷达图等）。

2）变量相关分析

3）使用散点图等可视化 95%置信区间的模型离群点检测。

1.5.4 Seaborn

Seaborn 的主要功能为数据可视化。Seaborn 包建立在 Matplotlib 包之上。

Seaborn 是一个基于 matplotlib 的统计图制作库，旨在以数据可视化为中心来挖掘并理解数据。

（1）Seaborn 特点

1）该库为绘制有吸引力的、信息丰富的统计图形提供了高级界面。

2）提供了各种可视化模式，且模式简单易操作。

3）提供的面向数据集制图函数主要是对行列索引和数组的操作，包含对整个数据集进行内部的语义映射与统计整合。

（2）Seaborn 在数据分析中的应用

1）确定多个变量之间的关系（相关性）。

2）观察汇总统计数据的分类变量。

3）分析单变量或双变量分布，并在不同的数据子集之间进行比较。

4）绘制因变量的线性回归模型。

5）提供高层次的抽象、多图表网格。

1.5.5 statsmodels

statsmodels 是常用的统计学工具包，支持统计学中的假设检验、回归分析、时间序列分析等功能。

statsmodels 包的主要功能是统计分析

（1）statsmodels 特点

1）提供了简单描述性统计的计算和统计模型的估计与推断。

2）相较于 scikit-learn 的预测功能，statsmodels 更关注统计推断，提供不确定估计和参数 p-value。

3）支持绘图功能（Graphics），包括拟合图（Fit Plots）、箱线图（Box Plots）、相关图（Correlation Plots）、函数图（Functional Plots）、回归图（Regression Plots）和时间序列图（Time Series Plots）。

（2）statsmodels 在数据分析中的应用

1）线性回归。

2）相关性分析。

3）最小二乘法。

4）时间序列分析。

5）广义线性模型和贝叶斯模型。

6）单变量和双变量分析、假设检验。

1.5.6 scikit-learn

scikit-learn 是常用的机器学习工具包，支持数据预处理、分类、回归、聚类、预测和模型分析等机器学习算法。

scikit-learn 包的主要功能是机器学习

（1）scikit-learn 特点

1）简单、易用且有效。

2）基于 Python 机器学习模块和 BSD 开源许可证。

3）通过 Python 中一致的接口提供了一系列有监督学习和无监督学习算法，包括支持向量机、随机森林、k-means 聚类、均值移动、交叉验证等算法。

（2）scikit-learn 在数据分析中的应用

1）分类、回归、聚类、数据降维、模型选择、数据预处理。

2）对图像和文本中进行数据提取、分析、建模和测试等操作。

3）广泛应用于自然语言处理。

1.5.7 jieba

Jieba 包的主要功能是中文分词处理

jieba 是一种常用的中文分词工具包。

（1）jieba 特点

1）支持 4 种分词模式：精确模式、全模式、搜索引擎模式和 paddle 模式。

2）支持繁体分词。

3）支持自定义词典。

4）MIT 授权协议。

（2）jieba 在数据分析中的应用

1）文本分析。

2）自然语言处理（NLP）。

3）分词、关键词提取、去除停用词。

1.5.8 OpenCV

OpenCV 包的主要功能是机器视觉处理

OpenCV 是一种常用的计算机视觉处理工具包。

（1）OpenCV 特点

1）轻量级而且高效——由一系列 C 函数和少量 C++类构成。

2）提供了 Python、Ruby、MATLAB 等语言的接口，实现了图像处理和计算机视觉方面的很多通用算法。

3）OpenCV 框架中的每一个模块都包含大量的计算机视觉方法，且功能强大。

（2）OpenCV 在数据分析中的应用

1）图像读取、显示、保存。

2）几何运算。

3）灰度变换。

4）几何变换。

5）平滑、锐化。

6）数学形态学。
7）阈值分割。
8）边缘检测。
9）色彩空间。
10）形状绘制。

1.5.9　TensorFlow 和 PyTorch

TensorFlow 和 PyTorch 分别是 Google 和 Facebook（Meta）开发的深度学习工具包。

TensorFlow 和 PyTorch 的主要功能是深度学习。

（1）TensorFlow 和 PyTorch 特点

1）TensorFlow 可以帮助开发者使用数据流图创建具有许多层的大规模神经网络，并允许轻松部署基于机器学习的应用程序。

2）TensorFlow 可高效处理分类、感知、理解、发现、预测和创建数据等方面的业务。

3）PyTorch 可提供两种最高级的特征张量计算，具有强大的 GPU 加速支持，在基于磁带的自适应系统上构建深度神经网络。

4）PyTorch 包含支持计算机视觉、自然语言处理、深度学习和许多其他机器学习程序的工具和库。

5）PyTorch 的建模过程简单透明，使用许多易于组合的预训练模型和模块化零件。

（2）TensorFlow 和 PyTorch 在数据分析中的应用

1）语音/声音识别。
2）情感分析。
3）文本处理。
4）人脸识别。
5）时间序列。
6）视频检测。

1.6　数据分析的注意事项

表 1-3 所示为 Ghavami P 提出的数据分析的 8 个基本原则：更多数据会更好；即使是少量的数据也足够；用分析工具清洗脏数据和噪声数据；用信号增强方法从噪声中识别有效信号；定期重新训练机器学习模型；对准确度过高的模型要保持警惕；处理的是数据中的不确定性，而不是敏感性；模型的集成可以提高其准确度。

来源：Ghavami P. Big Data Analytics Methods[M]. Berlin：De Gruyter，2019.

在实际数据分析中，样本量（数据量）越大，机器学习效果也不一定更好。对于机器学习而言，除了样本的数量之外，样本的概率分布也很重要，如本书【4.5.6 类别不平衡问题】中讨论的类别分布不平衡导致分类效果不理想。

表 1-3 Ghavami 的 8 个分析法则

Ghavami 的 8 个分析法则
①更多数据会更好（More data is better）：更多数据意味着更多的洞察力，更多的智能和更好的机器学习结果
②即使是少量的数据也足够（Even small amount of data can be sufficient）：可以对少量的数据使用外推技术（extrapolation techniques）来实现面向更多数据的泛化洞见（Insights）
③用分析工具清洗脏数据和噪声数据（Dirty & Noisy data can be cleaned with analytics）：可用分析工具来降低噪声数据的影响
④用信号增强方法从噪声中识别有效信号（Distinguish signal from noise by signal boosting）：通过增强信号在数据中的影响，来解决噪声或变量过多的问题
⑤定期重新训练机器学习模型（Regularly retrain Machine Learning models as they atrophy over time）：由于机器学习模型会随着时间的推移而失去准确性，数据分析人员需要定期重新训练机器学习模型
⑥对准确度过高的模型要保持警惕（Be leery of models that are highly accurate）：在实际分析数据工作中，模型的准确率很难达到很高水平（如 95%或 100%）。模型准确率过高很可能是因为“过拟合”现象导致的
⑦处理的是数据中的不确定性，而不是敏感性（Handle uncertainty in data not sensitivity）：数据会随着时间的推移发生变化，因此，需要确保模型具备足够的鲁棒性，以处理数据的多样性及同一数据的多种副本（变体）
⑧模型的集成可以提高其准确度（Ensemble of models improves accuracy）：由于不同模型之间存在一定的优势互补，模型的集成应用可以提高预测、分类和优化的准确性

2015 年，托马塞蒂（Tomasetti C）和沃格斯坦（Vogelstein B.）在《科学（Science）》杂志上发表了一篇题为“组织间癌症风险的差异可以通过干细胞分裂的数量来解释（*Variation in cancer risk among tissues can be explained by the number of stem cell divisions*）”的论文，此文摘要如下。

此处“组织”指的是生物学中的“组织 tissue”，即界于细胞与器官之间的细胞架构

……有些类型的组织引发人类癌症的差异可比其他类型生物组织高达数百万倍。虽然这在最近一个多世纪以来已经得到公认，但谁也没有解释过这个问题。研究表明，不同类型癌症生命周期的风险，与正常自我更新细胞维持组织稳态所进行的分裂数目密切相关（0.81）。各组织间癌症风险的变化只有三分之一可归因于环境因素或遗传倾向，大多数（65%）是由于“运气不好”造成的，也就是说在 DNA 正常复制的非癌变干细胞中产生了随机突变。这不仅对于理解疾病有重要意义，也对设计减少疾病死亡率的策略有作用……

摘要中的“大多数（65%）是由于‘运气不好’造成的”一句成为当时各大媒体的头条新闻，引起了社会各界热议，甚至有人指出了其错误。更重要的是，人们开始认真反思数据分析中普遍存在的“套路”现象及问题。其中最具代表性的是，里克（Leek J T）与彭（Peng R D）在《科学（Science）》杂志上发表的文章“问题是什么：数据分析中最常见的错误（What is the question：Mistaking the type of question being considered is the most common error in data analysis）”中明确提出“之所以出现错误的分析结果，是因为人们混淆了数据分析的类型”的观点。在他们看来，数据分析主要有 6 种（见图 1-11），并提出了 4 种容易犯的数据分析错误，如表 1-4 所示。

推荐阅读 Leek J T, Peng R D. What is the question? Mistaking the type of question being considered is the most common error in data analysis [J]. Science, 2015, 347 (6228): 1314-1315.

表 1-4　数据分析中常见错误

问题类型（实际）	问题类型（曲解）	曲解情况的简单描述
推理分析	因果分析	相关性并不意味着因果关系
探索分析	推理分析	数据疏浚（data dredging）
探索分析	预测分析	过拟合
描述分析	推理分析	分析结论的适用范围过大

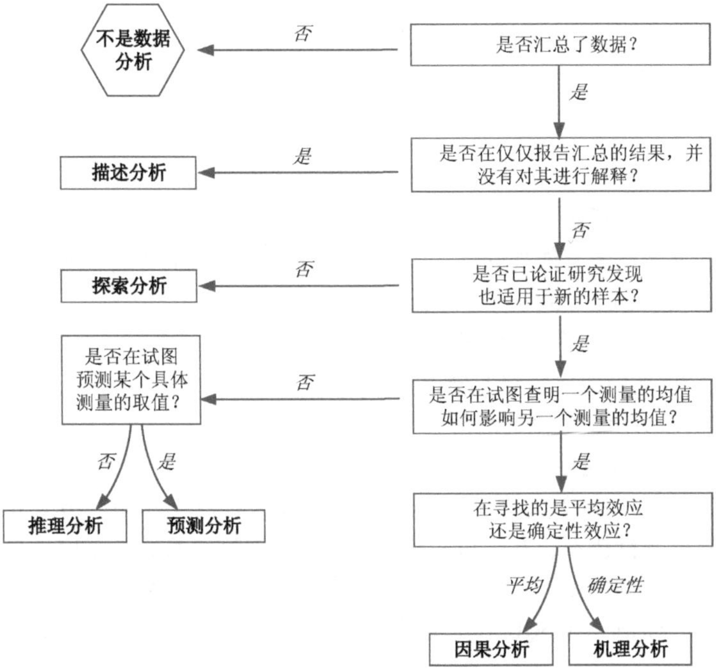

是否汇总了数据？
否 → 不是数据分析
是 ↓
是否在仅仅报告汇总的结果，并没有对其进行解释？
是 → 描述分析
否 ↓
是否已论证研究发现也适用于新的样本？
否 → 探索分析
是 ↓
是否在试图查明一个测量的均值如何影响另一个测量的均值？
否 → 是否在试图预测某个具体测量的取值？（否 → 推理分析；是 → 预测分析）
是 ↓
在寻找的是平均效应还是确定性效应？
平均 → 因果分析
确定性 → 机理分析

图 1-11　数据分析的类型

1.7 数据分析的现状与趋势

推荐阅读 Davenport T H. Analytics 3.0 [J]. Harvard business review, 2013, 91 (12): 64-72.

著名管理学家托马斯·达文波特（Thomas H. Davenport）于 2013 年在《哈佛商业论坛（Harvard Business Review）》上发表一篇题为《第三代分析工具（Analytics 3.0）》的论文，将数据分析的方法、技术和工具——分析工具（Analytics）分为 3 个不同时代——商务智能时代、大数据时代和数据富足供给时代，如图 1-12 所示。

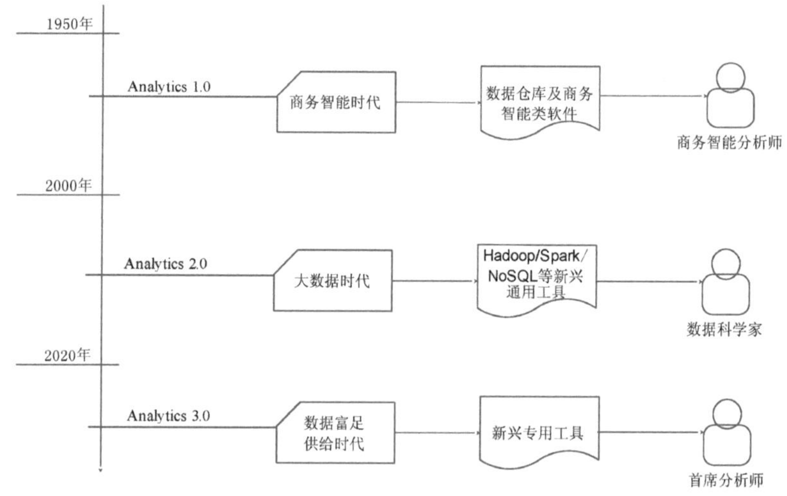

图 1-12　分析工具（Analytics）的 3 个时代

1）Analytics 1.0。Analytics 1.0 是商务智能时代（1950—2000 年）的主要数据分析技术、方法和工具。Analytics 1.0 中常用的工具软件为数据仓库及商务智能类软件，一般由数据分析师或商务智能分析师负责完成。Analytics 1.0 的主要特点如下。

- 分析活动滞后于数据的生成。
- 重视结构化数据的分析。
- 以对历史数据的理解为主要目的。
- 注重描述性分析。

2）Analytics 2.0。Analytics 2.0 是大数据时代（2000—2020 年）的主要数据分析技术、方法和工具，一般由数据科学家负责完成。与 Analytics 1.0 不同的是，Analytics 2.0 中采用了一些新兴数据分析技术，如 Hadoop、Spark、NoSQL 等大数据通用技术。Analytics 2.0 的主要特点如下。

- 分析活动与数据的生成几乎同步，强调数据分析的实时性。

- 重视非结构化数据的分析。
- 以决策支持为主要目的。
- 注重解释性分析和预测性分析。

3）Analytics 3.0。Analytics 3.0 是数据富足供给时代（Data-enriched Offerings）（2020—）的主要数据分析技术、方法和工具。与 Analytics 2.0 不同的是，Analytics 3.0 中数据分析更为专业化。从技术实现和常用工具角度看，Analytics 3.0 将采用更为专业的分析工具，而不再直接采用 Hadoop、Spark、NoSQL 等大数据分析技术。同时，数据分析工作也由专业从事数据分析的数据科学家——首席分析师完成，数据科学家的类型将得到进一步细化。Analytics 3.0 的主要特点如下。

- 引入嵌入式分析。
- 重视行业数据，而不只是企业内部数据。
- 以产品与服务的优化为主要目的。
- 注重规范性分析。

在大数据环境下，传统机器学习领域所面临的主要挑战包括以下 6 个方面。

①算法的可解释性

在大数据时代，算法的可用性和可解释性之间的矛盾更加突出。例如，很多深度学习算法的可用性很强，但可解释性很差，即用深度学习算法训练出的“模型”可以解决实际问题，但很难解释其背后的原因或逻辑，使得很多学者开始关注算法的可解释性问题。算法的可解释性研究已成为算法研究的热点问题之一。

②过拟合

防止过拟合（Overfitting）现象出现的主要方法有很多，比较常用的是“交叉验证法”，即将训练集随机等分为若干份，并选择其中的一份为测试集，而其余作为训练集进行训练。在此基础上，计算目标函数在测试集上的表现力（或性能），为模型评估提供依据。

③维度灾难（Curse of Dimensionality）

一些在低维度空间上表现较好的算法很可能在高维度空间数据上效果低或效率低，甚至不可行。因此，不能将二维或三维空间上的机器学习算法简单移植到高维空间数据的处理之中。

④特征工程（Feature Engineering）

通常在机器学习之前需要对训练集的特征进行分析。以 KNN 算法为例，其前提条件是训练集中的每个样本的分类标签信息均为已知，也就是说 KNN 算法中需要分析训练集的样本特征——分类标签信息。但是，在实际数据处理任务中，往往需要自动完成特征信息的分析和提

Jordan M I, Mitchell T M. Machine learning: Trends, perspectives, and prospects [J]. Science, 2015, 349 (6245): 255-260.

取工作。特征变量的选择不仅要考虑机器学习算法的需要，而且更应考虑领域知识的支持。因此，特征工程涉及的方法和技术很多，如统计学、领域知识、可视化分析等。

⑤算法的可扩展性（Scalability）

机器学习算法的可扩展性不仅要考虑硬件（如内存、CPU 等）和软件（如跨操作系统、跨平台等）上的扩展性，而且还需要重视训练集上的可扩展性。理论上，当训练集越接近测试集时，所得到的目标函数在测试集上的运行效果更准确。但是，在实际工作中，训练集无法接近测试集的规模（如垃圾邮件自动处理中已有的样本垃圾邮件的规模无法接近未来待处理的垃圾邮件的规模）或因样本集的规模太大而导致目标函数过于复杂。因此，在机器学习中需要平衡训练集的规模、目标函数的复杂度以及机器学习算法的运行效率之间的矛盾。

⑥模型的集成

在大数据分析中，往往需要学习多个模型，并对这些模型进行集成处理。模型集成的方法有很多种，例如，直接集成（bagging）法、增强（boosting）法和堆叠（stacking）法。其中，增强法的主要特点是对样本集中的每个样本设动态权重，而堆叠法的特点是多轮递归式的学习。

1.8 习题

1. 在著名管理学家 Thomas H. Davernport 在《哈佛商业论坛》上发表的题为《第三代分析学（Analytics 3.0）》的经典论文中，Analytics 3.0 时代是指（　　）。

A. 商务智能时代　　B. 大数据时代　　C. 数据富足供给时代　　D. 数据智能时代

2. 从复杂度及价值高低两个维度，可以将数据分析分为（　　）。

A. 描述性分析、诊断性分析、预测性分析、探索性分析

B. 探索性分析、诊断性分析、预测性分析、规范性分析

C. 探索性分析、描述性分析、预测性分析、规范性分析

D. 描述性分析、诊断性分析、预测性分析、规范性分析

3. 关于数据分析，下列说法正确的是（　　）。

A. 描述性分析和预测性分析是诊断性分析的基础

B. 诊断性分析是对规范性分析的进一步理解

C. 预测性分析是规范性分析的基础

D. 描述性分析是数据分析的最高阶段，可以直接产生产业价值

4. Analytics 1.0 的主要特点有（　　）。

A. 分析活动滞后于数据的生成　　B. 重视结构化数据的分析

C. 以对历史数据的理解为主要目的　　D. 注重描述性分析

5. 以下描述中属于 Analytics 2.0 主要特点的是（　　）。

A. 侧重嵌入式分析　　B. 重视非结构化数据的分析

C. 以决策支持为主要目的　　D. 注重解释性分析和预测性分析

6. 探索性数据分析（EDA）方法与传统统计学的验证性分析方法的区别有（　　）。

A. EDA 需要事先提出假设，而验证性分析不需要

B. EDA 中采用的方法往往比验证性分析简单

C. 在一般数据科学项目中，探索性分析在先，验证性分析在后

D. EDA 更为简单、易学和易用

7. 在机器学习中，一般将原始业务数据分为多个部分，其中，（　　）用于模型的构建。

A. 训练集　　B. 测试集　　C. 验证集　　D. 全部数据

8. 在机器学习中，一些在低维度空间上表现较好的算法很可能在高维度空间数据上效果低或效率低，甚至不可行的现象称为（　　）。

A. 过拟合　　B. 特征灾难　　C. 维度灾难　　D. 算法可扩展性

9.（　　）是指在数据分析中，往往需要学习多个模型，并对这些模型进行集成处理，例如 bagging 法、boosting 法和 stacking 法。

A. 联邦学习　　B. 集成学习　　C. 交叉验证　　D. 深度学习

10. 下列哪些不是大数据时代机器学习所面临的挑战(　　)。

A. 测试集的规模　　B. 维度灾难　　C. 特征工程　　D. 过拟合

1.9 主要参考文献及推荐阅读书目

[1] ALPAYDINl E. Introduction to machine learning [M]. Cambridge: MIT press, 2020.

[2] DAVENPORT T H. Analytics 3.0 [J]. Harvard business review, 2013, 91 (12): 64-72.

[3] GHAVAMI P. Big Data Analytics Methods [M]. Berlin: De Gruyter, 2019.

[4] JORDAN M I, MITCHELL T M. Machine learning: Trends, perspectives, and prospects [J]. Science, 2015, 349 (6245): 255-260.

[5] KELLEHER J D, Tierney B. Data science [M]. Cambridge: MIT Press, 2018.

[6] LEEK J T, PENG R D. What is the question? Mistaking the type of question being considered is the most common error in data analysis [J]. Science, 2015, 347 (6228): 1314-1315.

[7] scikit-learn Machine Learning in Python [OL]. https://scikit-learn.org/stable/

[8] TOMASETTI C, VOGELSTEIN B. Variation in cancer risk among tissues can be explained by the number of stem cell divisions [J]. Science, 2015, 347 (6217): 78-81.

[9] 朝乐门 . Python 编程：从数据分析到数据科学 [M]. 2 版 . 北京：电子工业出版社，2021.

[10] 朝乐门 . 数据科学——基于 Python 语言 [M]. 北京：人民邮电出版社，2020.

[11] 朝乐门 . 数据科学理论与实践 [M]. 2 版 . 北京：清华大学出版社，2020.

第 2 章　关联规则分析

所谓的“关联规则”其实就是 if-then 语句，如：

X→Y

可以理解为：

If X，then Y

在关联规则分析中，“关联”是指形如 X→Y 的蕴含式。其中，X 和 Y 分别称为关联规则的先导（Antecedent 或 Left-Hand-Side，LHS）和后继（Consequent 或 Right-Hand-Side，RHS）。以“啤酒与尿布”为例，“尿布→啤酒”就是一个强关联规则，其含义如下：如果（if）顾客买了尿布，那么（then）他（她）很可能会买啤酒。

关联规则分析的典型案例是“尿布与啤酒”销售案例。沃尔玛公司数据仓库里集中了其各门店的详细原始交易数据。在这些原始交易数据的基础上，沃尔玛公司利用数据挖掘方法对这些数据进行分析和挖掘。一个意外的发现是：跟尿布一起购买最多的商品竟是啤酒。经过大量实际调查和分析，揭示了一个隐藏在“尿布与啤酒”背后的消费模式——年轻父亲下班后经常要到超市去买婴儿尿布，而他们中有 30%～40%的人同时也为自己买一些啤酒。产生这一现象的原因是：太太们常叮嘱她们的丈夫下班后为小孩买尿布，而丈夫们在买尿布后又随手带回了他们喜欢的啤酒。

关联规则的主要算法

关联规则分析的实现算法有多种，如 Apriori、FP-growth 和 EClat 等。本章主要讲解 Apriori 算法。Apriori 算法是一种用于挖掘出频繁项集和数据关联规则的算法，由 Agrawal 和 Srikant 于 1994 年提出。其中，频繁项集表示在数据集中经常一起出现的项的集合；关联规则反映了一个项与其他项之间的关联关系，即通过一个或多个项来预测其他项的可能性。

2.1　应用场景

常用的关联规则分析算法有 Apriori、FP-growth 和 Eclat。

关联规则分析的主要应用场景为在已知数据中发现某种潜在的模式——关联规则（见图 2-1）：借助关联规则分析算法，在已知数据集

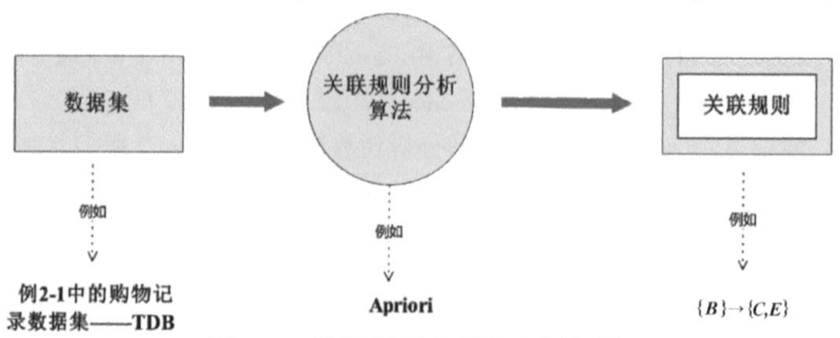

图 2-1　关联规则分析的应用场景

（如本章【2.2.2 Apriori 算法的流程】中的数据集——TBD）中发现符合某种条件（如最小支持度 minsub = 2）的最大频繁项集（如 {B, C, E}）。目前，关联规则分析常用于购物车分析中。

2.2　算法原理

通常，关联规则挖掘（发现）的基本思路如下：先查找所有频繁项集（Frequent Itemset），然后将它们后处理为“关联规则”。

1）关联规则（Association Rule）：类似于“A, B→C”，含义为当 A 和 B 同时出现时，C 往往会出现。

2）项集（Itemset）：只是一个诸如 {A, B, C} 的集合。与关联规则不同的是，项集中项 A，B 和 C 之间不存在先后或条件关系。频繁项集是“支持度（support）”大于最小支持度阈值的项集。

掌握“关联规则”和“频繁项集”的区别与联系是正确理解关联规则算法的关键所在。

A、B 与 C 为不相交的集合（disjoint sets）

关于“支持度”的含义，参见本章【2.3.3 支持度】。

2.2.1　Apriori 算法的假设

Apriori 算法包含两条重要的先验性质。

1）如果一个集合是频繁项集，则它的所有子集也都是频繁项集。以数据集 TDB 为例，集合 {A, C} 是频繁项集，则它的子集 {A}，{C} 都是频繁项集。

2）如果一个集合不是频繁项集，则它的所有超集都不是频繁项集。以数据集 TDB 为例，集合 {A, B} 不是频繁项集，则它的超集 {A, B, C}，{A, B, D} 都不是频繁项集。

All subsets of a frequent itemset must be frequent (Apriori proper-try). If an itemset is infrequent, all its supersets will be infrequent

2.2.2　Apriori 算法的流程

Apriori 算法包括两项主要任务。

1）找到数据库中所有满足“最小支持度”的“频繁项集”。

2）基于“频繁项集”产生满足“最小置信度”的“强关联规则”。

关于“置信度”和“支持度”的区别，参见本章【2.3 核心术语】。

从数据分析角度看，企业数据可分为三种，事务型数据、分析型数据和主数据，如图 2-2 所示。本章接下来讨论的数据集 TDB 为一种事务型数据集。该数据集包含 4 个项集（items），分别为 {A, C, D}，{B, C, E}，{A, B, C, E}，{B, E}，具体的实现步骤如下。

1）第一次迭代，对整个数据集进行遍历，得到“1-项集”的候选项集合及出现频次。即 {A} 的出现频次为 2，{B} 的出现频次为 3，{C} 的出现频次为 3，{D} 的出现频次为 1，{E} 的出现频次为 3。

2）剔除小于最小支持度的项集，得到频繁 1-项集。这里的最小支持度为 2，表示最小的出现频次为 2，因此 {D} 不符合最小支持度，筛

在关联规则分析中，k-项集是指项集中的元素个数为 k。在 Apriori 算法中，第一次迭代以 k=1 开始，即以包含 1 个项的项集开始迭代。

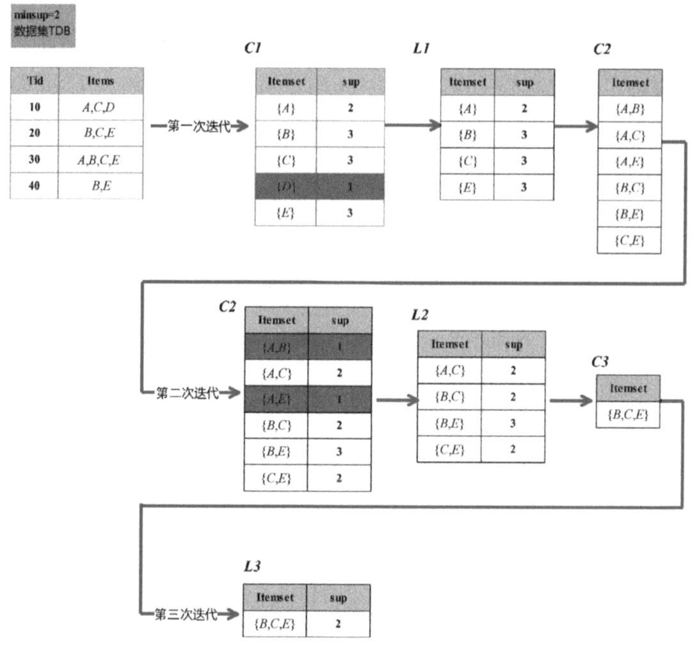

图 2-2 产生最小支持度为 2（minsup=2）的频繁项集

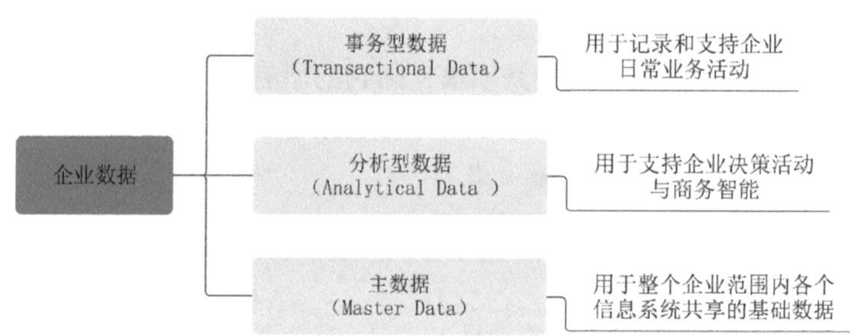

图 2-3 企业数据的划分方法

选得到的频繁 1-项集为 $\{A\}$，$\{B\}$，$\{C\}$，$\{E\}$。

Apriori 的每一轮迭代分为两个步骤：连接步（自连接）和剪枝步（剔除）。

3）第二次迭代：将频繁 1-项集自连接得到“2-项集”的候选项集合，即得到 $\{A, B\}$，$\{A, C\}$，$\{A, E\}$，$\{B, C\}$，$\{B, E\}$，$\{C, E\}$，接着剔除小于最小支持度 2 的项集，得到的频繁 2-项集为 $\{A, C\}$，$\{B, C\}$，$\{B, E\}$，$\{C, E\}$。

4）第三次迭代：将频繁 2-项集自连接得到“3-项集”的候选项集合，即得到 $\{B, C, E\}$，它的出现频次为 2，满足最小支持度，保留该项集得到频繁 3-项集，不断迭代，直到频繁项集为空，即“4-项集”为空，便得到了所有的频繁项集。

5）将频繁项集 Z 划分为非空子集 X 和 Y，其中 $Y=Z-X$，接着计算规则 $X\to Y$ 是否满足最小置信度（Confidence），若不满足则删去这项规则，迭代得到最终的关联规则。例如对于频繁项集 $\{B, C, E\}$，它的非空子集有 $\{B\}$，$\{C\}$，$\{E\}$，$\{B, C\}$，$\{B, E\}$，$\{C, E\}$，关联规则 $\{B\}\to\{C, E\}$ 的置信度为 $\frac{\sup(\{B,C,E\})}{\sup(\{B\})}=\frac{2}{3}$，若设定最小置信度为 50%，则该项关联规则满足最小置信度，故保留。

关于“置信度”和“支持度”的区别，参见本章【2.3 核心术语】。

2.3　核心术语

Apriori 算法所涉及的术语及其定义如下。

2.3.1　事务型数据

从企业数据管理角度看，数据通常分为三大类：事务型数据（Transactional Data）、分析型数据（Analytical Data）和主数据（Master Data），而关联规则分析的分析对象为是事务型数据（见图 2-3）。

item 为项
itemset 为项集
sup 为支持度
minsup 为最小支持度

关联规则分析中的“分析”对象为事务型数据，而不是主数据和分析型数据。

2.3.2　项集

关联分析的数据一般是事务型数据，事务型数据的特点是数据集中每一行记录对应一个事务（交易数据的明细），每个事务中的元素称为“项（Item）”。

“项集（Itemset）”是包含一个或者多个“项（Item）”的集合，若包含 k 个项，则称为 k-项集。

例如，在图 2-2 所示的数据集 TDB 中 $\{A, B\}$ 为项集（Itemset）；A 和 B 为项（Item）；$\{A, B\}$ 为 2-项集。

“频繁 k-项集”是指满足最小支持度的项集。例如，$\{A\}$，$\{B\}$，$\{C\}$，$\{E\}$ 为频繁 1-项集；$\{A, C\}$，$\{B, C\}$，$\{B, E\}$，$\{C, E\}$ 为频繁 2-项集；$\{B, C, E\}$ 为频繁 3-项集。

k 代表的是项集的长度，即项集中所包含的元素个数。

2.3.3　支持度

“支持度(**Support**)”是指项集出现的频繁程度（见图 2-4），计算方式为

$$\text{Support}(\{A,B\})=P(AB)=\frac{A\text{ 和 }B\text{ 同时被购买的次数}}{\text{总购买次数}}$$

支持度越高，则说明 A 和 B 这两个物品一起出现的概率越大。

“最小支持度”是指人为规定的有实际意义的阈值，表示项集的最低重要程度。例如，在图 2-2 中频繁项集的最小支持度为 2。

支持度可以用绝对值表示（见图 2-2），也可以用占比表示，此处给出的是占比公式。

此处，“minsup = 2”中的 2 为“以绝对值方式表示的支持度”，如果转换成占比表示，那么为“minsup = 0.5”。

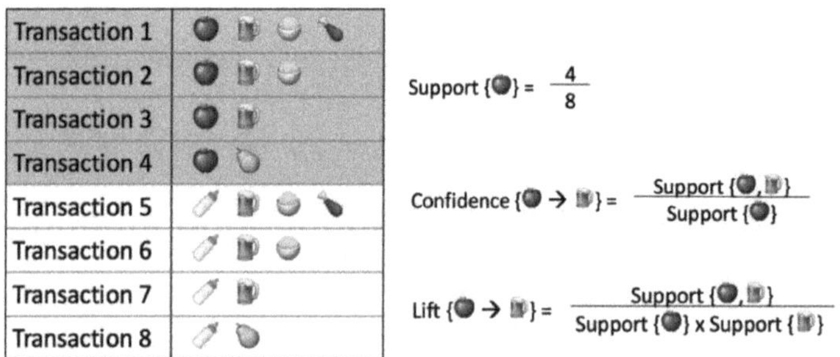

图 2-4　支持度（Support）、置信度（Confidence）和提升度（Lift）的计算方法（图片来源：Annalyn Ng，2016）

2.3.4　置信度

参见本章【2.3.3 支持度，置信度和提升度的区别】中的图 2-4。

置信度为条件概率

“置信度（Confidence）”是指在 A 发生的同时发生 B 的概率（见图 2-4），计算方式为

$$\text{Confidence}(\{A\}\rightarrow\{B\})=P(B|A)=\frac{\text{Support}(\{A,B\})}{\text{Support}(\{A\})}。$$

“最小置信度”是指人为规定的有实际意义的阈值，表示关联规则最低的可靠程度。例如，在图 2-2 的示例中，可设定最小置信度为 50%。

2.3.5　提升度

提升度为概率比值，其含义为：A 的出现对 B 的出现概率提升的程度。

提升度（Lift）是指在 A 发生的条件下对 B 发生的影响，即 A 发生的同时 B 发生的概率与只发生 B 的概率之比（见图 2-4），计算方式为

$$\text{Lift}(\{A\}\rightarrow\{B\})=\frac{P(B|A)}{P(B)}=\frac{\text{Confidence}(\{A\}\rightarrow\{B\})}{\text{Support}(\{B\})}$$

1）当 Lift>1，说明 A 和 B 之间有正相关关系，且提升度越高说明正相关性越高。

2）当 Lift<1，说明 A 和 B 之间有负相关关系，且提升度越高说明负相关性越高。

3）当 Lift=1，说明 A 和 B 之间没有相关关系，A 和 B 相互独立。

2.3.6　关联规则

“关联规则”是以itemset1→itemset2 的形式，表示在 itemset1 发生时也会发生 itemset2 的关系。例如，$\{B\}\rightarrow\{C, E\}$ 就是一条关联规则，表示在 B 出现的同时也会出现 C 和 E。

“强关联规则” 是指满足最小支持度和最小置信度的关联规则。例如，关联规则 $\{B\} \rightarrow \{C, E\}$ 就是一条强关联规则，它符合最小支持度 2 和最小置信度 50%。

2.4　Python 编程实践——购物车分析

本案例概述如下。

【数据及分析对象】 CSV 文件——文件名为 “Online Retail. xlsx”，数据内容来自 “在线零售数据集”，下载地址为 https://archive.ics.uci.edu/ml/datasets/online+retail。该数据集记录了 2010 年 12 月 01 日至 2011 年 12 月 09 日的 541909 条在线交易记录，包含以下 8 个属性。

- InvoiceNo：订单编号，由 6 位整数表示，退货单号由字母 “C” 开头。
- StockCode：商品编号，每个不同的商品由不重复的 5 位整数表示。
- Description：商品名称。
- Quantity：商品数量，每笔交易的每件产品的数量。
- InvoiceDate：订单日期和时间，表示生成每笔交易的日期和时间。
- UnitPrice：单价，单个商品的英镑价格。
- CustomerID：顾客编号，每位客户由唯一的 5 位整数表示。
- Country：国家名称，每位客户所在国家/地区的名称。

【目的及分析任务】 理解 Apriori 算法的具体应用。

1）计算最小支持度为 0.07 的德国客户购买商品的频繁项集。

2）计算最小置信度为 0.8 且提升度不小于 2 的德国客户购买商品的关联关系。

【方法及工具】 能够实现 Aprior 算法的 Python 第三方工具包有 mlxtend、kiwi-apriori、apyori、apriori_python、efficient-apriori 等，比较常用的是 mlxtend、apriori_python、efficient-apriori，本节采用的是 mlxtend 包。

2.4.1　业务理解

本例所涉及的业务为购物篮分析，即计算德国客户购买商品的频繁项集和关联关系，从而判断哪些商品更可能被同时购买。该业务的主要内容是将最小支持度设为 0.07，生成德国客户购买商品的频繁项集，并计算德国客户购买商品中具有正相关关系的商品，并将最小置信度设为 0.8，筛选出满足最小置信度且提升度不小于 2 的德国客户购买商品的关联关系。

该业务所涉及的业务术语为购物篮分析，指从单个客户一次购买商品的数据信息中挖掘商品之间的关联关系，进而辅助决策者调整营销策略。

2.4.2 数据读入

安装 mlxtend 的命令：pip install mlxtend

apriori：生成频繁集

association_rules：生成关联按规则

首先，导入本案例所需的 Python 包：

```
In[1]  import pandas as pd
       from mlxtend.frequent_patterns import apriori
       from mlxtend.frequent_patterns import association_rules
```

通过用 Pandas 的 read_excel( ) 方法，将硬盘中的 Python 解释器当前工作目录下的 Online Retail. xlsx 文件读入至内存中的数据库 df_Retails：

```
In[2]  df_Retails = pd.read_excel('Online Retail.xlsx'
       df_Retails.head()
```

关于 . read_excel( ) 方法的详细说明，参见 Pandas 包的官网。

对应输出结果为：

	InvoiceNo	StockCode	Description	Quantity	InvoiceDate	UnitPrice	CustomerID	Country
0	536365	85123A	WHITE HANGING HEART T-LIGHT HOLDER	6	2010-12-01 08:26:00	2.55	17850.0	United Kingdom
1	536365	71053	WHITE METAL LANTERN	6	2010-12-01 08:26:00	3.39	17850.0	United Kingdom
2	536365	84406B	CREAM CUPID HEARTS COAT HANGER	8	2010-12-01 08:26:00	2.75	17850.0	United Kingdom
3	536365	84029G	KNITTED UNION FLAG HOT WATER BOTTLE	6	2010-12-01 08:26:00	3.39	17850.0	United Kingdom
4	536365	84029E	RED WOOLLY HOTTIE WHITE HEART.	6	2010-12-01 08:26:00	3.39	17850.0	United Kingdom

2.4.3 数据理解

调用 shape 属性查看数据框 df_Retails 的形状：

. shape：查看数据框的形状

```
In[3]  df_Retails.shape
```

对应输出结果为：

```
(541909, 8)
```

可知该数据集共有 541909 行 8 列。查看 8 列的名称：

. columns：查看列的名称

```
In[4]  df_Retails.columns
```

对应输出结果为：

```
Index(['InvoiceNo','StockCode','Description','Quantity','InvoiceDate
','UnitPrice','CustomerID','Country'], dtype='object')
```

接下来对数据框 df_Retails 进行探索性分析，本例首先调用 describe ()方法。

. describe ( )：查看数据框各列（除了非数值型列）的描述性统计信息

```
In[5]  df_Retails.describe()
```

对应输出结果为：

	Quantity	UnitPrice	CustomerID
count	541909.000000	541909.000000	406829.000000
mean	9.552250	4.611114	15287.690570
std	218.081158	96.759853	1713.600303
min	-80995.000000	-11062.060000	12346.000000
25%	1.000000	1.250000	13953.000000
50%	3.000000	2.080000	15152.000000
75%	10.000000	4.130000	16791.000000
max	80995.000000	38970.000000	18287.000000

其中，count、mean、std、min、25%、50%、75%和 max 的含义分别为个数、均值、标准差、最小值、上四分位数、中位数、下四分位数和最大值。

除了 describe( )方法，还可以调用 info( )方法查看样本数据的相关信息概览：

```
In[6]  df_Retails.info()
```

.describe( ) 与 .info( )的区别：前者仅统计数值型字段（列）

对应输出结果为：

```
<class 'pandas.core.frame.DataFrame'>
RangeIndex: 541909 entries, 0 to 541908
Data columns (total 8 columns):
InvoiceNo      541909 non-null object
StockCode      541909 non-null object
Description    540455 non-null object
Quantity       541909 non-null int64
InvoiceDate    541909 non-null datetime64[ns]
UnitPrice      541909 non-null float64
CustomerID     406829 non-null float64
Country        541909 non-null object
dtypes: datetime64[ns](1), float64(2), int64(1), object(4)
memory usage: 33.1+ MB
```

从此输出结果可看出，数据框 df_Retails 的 Description 和 CustomerID 两列有缺失值。

看国家一列的取值：

```
In[7]  df_Retails.Country.unique()
```

对应输出结果为：

.unique( )：返回唯一值，即重复数据只保留一份。

```
array(['United Kingdom','France','Australia','Netherlands','Germa-
ny','Norway','EIRE','Switzerland','Spain','Poland','Portugal','Italy
','Belgium','Lithuania','Japan','Iceland','Channel Islands','Denmark
','Cyprus','Sweden','Austria','Israel','Finland','Bahrain','Greece',
'Hong Kong','Singapore','Lebanon','United Arab Emirates','Saudi Arabia
```

```
','Czech Republic','Canada','Unspecified','Brazil','USA','European
Community','Malta','RSA'], dtype=object)
```

查看各国家的购物数量：

.value_counts()：按值计算个数

```
In[8]  df_Retails['Country'].value_counts()
```

对应输出结果为：

```
United Kingdom          495478
Germany                   9495
France                    8557
EIRE                      8196
Spain                     2533
Netherlands               2371
Belgium                   2069
Switzerland               2002
Portugal                  1519
Australia                 1259
Norway                    1086
Italy                      803
Channel Islands            758
Finland                    695
Cyprus                     622
Sweden                     462
Unspecified                446
Austria                    401
Denmark                    389
Japan                      358
Poland                     341
Israel                     297
USA                        291
Hong Kong                  288
Singapore                  229
Iceland                    182
Canada                     151
Greece                     146
Malta                      127
United Arab Emirates        68
European Community          61
RSA                         58
Lebanon                     45
Lithuania                   35
Brazil                      32
Czech Republic              30
Bahrain                     19
```

```
Saudi Arabia                    10
Name: Country,dtype: int64
```

可以看出，英国的客户购买商品数量最多，为 495478 条记录，其次是德国的客户，为 9495 条记录。

查看订单编号（InvoiceNo）一列中是否有重复的值：

```
In[9]  df_Retails.duplicated(subset=["InvoiceNo"]).any()
```

.duplicated( )：判断是否为重复值，若重复则返回 True，否则返回 False

.any( )：判断是否至少存在一个为 True

对应输出结果为：

```
True
```

订单编号有重复表示同一个订单中有多个同时购买的商品，与数据文件【Online Retail. xlsx】的内容一致。

2.4.4　数据预处理

查看数据集中是否有缺失值。

```
In[10]  df_Retails.isna().sum()
```

.isna( )：判断是否为 NA 值（缺失值）

.sum( )：求和

对应输出结果为：

```
InvoiceNo          0
StockCode          0
Description     1454
Quantity           0
InvoiceDate        0
UnitPrice          0
CustomerID    135080
Country            0
dtype: int64
```

可以看出，Description 的缺失值有 1454 条，CustomerID 的缺失值有 135080 条。

将商品名称（Description）一列的字符串头尾的空白字符删除：

```
In[11]  df_Retails['Description'] = df_Retails['Description'].
        str.strip()
```

.strip( )：删除字符串左右（首尾）的空白字符。

再次查看数据集形状：

```
In[12]  df_Retails.shape
```

对应输出结果为：

```
(541909, 8)
```

该数据集仍为 541909 行 8 列。查看商品名称（Description）一列的缺失值个数：

```
In[13]  df_Retails['Description'].isna().sum()
```

思考：此处，为什么【'Description'】一列的缺失值数量变为 1455？In[10] 对应的输出结果中为 1454。

dropna()：删除 NA 值（缺失值）

对应输出结果为：

```
1455
```

在对商品名称（Description）一列进行空白字符处理后，缺失值增加了一个。去除所有的缺失值：

```
In[14]  df_Retails.dropna(axis=0
                  , subset=['Description']
                  ,inplace=True)
```

再次查看数据集形状：

```
In[15]  df_Retails.shape
```

对应输出结果为：

```
(540454, 8)
```

经过去除缺失值处理的数据集由 541909 变为 540454 行。检查此时的数据集是否还有缺失值：

```
In[16]  df_Retails['Description'].isna().sum()
```

对应输出结果为：

```
0
```

以字母 C 打头的订单号为退货订单的订单号

可以看出，数据框 df_Retails 中商品名称（Description）一列的缺失值已全部被删除。由于退货的订单编号由字母“C”开头，删除含有 C 字母的已取消订单：

此处，.str.contains()也可以改为 str.startswith().

```
In[17]  df_Retails['InvoiceNo'] = df_Retails['InvoiceNo'].astype
        ('str')

        df_Retails = df_Retails[~df_Retails['InvoiceNo'].str.
        contains('C')]
```

再次查看数据集形状：

```
In[18]  df_Retails.shape
```

对应输出结果为：

```
(531166, 8)
```

将数据改为每一行一条购物记录，并考虑到内存限制以及德国（Germany）的购物数量位居第二，因此在本案例中只计算德国客户购买的商品的频繁项集及关联规则，全部计算则计算量太大。

.groupby()：分组统计

```
In[19]  df_ShoppingCarts = (df_Retails[df_Retails['Country'] =="
        Germany"]
              .groupby(['InvoiceNo','Description'])['Quantity']
              .sum()
```

```
                .unstack()
                . reset_ index ( )
                . fillna ( 0 )
                . set_ index ('InvoiceNo') )

df_ ShoppingCarts. shape
```

从 apriori ( ) 函数的解释文档可以看出，该函数要求其第一个参数必须为【独热编码的数据框 (one-hot DataFrame) 】。为此，我们进行了 In [19] 的系列转换。

对应输出结果为：

```
(457, 1695)
```

德国的购物记录共有 457 条，共包含 1695 件不同的商品。查看 df_ ShoppingCarts 的前 5 行：

```
In[20]  df_ShoppingCarts.head()
```

对应输出结果为：

从输出结果可以看出，商品出现在列上，每一行代表的是订单，但单元格的数据内容并非为 0 或 1 表示。

Description	10 COLOUR SPACEBOY PEN	12 COLOURED PARTY BALLOONS	12 IVORY ROSE PEG PLACE SETTINGS	12 MESSAGE CARDS WITH ENVELOPES	12 PENCIL SMALL TUBE WOODLAND	12 PENCILS SMALL TUBE RED RETROSPOT	12 PENCILS SMALL TUBE SKULL	12 PENCILS TALL TUBE POSY	12 PENCILS TALL TUBE RED RETROSPOT	12 PENCILS TALL TUBE SKULLS	...
InvoiceNo											
536527	0.0	0.0	0.0	0.0	0.0	0.0	0.0	0.0	0.0	0.0	...
536840	0.0	0.0	0.0	0.0	0.0	0.0	0.0	0.0	0.0	0.0	...
536861	0.0	0.0	0.0	0.0	0.0	0.0	0.0	0.0	0.0	0.0	...
536967	0.0	0.0	0.0	0.0	0.0	0.0	0.0	0.0	0.0	0.0	...
536983	0.0	0.0	0.0	0.0	0.0	0.0	0.0	0.0	0.0	0.0	...

5 rows × 1695 columns

YULETIDE IMAGES GIFT WRAP SET	ZINC HEART T-LIGHT HOLDER	ZINC STAR T-LIGHT HOLDER	ZINC BOX SIGN HOME	ZINC FOLKART SLEIGH BELLS	ZINC HEART LATTICE T-LIGHT HOLDER	ZINC METAL HEART DECORATION	ZINC T-LIGHT HOLDER STAR LARGE	ZINC T-LIGHT HOLDER STARS SMALL	ZINC WILLIE WINKIE CANDLE STICK
0.0	0.0	0.0	0.0	0.0	0.0	0.0	0.0	0.0	0.0
0.0	0.0	0.0	0.0	0.0	0.0	0.0	0.0	0.0	0.0
0.0	0.0	0.0	0.0	0.0	0.0	0.0	0.0	0.0	0.0
0.0	0.0	0.0	0.0	0.0	0.0	0.0	0.0	0.0	0.0
0.0	0.0	0.0	0.0	0.0	0.0	0.0	0.0	0.0	0.0

需要注意的是，mlxtend. frequent_patterns. apriori 模块中提供的函数 apriori( )的功能是【从独热编码（one-hot encoding）的数据框中发现频繁项集。读者可以通过输入命令【help（apriori）】查看相关描述文档。由于 apriori 方法中 df 参数允许的值为 0/1 或 True/False，在此将这些项在数据框中转换为 0/1 的形式，即转换为模型可接受格式的数据才能进行频繁项集和关联度的计算。

In[21]

```
def encode_units(x):
    if x <= 0:
        return 0
    if x >= 1:
        return 1

df_ShoppingCarts_sets = df_ShoppingCarts.applymap(encode
_units)
```

.applymap()：将函数（econde_unites）作用于数据框（df_ShoppingCarts）的每一个元素

2.4.5 生成频繁项集

mlxtend.frequent_patterns 的 apriori()方法可进行频繁项集的计算，将最小支持度设定为 0.07：

In[22]

```
df_Frequent_Itemsets = apriori(df_ShoppingCarts_sets
                                , min_support=0.07
                                , use_colnames=True)
df_Frequent_Itemsets
```

min_support：最小支持度

use_colnames = True 的含义为【在 itemset 的显示时，用的是 items 的名称，而不是编号】，目的在于提高可读性。

对应输出结果为：

	support	itemsets
0	0.102845	(6 RIBBONS RUSTIC CHARM)
1	0.070022	(ALARM CLOCK BAKELIKE PINK)
2	0.072210	(GUMBALL COAT RACK)
3	0.091904	(JAM MAKING SET PRINTED)
4	0.078775	(JUMBO BAG RED RETROSPOT)
5	0.100656	(JUMBO BAG WOODLAND ANIMALS)
6	0.078775	(LUNCH BAG WOODLAND)
7	0.085339	(PACK OF 72 RETROSPOT CAKE CASES)
8	0.115974	(PLASTERS IN TIN CIRCUS PARADE)
9	0.107221	(PLASTERS IN TIN SPACEBOY)
10	0.070022	(PLASTERS IN TIN STRONGMAN)
11	0.137856	(PLASTERS IN TIN WOODLAND ANIMALS)
12	0.818381	(POSTAGE)
13	0.070022	(RED RETROSPOT CHARLOTTE BAG)
14	0.070022	(RED RETROSPOT CUP)
15	0.096280	(RED TOADSTOOL LED NIGHT LIGHT)

(续)

	support	itemsets
16	0.137856	(REGENCY CAKESTAND 3 TIER)
17	0.157549	(ROUND SNACK BOXES SET OF 4 FRUITS)
18	0.245077	(ROUND SNACK BOXES SET OF4 WOODLAND)
19	0.070022	(SET OF 3 REGENCY CAKE TINS)
20	0.102845	(SPACEBOY LUNCH BOX)
21	0.078775	(STRAWBERRY LUNCH BOX WITH CUTLERY)
22	0.126915	(WOODLAND CHARLOTTE BAG)
23	0.091904	(6 RIBBONS RUSTIC CHARM, POSTAGE)
24	0.074398	(JAM MAKING SET PRINTED, POSTAGE)
25	0.087527	(JUMBO BAG WOODLAND ANIMALS, POSTAGE)
26	0.100656	(POSTAGE, PLASTERS IN TIN CIRCUS PARADE)
27	0.100656	(PLASTERS IN TIN SPACEBOY, POSTAGE)
28	0.118162	(PLASTERS IN TIN WOODLAND ANIMALS, POSTAGE)
29	0.074398	(ROUND SNACK BOXES SET OF4 WOODLAND, PLASTERS...
30	0.080963	(RED TOADSTOOL LED NIGHT LIGHT, POSTAGE)
31	0.120350	(REGENCY CAKESTAND 3 TIER, POSTAGE)
32	0.150985	(ROUND SNACK BOXES SET OF 4 FRUITS, POSTAGE)
33	0.225383	(ROUND SNACK BOXES SET OF4 WOODLAND, POSTAGE)
34	0.091904	(SPACEBOY LUNCH BOX, POSTAGE)
35	0.115974	(WOODLAND CHARLOTTE BAG, POSTAGE)
36	0.131291	(ROUND SNACK BOXES SET OF4 WOODLAND, ROUND SNA...
37	0.070022	(ROUND SNACK BOXES SET OF4 WOODLAND, SPACEBOY...
38	0.124726	(ROUND SNACK BOXES SET OF4 WOODLAND, ROUND SNA...

查看数据框 df_Frequent_Itemsets 的形状：

```
In[24]  df_Frequent_Itemsets.shape
```

对应输出结果为：

```
(39, 2)
```

可以看出，满足最小支持度 0.07 的频繁项集为 38 个。

2.4.6　计算强关联规则

将提升度（lift）作为度量计算关联规则，并设置阈值为 1，表示计算具有正相关关系的关联规则。该任务由 mlxtend.frequent_patterns 的 association_rules( )方法实现：

metric：评价指标，此处为提升度（lift）
min_threshold：阈值

```
In[25]
df _AssociationRules = association _rules (df _Frequent
_Itemsets
                                          , metric="lift"
                                          , min_threshold=1)
df_AssociationRules.head()
```

对应输出结果为：

	antecedents	consequents	antecedent support	consequent support	support	confidence	lift	leverage	conviction
0	(6 RIBBONS RUSTIC CHARM)	(POSTAGE)	0.102845	0.818381	0.091904	0.893617	1.091933	0.007738	1.707221
1	(POSTAGE)	(6 RIBBONS RUSTIC CHARM)	0.818381	0.102845	0.091904	0.112299	1.091933	0.007738	1.010651
2	(JUMBO BAG WOODLAND ANIMALS)	(POSTAGE)	0.100656	0.818381	0.087527	0.869565	1.062544	0.005152	1.392414
3	(POSTAGE)	(JUMBO BAG WOODLAND ANIMALS)	0.818381	0.100656	0.087527	0.106952	1.062544	0.005152	1.007049
4	(POSTAGE)	(PLASTERS IN TIN CIRCUS PARADE)	0.818381	0.115974	0.100656	0.122995	1.060539	0.005746	1.008006

从结果可以看出各项关联规则的详细信息。以第一条关联规则｛6 RIBBONS RUSTIC CHARM｝→｛POSTAGE｝为例，｛6 RIBBONS RUSTIC CHARM｝的支持度为 0.102845，｛POSTAGE｝的支持度为 0.818381，项集｛6 RIBBONS RUSTIC CHARM，POSTAGE｝的支持度为 0.091904，客户购买 6 RIBBONS RUSTIC CHARM 时也购买 POSTAGE 的置信度为 0.893617，提升度为 1.091933，规则杠杆率（即当 6 RIBBONS RUSTIC CHARM 和 POSTAGE 独立分布时，6 RIBBONS RUSTIC CHARM 和 POSTAGE 一起出现的次数比预期多）为 0.007738，规则确信度（与提升度类似，但用差值表示，确信度值越大则 6 RIBBONS RUSTIC CHARM 和 POSTAGE 关联关系越强）为 1.707221。

查看数据框 df_AssociationRules 的形状：

```
In[26]  df_AssociationRules.shape
```

对应输出结果为：

```
(34, 9)
```

可以看出，总共输出了 34 条关联规则。接着筛选出提升度不小于 2 且置信度不小于 0.8 的关联规则：

```
In[27]
df_A= df_AssociationRules[ (df_AssociationRules['lift'] >
= 2) &
      (df_AssociationRules['confidence'] >= 0.8) ]
df_A
```

对应输出结果为：

	antecedents	consequents	antecedent support	consequent support	support	confidence	lift	leverage	conviction
25	(ROUND SNACK BOXES SET OF 4 FRUITS)	(ROUND SNACK BOXES SET OF4 WOODLAND)	0.157549	0.245077	0.131291	0.833333	3.400298	0.092679	4.52954
30	(ROUND SNACK BOXES SET OF 4 FRUITS, POSTAGE)	(ROUND SNACK BOXES SET OF4 WOODLAND)	0.150985	0.245077	0.124726	0.826087	3.370730	0.087724	4.34081

由此可知提升度不小于 2 且满足最小置信度 0.8 的强关联规则有两条，分别为：{ROUND SNACK BOXES SET OF 4 FRUITS} → {ROUND SNACK BOXES SET OF4 WOODLAND} 和 {ROUND SNACK BOXES SET OF 4 FRUITS, POSTAGE} → { ROUND SNACK BOXES SET OF4 WOODLAND}。

2.4.7　可视化

绘制出提升度不小于 1 的关联规则的散点图，横坐标设置为支持度，纵坐标为置信度，散点的大小表示提升度。该可视化任务由 matplotlib.pyplot 的 scatter 函数实现：

若改成 seaborn 包，代码为更简洁：

import seaborn as sns

sns.scatterplot(x = "support", y = "confidence", size = "lift", data = df_AssociationRules)

In[28]

```
import matplotlib.pyplot as plt

plt.scatter(x = df_AssociationRules['support']
        ,y = df_AssociationRules['confidence']
        ,s = df_AssociationRules['lift']* 20) #将点大小放
大 20 倍

plt.show()
```

对应输出结果如图 2-5 所示。

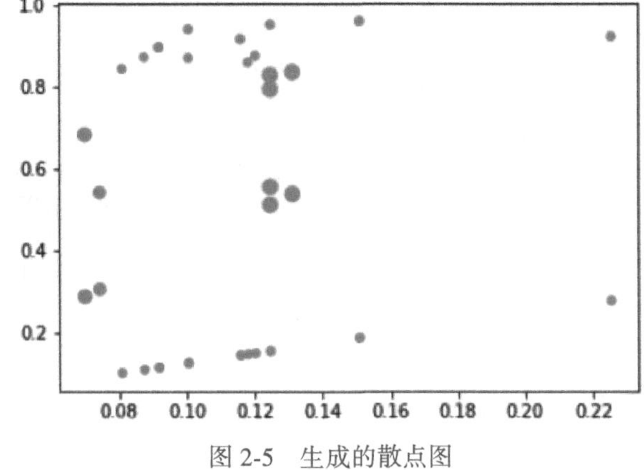

图 2-5　生成的散点图

- 横坐标为 support（支持度）
- 纵坐标为 confidence（置信度）
- 点的大小为 lift（提升度）

2.5　重点与难点解读

表 2-1 给出了 apriori 超参数及其解读，表 2-2 给出了 association_rules 超参数及其解读。

表 2-1 apriori 超参数及其解读

参数名称	参数含义	备注
df	数据集	格式为 0/1 或 True/False
min_support	最小支持度	默认为 0.5
use_colnames	项集名称	默认为 False，则返回的项集用编号显示，为 True 的话直接显示名称
max_len	最大物品组合数	默认为 None，具体不做限制。例如，若需要计算 3 个物品组合，则将这个值设置为 2
verbose	详尽程度	默认值为 0。如果≥1 且 low_memory 为 True，则显示迭代次数。如果 = 1 且 low_memory 为 False，显示组合数
low_memory	低速存储器	默认值为 False。如果为 True，则使用迭代器搜索 min_support 以上的组合。low_memory = True 仅应在内存资源有限的情况下用于大型数据集，因为此实现比默认值慢 3~6 倍

对规则 $A \to C$ 而言：

support $(A \to C)$ = support $(A \cup C)$，取值范围为 [0, 1]

confidence $(A \to C)$ = support $(A + C)$ / support (A)，取值范围为 [0, 1]

lift $(A \to C)$ = confidence $(A \to C)$ / support (C)，取值范围为 [0, inf]

leverage $(A \to C)$ = support $(A \to C)$ - support (A) * support (C)，取值范围为 [-1, 1]

conviction = [1 - support (C)] / [1 - confidence $(A \to C)$]，取值范围为 [0, inf]

表 2-2 association_rules 超参数及其解读

参数名称	参数含义	备注
df	数据集	Apriori 计算后的频繁项集
metric	度量方法	默认值为 confidence。可选项为：support、confidence、lift、leverage、conviction，与 min_threshold 参数配合使用
min_threshold	评估度量的最小阈值	默认值为 0.8。通过度量参数确定候选规则是否有意义
support_only	仅计算支持度	默认值为 False。仅计算规则支持度并用 Nan 填充其他度量列。这在以下情况下有用：1）输入数据帧不完整，例如，不包含所有规则先行项和结果的支持值；2）只需要加快计算速度，因为不需要其他度量

其中，参数 metric 不同可选值的范围不同，其计算方式及取值范围也不同。

2.6 习题

1. 表 2-3 是 6 名顾客购买商品的数据。假设用户设定的最小支持度为 0.5，最小置信度为 0.6，请选出符合条件的一项集(　　)。

表 2-3　顾客购买商品示例

编　　号	商　　品
1	A, B, C
2	B, C, D
3	D, E
4	A, B, D
5	A, B, C, E
6	A, B, C, D

A. {A,B,C}　　B. {A,B,C,D}　　C. {A,B,C,D,E}　　D. {B,C,D,E}

2. 仍为表 2-3 的情况，请选出符合条件的 2-项集(　　)。

A. {{A,B},{A,C},{B,C},{B,D}}　　B. {{A,B},{B,C},{B,E}}

C. {{A,B},{A,C},{A,D},{A,E},{B,C},{B,D}}　　D. {{B,C},{D,E}}

3. 仍为表 2-3 的情况，请选出符合条件的 3-项集(　　)。

A. {A,B,C}　　B. {A,B,D}　　C. {A,C,D}　　D. {B,C,D}

4. 仍为表 2-3 的情况，请选出最大频繁项集的项数(　　)。

A. 5　　B. 4　　C. 3　　D. 2

5. 仍为表 2-3 的情况，请选出规则 {A, B} → {C} 的置信度(　　)。

A. 0.5　　B. 0.6　　C. 0.7　　D. 0.75

6. 仍为表 2-3 的情况，请选出规则 {B} → {A, C} 的置信度(　　)。

A. 0.5　　B. 0.6　　C. 0.7　　D. 0.75

7. 在 Apriori 算法中，待挖掘的形如 $X \to Y$ 的式子被称为(　　)。

A. 联系规则　　B. 关联规则　　C. 结合规则　　D. 关系规则

8. Apriori 算法的两项主要挖掘任务包括(　　)。

A. 分类　　B. 聚类　　C. 产生频繁项集　　D. 产生关联规则

9. Apriori 算法运行过程中主要涉及的两项技术为(　　)。

A. 连接　　B. 压缩　　C. 加密　　D. 剪枝

10. Apriori 算法的适用场景为(　　)。

A. 图像分类　　B. 购物篮分析　　C. 主题聚类　　D. 语音识别

2.7　主要参考文献及推荐阅读书目

[1] AGRAWAL R, SRIKANT R. Fast algorithms for mining association rules [C] // Proceedings of the 20th International Conference on Very Large Data Bases, VLDB. 1994, 1215: 487-499.

[2] ANNALYN N. Association Rules and the Apriori Algorithm: A Tutorial [OL]. https://www.kdnuggets.com/2016/04/association-rules-apriori-algorithm-tutorial.html.

[3] BORGELT C, KRUSE R. Induction of association rules: Apriori implementation [C] // Compstat. Physica, Heidelberg, 2002: 395-400.

[4] HAN J, KAMBER M, PEI J. 数据挖掘概念与技术 [M]. 范明, 孟小峰, 译. 北京: 机械工业出版社, 2012.

[5] HAN J, PEI J, KAMBER M. Data mining: concepts and techniques [M]. Amsterdam: Elsevier, 2011.

[6] LIU B. Web data mining: exploring hyperlinks, contents, and usage data [M]. Berlin: Springer Science & Business Media, 2007.

[7] PASQUIER N, BASTIDE Y, TAOUIL R, et al. Efficient mining of association rules using closed itemset lattices [J]. Information systems, 1999, 24 (1): 25-46.

[8] WU X, KUMAR V, QUINLAN J R, et al. Top 10 algorithms in data mining [J]. Knowledge and information systems, 2008, 14 (1): 1-37.

[9] 朝乐门. 数据科学——基于 Python 语言 [M]. 北京: 人民邮电出版社, 2020.

[10] 周志华. 机器学习 [M]. 北京: 清华大学出版社, 2016.

第 3 章　回 归 分 析

回归（Regression）分析是以找出变量之间的函数关系为主要目的一种统计分析方法。回归分析中的变量通常分为自变量和因变量两种。以函数关系式 $y=f(x)$ 为例：

- 能够影响其他变量的一个变量（x）称为自变量
- 随自变量的变动而变动的量（y）称为因变量。

自变量和因变量在不同的领域中具有不同的名称，以自变量和因变量分别为父亲的身高（x）和儿子的身高（y）为例，如图 3-1 所示。

高尔顿定律及回归现象：1889 年，英国统计学家弗朗西斯·高尔顿（Francis Galton）在研究祖先与后代身高之间的关系时发现，身材较高的父母，他们的孩子也较高，但这些孩子的平均身高并没有他们父母的平均身高高；身材较矮的父母，他们的孩子也较矮，但这些孩子的平均身高却比他们父母的平均身高高。高尔顿把这种后代身高向均值靠近的趋势称为“回归现象”亦称“高尔顿定律”。

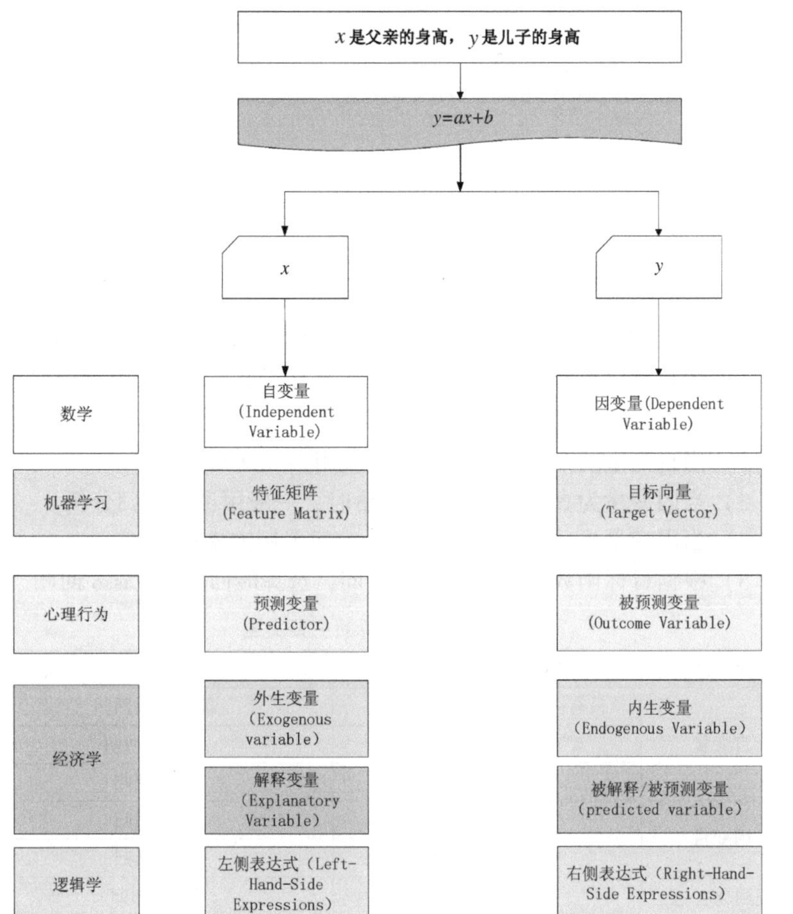

图 3-1　自变量与因变量

不同领域中对自变量和因变量的命名方法有所不同。

3.1　应用场景

基于回归分析的数据分析一般分为两步进行：

1）建模阶段，即基于已知数据集和算法"学习"出回归模型。

2）模型应用阶段，即根据第一步训练出的回归模型，针对新的自变量数据集，"预测"出对应的因变量。

回归分析的主要应用场景为找出自变量和因变量之间的函数关系，如图 3-2 所示。例如，基于一组女性身高和体重的数据集——women. csv，采用简单线性回归方法训练出身高和体重之间的函数关系——线性方程中的斜率（$\beta_1=3.45$）和截距项（$\beta_0=-87.52$）。其中，自变量 x 为身高，因变量 y 为体重，回归算法为简单线性回归，所训练出的回归模型为 $y=3.45*x-87.52$。

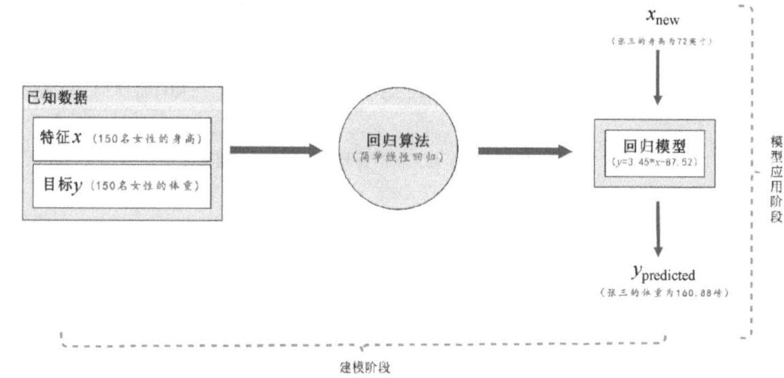

图 3-2　回归分析的示意图

回归分析算法的选择思路

回归分析方法有多种，其分类依据及其应用场景如表 3-1 所示。

1）当自变量只有一个时，如果其最高幂次等于 1，采用简单线性回归，大于 1 则采用多项式回归。

2）当自变量的个数大于 1 时，一般用多元回归。

3）当因变量为真/假二分类型变量时，一般用逻辑回归分析。

4）当因变量为"计数型"值时，一般采用泊松回归。

5）根据目标函数的正则化方法不同，选择岭回归和 Lasso 回归。

正则化（或惩罚）的目的是防止"过拟合"。

表 3-1　回归分析的主要类型

分类依据	特　征	类　型
自变量	只有一个，且最高幂次为 1	简单线性回归
	最高幂次大于 1	多项式回归
	多个	多元回归
因变量	计数型	泊松回归
	真/假二分类型	逻辑回归
正则化（惩罚）方式	L1 正则化	Lasso 回归
	L2 正则化	岭回归（Ridge Regression）

正则化项为曼哈顿距离

正则化项为欧氏距离

3.2　算法原理

正确理解回归分析原理的前提在于区分观察值、预测值和真值 3 个基本概念，如图 3-3 所示。

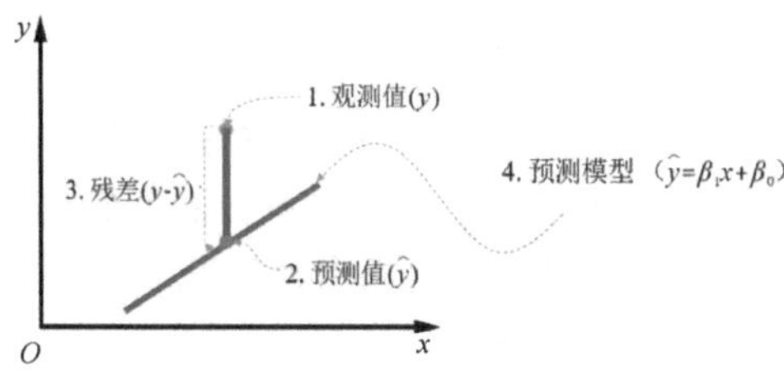

图 3-3　观察值、预测值和残差的示意图

1）真值是一个变量本身所具有的真实的实际值，它是一个理想的概念，一般是无法得到的。所以在计算误差时，一般用约定真值或相对真值来代替。

建议参考有关“英国的海岸线有多长（How Long Is the Coast of Britain?）?”的讨论。

2）观察值（Measured，Observed or Calculated Value）是指采用某种测量方法测量后得出的值，如本章【3.4 Python 编程实践】中分析的数据集 women. csv 中，1 号女性的身高和体重的观察值分别为 58 英寸和 115 磅。通常，观察值不一定与真值相同，观察值与真值之差称之为（测量）“误差（error）”。

3）预测值（Predicted Value）是指模型训练后，基于新模型预测的值，例如，1 号女性身高为预测值为 114. 63856209 磅，残差为 0. 36143791（=115−114. 63856209）磅。同样，预测值也不一定与观察值相同，预测值和观察值之差称之为（预测）“残差（residuals）”。

最小二乘法的提出与“谷神星”的发现和观测有关，离不开 3 位著名科学家勒让德、皮亚齐、高斯的贡献。

3.2.1　基本思路

最小二乘法（Least Square Method）是回归分析方法的最早实现方式。最小二乘法由勒让德（A. M. Legendre）于 1805 年在其著作《计算彗星轨道的新方法》中率先正式提出，其主要思想是“选择未知参数，使得理论值与观测值之差的平方和达到最小”。

高斯提出的最小二乘法发表于 1809 年他的著作《天体运动论》中，但高斯声称自己是 1799 年就开始使用这个方法，因此，高斯和勒让德两人还曾为谁最早创立最小二乘法原理发生过争执，到底谁先发明了最小二乘法，至今还是迷。

对第 i 个样本的特征值（x_i），所对应的观测值和预测值分别$\hat{y}_i$和$\hat{y}_i$，则最小二乘法的目的是使观测值为（y_i）和预测值为（$\hat{y}_i$）之差的平方和最小，即

$$H=\sum_{i=0}^{m}(y_i-\hat{y}_i)^2 \tag{3-1}$$

式中，

变量 x，y_i，$\hat{y}_i$ 的含义见本章【3.3.1 回归分析中常用的统计量】。

$$\hat{y}_i = \beta_0 + \beta_1 x_i \tag{3-2}$$

则

$$\begin{aligned} H &= \sum_{i=0}^{m} (y_i - \hat{y}_i)^2 \\ &= \sum_{i=0}^{m} (y_i - \beta_0 - \beta_1 x_i)^2 \end{aligned} \tag{3-3}$$

根据最小二乘法，使 H 最小。对于实际数据分析任务而言，样本信息（x_i，y_i和$\hat{y}_i$等）是已知的，因此，可以将 H 认为是以系数 β_0和 β_1 为变量的函数，且最小值总是存在。根据微积分的极值定理，分别求 H 对 β_0和 β_1的偏导数，令其等于 0，即可求出 β_0和 β_1，即

$$\begin{cases} \dfrac{\partial H}{\partial \beta_0} = -2\sum_{i=1}^{n} (y_i - \beta_0 - \beta_1 x) = 0 \\ \dfrac{\partial H}{\partial \beta_1} = -2\sum_{i=1}^{n} x_i(y_i - \beta_0 - \beta_1 x) = 0 \end{cases} \tag{3-4}$$

多元回归方程参数的最小二乘估计与简单线性回归方程类似。

解上述方程组得

$$\begin{cases} \beta_1 = \dfrac{n\sum_{i=1}^{n} x_i y_i - \sum_{i=1}^{n} x_i \sum_{i=1}^{n} y_i}{n\sum_{i=1}^{n} x_i^2 - (\sum_{i=1}^{n} x_i)^2} \\ \vdots \\ \beta_0 = \bar{y} - \beta_1 \bar{x} \end{cases} \tag{3-5}$$

3.2.2　评价方法

常用于回归分析的评价指标有以下两个。

（1）判定系数

亦称“决定系数”，二者均为 Coefficient of Determination 的中文翻译。

对于简单线性回归，判定系数是相关系数的平方，用r^2或R^2表示，用来衡量回归方程对 y 的解释程度，也是对估计的回归方程拟合优度的度量。

$1-R^2$ 为容差

$$r^2 = \frac{\sum(\hat{y}_i - \bar{y})^2}{\sum(y_i - \bar{y})^2} = 1 - \frac{\sum(y_i - \hat{y}_i)^2}{\sum(y_i - \bar{y})^2} \tag{3-6}$$

可见，r^2取值范围为$-1 \leqslant r^2 \leqslant 1$。判定系数的解读方式如下：

- r^2越接近于 1，回归线的拟合程度越好。
- r^2越接近于 0，回归线的拟合程度越差。

此处，n 为观测样本的个数，k 为总体的因素水平的个数。

（2）均方误差（Mean Square Error，MSE）

$$MSE = \frac{\sum(y_i - \hat{y}_i)^2}{df_{MSE}} \tag{3-7}$$

式中，p 为自变量的个数；df_{MSE}为 MSE 的自由度，$df_{MSE} = n-p-1$

3.3　核心术语

回归分析中常用的核心术语有观察值、均值、预测值、变差、残差、偏差、特征矩阵、目标向量、过拟合、欠拟合等。

3.3.1　回归分析中常用的统计量

图 3-4 所示为回归分析中观察值、均值、预测值、变差、残差和偏差的内在联系。在此基础上，图 3-5 还给出了回归分析中常用的统计量及其计算公式。

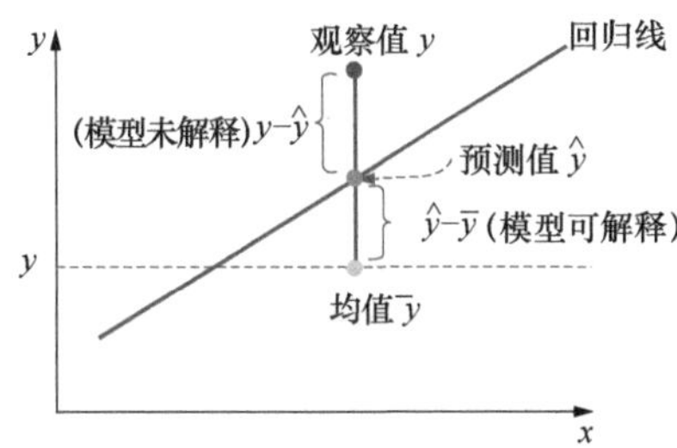

图 3-4　回归分析中观察值、均值、预测值、变差、残差和偏差间的内在联系

观察值	均值（观察值）	预测值	样本量	自变量的个数
y	$\bar{y}$	$\hat{y}$	n	p

变差	残差 (Residuals)	偏差（Bias）	误差（Error）
$y-\bar{y}$	$\hat{y}-y$	$\hat{y}-\bar{y}$	$y-$真实值

样本方差 (Sample Variance)	样本协方差 (Sample Covariance)	第i观察的标准化残差
$var(Y)=\frac{\sum_{i=1}^{n}(y_i-\bar{y})^2}{n-1}$	$cov(X,Y)=\frac{\sum_{i=1}^{n}(x_i-\bar{x})(y_i-\bar{y})}{n-1}$	$z_{e_i}=\frac{y_i-\hat{y}_i}{S_0}$

SST（Total Sum of Squares，总平方和）	SSR（Sum of Squares Regression，回归平方和）	SSE（Sum of Squares Error，残差平方和）
$SST=\sum(y_i-\bar{y})^2$	$SSR=\sum(\hat{y}_i-\bar{y})^2$	$SSE=\sum(y_i-\hat{y}_i)^2$

R^2（The coefficient of determination，决定系数）	修正后的决定系数 (Adjusted R^2)	容差 (Tolerance)
$R^2=\frac{SSR}{SST}$	$R_{adj}^2=1-(1-R^2)\left(\frac{n-1}{n-p-1}\right)$	$T=1-R^2$

MSR (Regression Mean Square，回归均方)	MSE (Mean Squared Error，均方误差)
$MSR=\frac{SSR}{df_{MSR}}$ 式中， df_{MSR}为MSR的自由度，$df_{MSR}=p$	$MSE=\frac{SSE}{df_{MSE}}$ 式中， df_{MSE}为MSE的自由度，$df_{MSE}=n-p-1$

估计标准误差（Standard Error of Estimate）	F统计量
$S_e=\sqrt{\frac{\sum(y_i-\hat{y}_i)^2}{n-p-1}}=\sqrt{\frac{SSE}{n-p-1}}=\sqrt{MSE}$	$F=\frac{MSR}{MSE}$

图 3-5　回归分析中常用的统计量

总方差(SST)＝模型已解释的方差(SSR)＋模型未解释的方差(SSE)

注：SST/SSR/SSE 的计算方法见图 3-5.

3.3.2 特征矩阵与目标向量

在 Python 第三方工具包中，通常需要将自变量和因变量分别表示成特征矩阵和目标向量，如图 3-6 所示。

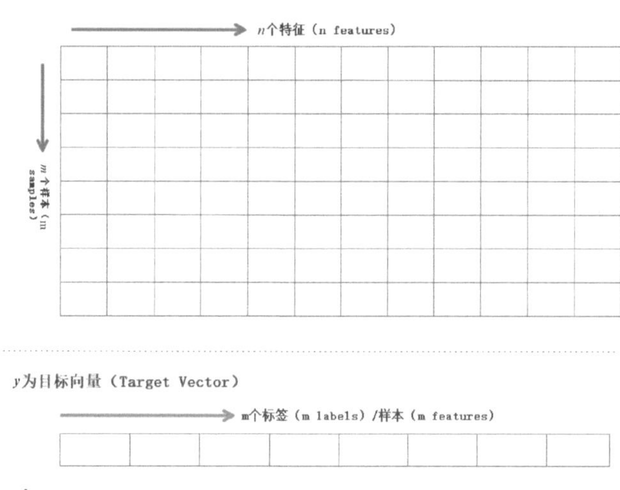

图 3-6 特征矩阵与目标向量

1）特征矩阵：用于表示自变量 $\boldsymbol{x}$，其行和列分别称为“样本（samples）”和“特征（features）”。通常，用 m_samples 和 n_features 分别表示行和列的数量。在多数 Python 统计分析模块中，“特征矩阵”用 NumPy 的 ndarray 和 Pandas 的 DataFrame 表示，个别模块支持 SciPy 的稀疏矩阵。

2）目标向量：用于表示因变量 $\boldsymbol{y}$。目标向量的长度一般与特征矩阵的行数相同。目标向量的每个分量代表的是特征矩阵中每个样本自变量（特征）对应的因变量。

3.3.3 过拟合与欠拟合

机器学习应避免“过拟合”和“欠拟合”现象的出现，如图 3-7 所示。其中，欠拟合是容易发现的，而过拟合经常被误认为“正常拟合”。图 3-8 给出了欠拟合和过拟合的处理方法。

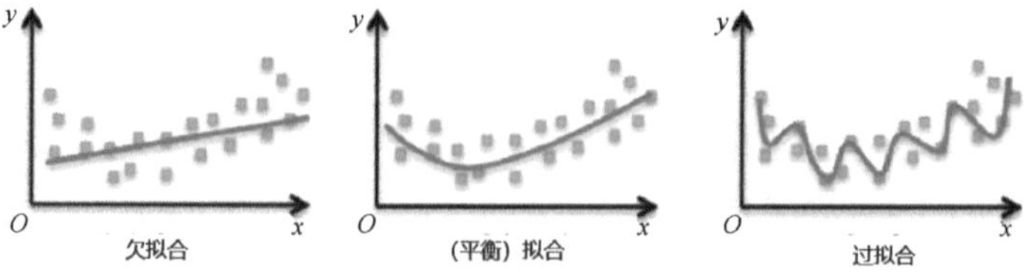

图 3-7 过拟合与欠拟合

（1）欠拟合（Underfitting）

1）机器学习算法所训练出的模型在训练集和测试集上的表现力均差，则称之为“欠拟合”。

2）在数据分析中，当所训练的模型过于“简单”时，容易产生“欠拟合”。

通常模型的复杂度主要取决于3个因素：参数个数、似然度和样本量，具体建议参考AIC（Akaike Information Critera）、BIC（Bayesian Information Criterion）和FPE（Final Prediction Error）信息准则。

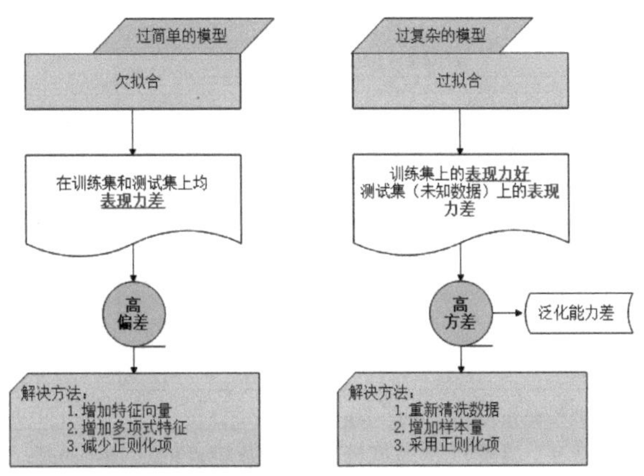

图3-8 欠拟合和过拟合的处理方法

3）欠拟合的主要特点是预测结果的“偏差”较高。

4）通常，解决欠拟合的方法有增加特征向量、增加多项式特征和减少正则化项，如图3-8所示。

（2）过拟合（Overfitting）

1）机器学习算法所训练出的模型在训练集上的表现力好，但在测试集或未知数据上的表现力差，则称之为“过拟合”。

在测试集上的表现力差即“泛化能力差”。

2）在数据分析中，当所训练的模型过于“复杂”时，容易产生“过拟合”。

3）过拟合的主要特点是预测结果“方差”较高。

4）通常，解决过拟合的方法有重新清洗数据、增加样本量和采用正则化项，如图3-8所示。

AIC和BIC为数据分析中度量模型复杂度的两个常用指标。

AIC，Akaike Information Criterion，赤池信息准则。

BIC，Bayesian Information Criterion，贝叶斯信息准则。

模型复杂度评估方法——AIC和BIC信息准则

$$AIC=2k-2\ln(\hat{L}) \tag{3-8}$$

$$BIC=k\ln(n)-2\ln(\hat{L}) \tag{3-9}$$

式中，k为模型M的参数个数；$\hat{L}$为模型M的似然函数的最大化值，即$\hat{L}=p(x|\hat{\theta}, M)$，其中$\hat{\theta}$为最大化似然函数的参数；$n$为训练模型$M$时的样本量。

可见，*AIC*和*BIC*越大，模型越为复杂，越容易产生过拟合。

在分析效果相近的前提下，数据分析师应选择复杂度低的模型，即选择AIC和BIC较小的模型。

3.3.4 高杠杆点、离群点和强影响点

回归结果对异常值十分敏感。为什么呢？建议参考本书【3.2 算法原理】。

在回归分析中，常见的异常值有 3 种：离群点（Outliers）、高杠杆点（High Leverage）和强影响点（Influential Points）。图 3-9 所示为三者的联系与区别。

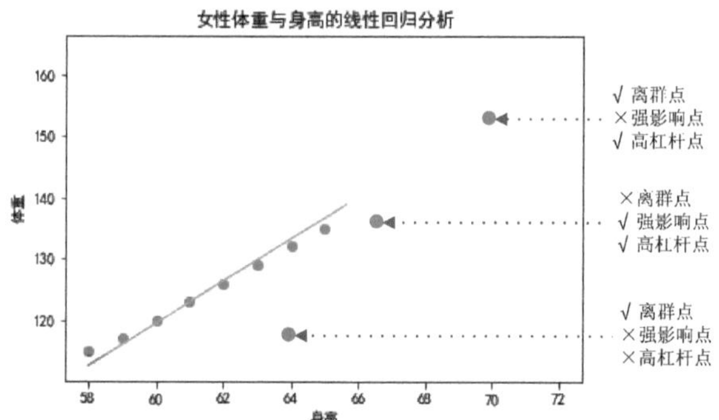

图 3-9 离群点、高杠杆点和强影响点的区别与联系

1）离群点（Outliers）是数据集中与其他数据偏离太大的点。

2）高杠杆点通常指自变量中出现异常的点。

3）强影响点是指对模型有较大影响的点，模型中包含该点与不包含该点会使模型相差很大。

杠杆（Leverage）是指自变量对自身均值的偏移程度。

常用的离群点识别方法有 4 种。

1）可视化方法，例如，绘制散点图的方法，也可以采用箱线图方法，如图 3-10所示，其中没有包含在箱线中的两个独立的点则是离群点。

在数据分析中，是否可以直接删除（丢弃）离群点、高杠杆点和强影响点？一般不可以。因为，这些样本往往是信息量最大的数据样本。为此，需要进一步进行以下操作。

1）求证这些数据的合理性，检查是否数据有误，没有错发，则保持不变；否则需要纠正。

2）分析产生这些数据的原因是什么？其原因是否对数据分析有更多影响？应与所对应的专业领域专家和业务专家沟通。

3）考虑是否需要收集更多维度或更多量级的数据？

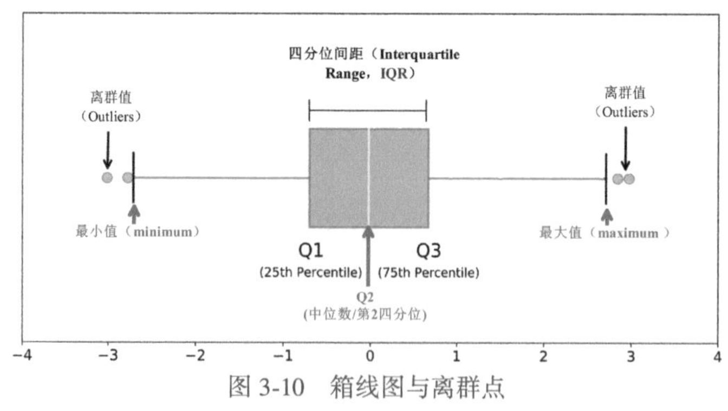

图 3-10 箱线图与离群点

2）四分位距方法，通常将小于 Q1−1.5IQR 或大于 Q3+1.5IQR 的数据定义为离群值。其中，Q1，Q2 和 Q3 分别代表的是上四分位数、中位数和下四分位数；IQR=Q3−Q1，即四分位极差。

3）Z-Score 方法，通常将 Z-Score 值 3 倍以上的点视为离群点。

4）聚类算法，如用 DBSCAN、决策树、随机森林算法等发现离群点。

3.4 Python 编程实践

实现回归分析类算法的 Python 第三方工具包比较常用的有 statsmodels、statistics、scikit-learn 等，本章采用的是 statsmodels。本节将通过 3 个案例讲解基于 Python 的线性回归、多元回归和泊松回归算法的应用。

3.4.1 线性回归——女性身高与体重数据分析

本实践案例概述如下。

【数据及分析对象】 CSV 文件——文件名为“women.csv”，数据内容来自 The World Almanac and Book of Facts1975。该数据集给出了年龄在 30~39 岁的 15 名女性的身高和体重数据，主要属性如下：

- height：身高。
- weight：体重。

该数据集中身高和体重的计量单位为英寸和英镑。

【目的及分析任务】 理解机器学习方法在数据分析中的应用——采用简单线性回归、多项式回归方法进行回归分析。

1）训练模型。

2）对模型进行拟合优度评价和可视化处理，验证简单线性回归建模的有效性。

3）采用多项式回归进行模型优化。

4）按多项式回归模型预测体重数据。

【方法及工具】 Python 语言及第三方工具包 pandas、matplotlib 和 statsmodels。

1. 业务理解

本例题所涉及的业务为分析女性身高与体重之间的关系，该业务的主要内容是通过建立简单线性回归模型，然后通过多项式回归进行模型优化，实现依据身高预测一位女性的体重的目的。

2. 数据读入

首先，调用 pandas 包中的 read_csv( )方法将数据文件“women.csv”读入内存对象 df_women。

建议将数据文件“women.csv”事先存放于 Python 解释器的当前工作目录或在 pd.read_csv( )方法中给出数据文件的路径。

```
In[2]  df_women = pd.read_csv('women.csv', index_col=0)
```

3. 数据理解

对数据框 df_women 进行探索性分析，本例采用的实现方式为调用 pandas 包中数据框（DataFrame）的 describe( )方法。

```
In[3]  df_women.describe()
```

对应输出结果如图 3-11 所示。

	height	weight
count	15.000000	15.000000
mean	65.000000	136.733333
std	4.472136	15.498694
min	58.000000	115.000000
25%	61.500000	124.500000
50%	65.000000	135.000000
75%	68.500000	148.000000
max	72.000000	164.000000

图 3-11 生成的输出结果

除了 describe( )方法，还可以调用 shape 属性和 columns 属性对数据框进行探索性分析。以 shape 属性为例：

```
In[4]  df_women.shape
```

对应输出结果为：

```
(15, 2)
```

从此输出结果可看出，数据框 df_women 的行数和列数分别为 15 和 2，与原始数据文件 women. csv 的内容一致。

接着，对数据框 df_women 进行数据可视化分析，通过调用 matplot-lib. pyplot 包中数据框（DataFrame）的 scatter( )方法绘制散点图。

```
In[5]  plt.scatter(df_women["height"], df_women["weight"])
```

对应输出结果如图 3-12 所示。从此输出结果可以看出，女性身高与体重之间的关系可以进行线性回归分析，需要进一步进行数据准备工作。

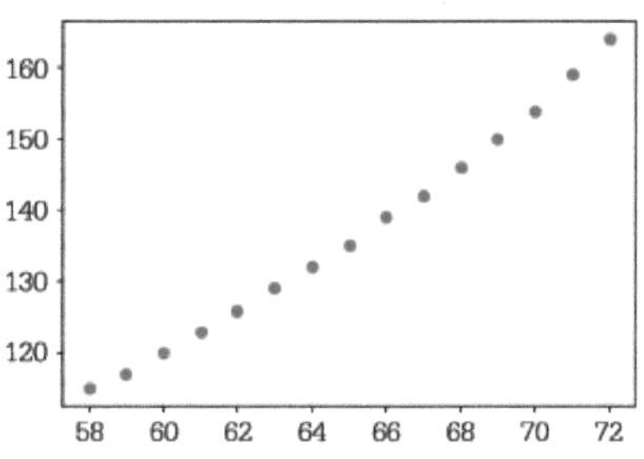

图 3-12 生成的散点图（原始数据）

4. 数据准备

进行线性回归分析前，应准备好模型所需的特征矩阵（$\boldsymbol{X}$）和目标向量（$\boldsymbol{y}$）。本例采用 Python 的统计分析包 statsmodels 进行了自动类型转换。x = df_woman[" height"] y = df_woma[" weight"]

5. 模型训练

以女性身高 height 作为自变量、体重 weight 作为因变量对数据进行简单线性回归建模，本例采用 Python 的统计分析包 statsmodels 中的 OLS 函数进行建模分析。

需要注意的是，若采用其他包（如 scikit-learn 等）可能会报错，需要对目标向量 y 采用 *np. ravel*( )方法进行转换操作。

OLS 函数的功能为实现“最小二乘法”

```
In[6]  import statsmodels.api as sm
```

statsmodels. OLS( )方法的输入有（endog，exog，missing，hasconst）4 个，其中，endog 是回归中的因变量，即上述模型中的 weight，exog 则是自变量的值，即模型中的 height。

默认情况下，statsmodels. OLS( )方法不含截距项，因此应将模型中的常数项看做基为 1 的维度上的系数。所以，exog 的输入中，最左侧一列的数值应全为 1。本例采用 statmodels 中提供的可直接解决这一问题的方法——sm. add_constant( )给 X 新增一列，列名为 const，每行取值为 1.0。

In[7]
```
X_add_const = sm.add_constant(X)
X_add_const
```

对应的输出结果如图 3-13 所示。

	const	height
1	1.0	58
2	1.0	59
3	1.0	60
4	1.0	61
5	1.0	62
6	1.0	63
7	1.0	64
8	1.0	65
9	1.0	66
10	1.0	67
11	1.0	68
12	1.0	69
13	1.0	70
14	1.0	71
15	1.0	72

图 3-13　对应输出结果

在自变量 X_add_const 和因变量 y 上使用 OLS( )方法进行简单线性回归。

In[8]
```
myModel = sm.OLS(y, X_add_const)
```

然后获取拟合结果，并调用 summary( )方法显示回归拟合的结果。

In[9]
```
results =myModel.fit()
print(results.summary())
```

对应输出结果如图 3-14 所示。

```
==============================================================================
Dep. Variable:          weight R-squared:                      0.991
Model:                  OLS Adj. R-squared:                    0.990
Method:                 Least Squares F-statistic:             1433.
Date:                   Sun, 19 Aug 2018 Prob (F-statistic):   1.09e-14
Time:                   20:03:13 Log-Likelihood:               -26.541
No. Observations:       15 AIC:                                57.08
Df Residuals:           13 BIC:                                58.50
Df Model:               1
Covariance Type:        nonrobust
==============================================================================
              coef      std err    t        P>|t|      [0.025 0.975]
==============================================================================
const     -87.5167     5.937     -14.741   0.000     -100.343    -74.691
height    3.4500       0.091     37.855    0.000     3.253       3.647
==============================================================================
Omnibus:               2.396 Durbin-Watson:        0.315
Prob(Omnibus):         0.302 Jarque-Bera (JB):     1.660
Skew:                  0.789 Prob(JB):             0.436
Kurtosis:              2.596 Cond. No.             982.
==============================================================================
Warnings:
[1] Standard Errors assume that the covariance matrix of the errors is cor-
rectly specified.
C:\Anaconda\lib\site-packages\scipy\stats\stats.py:1394: UserWarning:
kurtosistest only valid for n>=20 ... continuing anyway, n=15"anyway,
n=%i" % int(n))
```

图 3-14　summary( )方法的返回结果（一）

图 3-14 的第二部分中 coef 列所对应的 const 和 height 就是计算出的回归模型中的截距项和斜率。

除了读取回归摘要外，还可以调用 params 属性查看拟合结果的斜率和截距项。

In[10]
```
results.params
```

对应输出结果为：

Out[10]
```
const
-87.516667
height
3.450000
dtype: float64
```

从输出结果可看出，回归模型中的截距项和斜率分别为-87.516667和3.450000。

6. 模型评价

以R^2（决定系数）作为衡量回归直线对观测值拟合程度的指标，其取值范围为［0，1］，越接近1，说明“回归直线的拟合优度越好”。可以通过调用 rsquared 属性查看拟合结果的R^2。

In[11]
```
results.rsquared
```

对应的输出结果为：

```
0.9910098326857505
```

除了R^2（决定系数）等统计量，还可以通过可视化方法更直观地查看回归效果。本例调用 matplotlib.pyplot 包中的 plot( ) 方法，将回归直线与真实数据绘制在一个图中进行比较。

In[12]
```
y_predict
y_predict = results.params[0] + results.params[1] * df_
women["height"]
plt.rcParams['font.family'] = "simHei"  #汉字显示 字体设置
plt.plot(df_women["height"], df_women["weight"],"o")
plt.plot(df_women["height"], y_predict)
plt.title('女性身高与体重的线性回归分析')
plt.xlabel('身高')
plt.ylabel('体重')
```

对应的输出结果如图 3-15 所示。

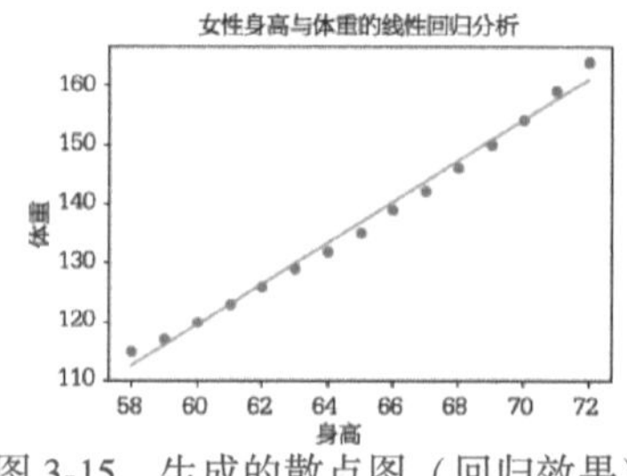

图 3-15　生成的散点图（回归效果）

从输出结果可看出，本例采用简单线性回归的效果还可以进一步优化，为此采取多项式回归方法进行回归分析。

在实际项目中，应避免过度优化导致的“过拟合”。

7. 模型调参

同样读取存有数据集的本地 CSV

文件 women. csv，调用 Python 的统计分析包 statsmodels 中的 OLS( ) 方法对自变量女性身高 height、因变量体重 weight 进行多项式回归建模。假设因变量 y 与自变量 X、X^2、X^3 存在高元线性关系，因此在本例的多项式分析中，特征矩阵 X 由 3 部分组成，即 X、X^2 和 X^3。通过调用 numpy 库的 column_stack( ) 方法创建特征矩阵 $\boldsymbol{X}$。

In[13]
```
import pandas as pd
import numpy as np
df_women = pd.read_csv('women.csv', index_col=0)
X = df_women["height"]
y = df_women["weight"]
X = np.column_stack((X, np.power(X,2), np.power(X,3)))
```

通过 sm. add_constant( ) 方法保留多项式回归中的截距项。对自变量 X_add_const 和因变量 y 使用 OLS( ) 方法进行多项式回归。

In[14]
```
X_add_const=sm.add_constant(x)
myModel_updated = sm.OLS(y, X_add_const)
```

然后获取拟合结果，并将回归拟合的摘要全部打印出来。对应输出结果如图 3-16 所示。

```
OLS Regression Results
==============================================================
Dep. Variable:        weight R-squared:                1.000
Model:                OLS Adj. R-squared:              1.000
Method:               Least Squares F-statistic:       1.679e+04
Date:                 Sun, 19 Aug 2018 Prob (F-statistic): 2.07e-20
Time:                 20:03:14 Log-Likelihood:         1.3441
No. Observations:     15 AIC:                          5.312
Df Residuals:         11 BIC:                          8.144
Df Model:             3
Covariance Type:      nonrobust
==============================================================
        coef       std err     t        P>|t|     [0.025     0.975]
==============================================================
const   -896.7476  294.575    -3.044    0.011    -1545.102  -248.393
x1      46.4108    13.655     3.399     0.006    16.356     76.466
x2      -0.7462    0.211      -3.544    0.005    -1.210     -0.283
x3      0.0043     0.001      3.940     0.002    0.002      0.007
==============================================================
Omnibus:              0.028 Durbin-Watson:       2.388
Prob(Omnibus):        0.986 Jarque-Bera (JB):    0.127
Skew:                 0.049 Prob(JB):            0.939
Kurtosis:             2.561 Cond. No.            1.25e+09
==============================================================
Warnings:
[1] Standard Errors assume that the covariance matrix of the errors is correctly specified.
[2] The condition number is large, 1.25e+09. This might indicate that there are strong multicollinearity or other numerical problems.
```

图 3-16　summary( ) 方法的返回结果（二）

从此输出结果可看出，多项式回归模型中的截距项为 -896. 7476，而 X，X^2、X^3对应的斜率分别为 46.4108，-0.7462 和 0.0043。

8. 模型预测

使用该多项式回归模型进行体重预测并输出预测结果。

```
In[15]  y_predict_updated = results_updated.predict()
        y_predict_updated
```

输出结果为：

```
array([114.63856209, 117.40676937, 120.18801264, 123.00780722, 125.89166846,
    128.86511168, 131.95365223, 135.18280543, 138.57808662, 142.16501113,
    145.9690943, 150.01585147, 154.33079796, 158.93944911, 163.86732026])
```

调用 matplotlib.pyplot 包中的 plot( )方法将拟合结果与真实数据绘制在一个图中查看可视化结果，对应的输出结果如图 3-17 所示。

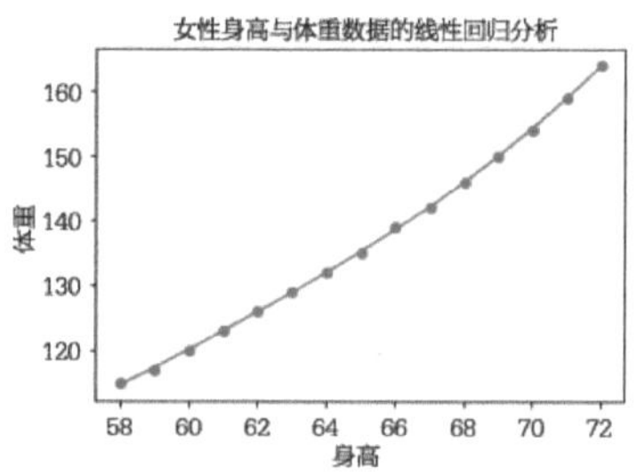

图 3-17　生成的散点图（拟合结果与真实数据）

从此输出结果可看出，本例采用多项式回归后拟合效果显著提高，结果较为令人满意。

3.4.2　多元回归——广告收入数据分析

本案例概述如下。

【数据及分析对象】 CSV 格式的数据文件——文件名为“Advertising.csv”，数据集包含了 200 个不同市场的产品销售额，每个销售额对应 3 种广告媒体投入成本，分别是 TV、radio 和 newspaper，主要属性如下。

1）Number：数据集的编号。

2）TV：电视媒体的广告投入。

3）radio：广播媒体的广告投入。

4）newspaper：报纸媒体的广告投入。

5）sales：商品的销量。

【目的及分析任务】 理解机器学习方法在数据分析中的应用——采用多元回归方法进行回归分析。

1）进行数据预处理，绘制 TV、radio、newspaper 这 3 个自变量与因变量 sales 的相关关系图。

2）采用两种不同方法进行多元回归分析——统计学方法和机器学习方法。

3）进行模型预测，得出模型预测结果。

4）对预测结果进行评价。

【方法及工具】 Python 语言及 pandas、Seaborn、matplotlib、statsmodels、scikit-learn 等包。

1. 业务理解

本例题所涉及的业务为分析电视媒体、广播媒体、报纸媒体的广告投入与产品销售额之间的关系。该业务的主要内容是建立电视媒体、广播媒体、报纸媒体的广告投入与产品销售额的多元回归模型。

2. 数据读入

导入所需的工具包 pandas、Seaborn、matplotlib。读取存有数据集的本地 CSV 文件。本例通过调用 pandas 包中的 read_csv( )方法自动将其转换为一个 DataFrame 对象 data，并显示数据集的前 5 行数据。

In[2]
```
import pandas as pd
import seaborn as sns
import matplotlib.pyplot as plt
import os
data=pd.read_csv("Advertising.csv",header=0)
data.head()
```

header = 0 的含义为：数据表 Advertising.csv 的第 0 行为列名，即数据框 data 的列名（列的显式索引）为原数据表 Advertising.csv 的第 0 行。

对应输出结果如图 3-18 所示。

	Number	TV	radio	newspaper	sales
0	1	230.1	37.8	69.2	22.1
1	2	44.5	39.3	45.1	10.4
2	3	17.2	45.9	69.3	9.3
3	4	151.5	41.3	58.5	18.5
4	5	180.8	10.8	58.4	12.9

图 3-18 head( )方法的输出结果（一）

3. 数据理解

对数据框 data 进行探索性分析，本例采用的实现方式为调用 Seaborn 包中的 pairplot( )方法，绘制 TV、radio、newspaper 这 3 个变量与sales变量之间的关系图，其中 kind 参数设置为“reg”。为非对角线上的散点图拟合出一条回归直线，可以更直观地显示变量之间的关系，height 参数为 7，aspect 参数为 0.8，表明每个构面的高度 7，宽高比为 0.8。调用 matplotlib. pyplot. show( )方法显示图形。

height 为每个刻面中 y 轴的高度（单位：英寸），aspect 为 x 轴的长度系数，x 轴的长度的计算方法为 height * aspect

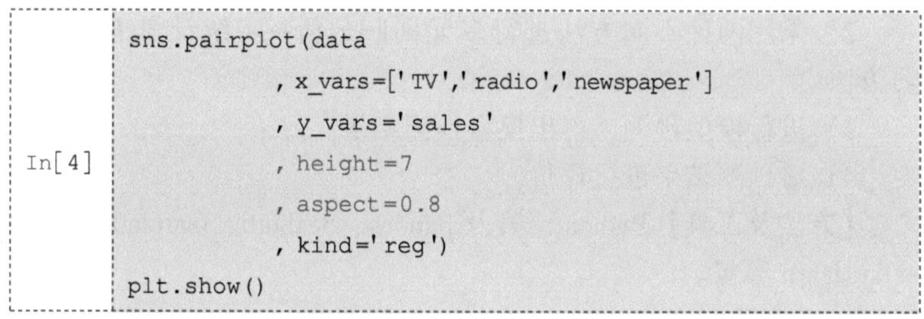

```
In[4]  sns.pairplot(data
                    , x_vars=['TV','radio','newspaper']
                    , y_vars='sales'
                    , height=7
                    , aspect=0.8
                    , kind='reg')
       plt.show()
```

图形显示了 TV、radio、newspaper 这 3 个变量与 sales 变量之间的关系。

对应输出结果如图 3-19 所示。

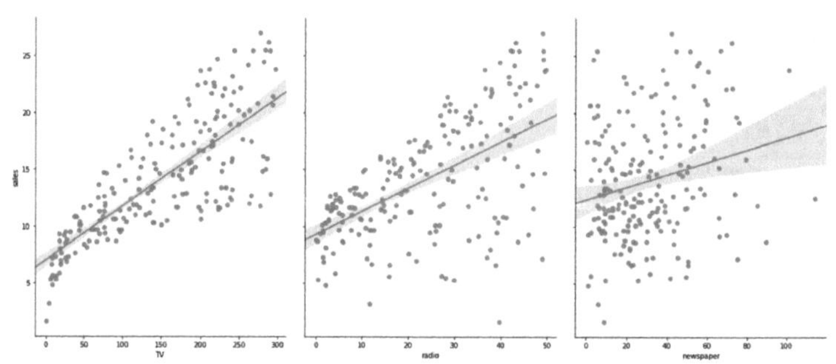

图 3-19　生成的散点图（原始数据）

在进行多元线性回归分析时，容易出现自变量（解释变量）之间彼此相关的现象，我们称这种现象为多重共线性。判断多重共线性，通常采用方差膨胀因子（Variance inflation factor, VIF）。在此，计算方差膨胀因子的代码为：

from statsmodels. stats. outliers _ influence import variance _inflation_factor

for i in range（3）：

print（X _ data. columns[i],"→", variance_inflation_factor(X_data. to_numpy(),i))

注：一般认为 VIF 大于 10 时（严格是 5），代表模型存在严重的共线性问题。

4. 数据准备

进行多元回归分析前，应准备好模型所需的特征矩阵（***X***）和目标向量（***y***）。本例采用 drop( )方法删除 data 数据框中的 Number 以及 sales 两列返回给另一个 DataFrame 对象 Data，并显示 Data 数据集，即特征矩阵的前 5 行数据。

```
In[5]  #第一步:构建特征矩阵和目标数组
       Data=data.drop(['Number','sales'],axis=1)
       Data.head()
```

对应的输出结果如图 3-20 所示。

	TV	radio	newspaper
0	230.1	37.8	69.2
1	44.5	39.3	45.1
2	17.2	45.9	69.3
3	151.5	41.3	58.5
4	180.8	10.8	58.4

图 3-20　head( )方法的返回结果（二）

输出结果显示了 Data 的前 5 行数据。

确定目标向量 sales 为 data 数据框中的 sales 列，并显示其数据类型：

In[6]	

```
sales=data['sales']
type(sales)
```

对应的输出结果为：

```
pandas.core.series.Series
```

输出结果显示了 sales 的数据类型为 pandas 中的 Series。

将目标向量 sales 的数据转换为 NumPy 中的 ndarray，本例采用的实现方式为调用 NumPy 包中的 ravel( )方法返回数组。

In[7]

```
import numpy as np
sales=np.ravel(sales)
type(sales)
```

对应的输出结果为：

```
numpy.ndarray
```

输出结果显示了 sales 的数据类型为 NumPy 的 ndarray 数组对象。

5. 模型构建

采用统计学方法，检验模型的线性显著性。在本例中调用 statsmodels 统计建模工具包，通过 statsmodels. api（基于数组）接口进行访问。本例采用 add_constant( )方法加上一列常数项，反映线性回归模型的截距。采用 OLS( )方法用最小二乘法来建立 myModel 模型。采用模型的 fit( )方法返回一个回归结果对象 results，该对象 results 包含了估计的模型参数和其他的诊断。在 results 上调用 summary( )方法可以打印出一个模型的诊断细节。

In[8]

```
#第一种分析方法——基于统计学的建模
import statsmodels.api as sm
X_add_const=sm.add_constant(Data.to_numpy())
myModel = sm.OLS(sales, X_add_const)
results =myModel.fit()
print(results.summary())
```

先用统计学方法进行建模。

对应的输出结果如图 3-21 所示。

输出结果显示了调用 summary( )方法的前模型诊断结果。summary( )方法的内容较多，其中重点考虑参数 R-squared、Prob（F-statistic）以及 P>|t|的两个值，通过这 4 个参数就能判断模型是否是线性显著的，同时知道显著的程度。

其中，R-squared（决定系数）= SSR/SST，其中，SSR 全称为 Sum of Squares for Regression，SST 全称为 Sum of Squares for Total，R-squared 值的范围为［0，1］，其值越接近 1，说明回归效果越好。在本例中 R-

```
                          OLS Regression Results
==============================================================================
Dep. Variable:                      y   R-squared:                       0.897
Model:                            OLS   Adj. R-squared:                  0.896
Method:                 Least Squares   F-statistic:                     570.3
Date:                Fri, 19 Nov 2021   Prob (F-statistic):           1.58e-96
Time:                        17:26:28   Log-Likelihood:                -386.18
No. Observations:                 200   AIC:                             780.4
Df Residuals:                     196   BIC:                             793.6
Df Model:                           3
Covariance Type:            nonrobust
==============================================================================
                 coef    std err          t      P>|t|      [0.025      0.975]
------------------------------------------------------------------------------
const          2.9389      0.312      9.422      0.000       2.324       3.554
x1             0.0458      0.001     32.809      0.000       0.043       0.049
x2             0.1885      0.009     21.893      0.000       0.172       0.206
x3            -0.0010      0.006     -0.177      0.860      -0.013       0.011
==============================================================================
Omnibus:                       60.414   Durbin-Watson:                   2.084
Prob(Omnibus):                  0.000   Jarque-Bera (JB):              151.241
Skew:                          -1.327   Prob(JB):                     1.44e-33
Kurtosis:                       6.332   Cond. No.                         454.
==============================================================================

Warnings:
[1] Standard Errors assume that the covariance matrix of the errors is correctly specified.
```

图 3-21　summary 方法的输出结果

squared 的值为 0.897，接近于 1，说明回归效果好。F-statistic（F 检验）的值越大越能推翻原假设，原假设是“我们的模型不是线性模型”。Prob（F-statistic）是 F-statistic 的概率，这个值越小越能拒绝原假设，本例中为 1.58e-96，该值非常小，足以证明模型是线性显著。

接着，采用机器学习的方法再进行建模，以便进行两者的对比分析。为了采用机器学习方法，需要拆分训练集和测试集。在本例中通过调用 sklearn.model_selection 中的 train_test_split( )方法进行训练集和测试集的拆分，random_state 为 1，采用 25%的数据测试，75%的数据训练。

random_state 的含义为生成随机数算法中的种子数

在此，采用机器学习方法进行数据分析

In[9]

```
#第二种分析方法——基于机器学习
#拆分训练集和测试集
import pandas as pd
data=pd.read_csv("Advertising.csv",header=0)
Data=data.drop(['Number','sales'],axis=1)
sales=data['sales']
from sklearn.model_selection import train_test_split
X_train,X_test, y_train, y_test = train_test_split(Data,
sales, random_state=1,test_size=0.25)
```

查看训练数据与测试数据的数量：

In[10]

```
#查看训练数据与测试数据的数量
print(X_train.shape)
print(X_test.shape)
```

对应输出结果为：

```
(150, 3)
(50, 3)
```

输出结果显示将用 150 条数据进行训练，50 条数据进行测试。

在训练集上进行模型训练。本例调用 sklearn. linear_model 中默认参数的 LinearRegression 对训练集进行线性回归。

```
In[11]
from sklearn.linear_model import LinearRegression
linreg = LinearRegression()
model=linreg.fit(X_train, y_train)
print(model)
```

对应输出结果为：

```
LinearRegression(copy_X=True, fit_intercept=True, n_jobs=None,
normalize=False)
```

输出结果显示了模型的训练结果。

在此基础上，查看多元线性回归模型的回归系数：

```
In[12]
model.coef_
```

对应输出结果为：

```
array([0.04656457, 0.17915812, 0.00345046])
```

输出结果显示了模型对应方程的系数为 0. 04656457、0. 17915812、0. 00345046。

查看回归模型的截距：

```
In[13]
model.intercept_
```

对应输出结果（该模型的截距）为：

```
2.8769666223179335
```

最后，调用 score( ) 方法返回预测的 R-squared（决定系数），即模型的准确率：

可见，第一种方法（统计学方法）和第二种方法（机器学习方法）建模的模型参数是不一定完全一样的。

```
In[14]
#准确率
model.score(X_test, y_test)
```

对应输出结果为：

```
0.9156213613792231
```

输出结果表明R-squared的值为 0. 9156213613792231，接近于 1，说明该模型的准确率高。

6. 模型预测

采用 predict( ) 方法使用线性模型进行预测，返回模型的预测结果 y_pred：

```
In[15]
y_pred = linreg.predict(X_test)
y_pred
```

对应输出结果为：

```
array([21.70910292, 16.41055243,  7.60955058, 17.80769552, 18.6146359 ,
       23.83573998, 16.32488681, 13.43225536,  9.17173403, 17.333853  ,
       14.44479482,  9.83511973, 17.18797614, 16.73086831, 15.05529391,
       15.61434433, 12.42541574, 17.17716376, 11.08827566, 18.00537501,
        9.28438889, 12.98458458,  8.79950614, 10.42382499, 11.3846456 ,
       14.98082512,  9.78853268, 19.39643187, 18.18099936, 17.12807566,
       21.54670213, 14.69809481, 16.24641438, 12.32114579, 19.92422501,
       15.32498602, 13.88726522, 10.03162255, 20.93105915,  7.44936831,
        3.64695761,  7.22020178,  5.9962782 , 18.43381853,  8.39408045,
       14.08371047, 15.02195699, 20.35836418, 20.57036347, 19.60636679])
```

输出结果显示了模型的预测结果。

7. 模型评价

通过 range( )方法返回可迭代对象。

```
In[16]  range(len(y_pred))
```

对应输出结果为：

```
range(0, 50)
```

显示预测结果的长度：

```
In[17]  len(y_pred)
```

对应输出结果为：

```
50
```

输出结果说明该模型有 50 条预测结果。

显示预测结果 y_pred：

```
In[18]  y_pred
```

对应输出结果为：

```
array([21.70910292, 16.41055243,  7.60955058, 17.80769552, 18.6146359 ,
       23.83573998, 16.32488681, 13.43225536,  9.17173403, 17.333853  ,
       14.44479482,  9.83511973, 17.18797614, 16.73086831, 15.05529391,
       15.61434433, 12.42541574, 17.17716376, 11.08827566, 18.00537501,
        9.28438889, 12.98458458,  8.79950614, 10.42382499, 11.3846456 ,
       14.98082512,  9.78853268, 19.39643187, 18.18099936, 17.12807566,
       21.54670213, 14.69809481, 16.24641438, 12.32114579, 19.92422501,
       15.32498602, 13.88726522, 10.03162255, 20.93105915,  7.44936831,
        3.64695761,  7.22020178,  5.9962782 , 18.43381853,  8.39408045,
       14.08371047, 15.02195699, 20.35836418, 20.57036347, 19.60636679])
```

对预测结果评价，本例采用 matplotlib. pyplot 的 plot( ) 函数绘制预测结果与真实值图，两条线分别表示模型预测值和观察值。

In[19]
```
import matplotlib.pyplot as plt
plt.figure()
plt.plot(range(len(y_pred)),y_pred,'b',label="predict")
plt.plot(range(len(y_pred)),y_test,'r',label="test")
plt.legend(loc="upper right")
plt.xlabel("the number of sales")
plt.ylabel('value of sales')
plt.show()
```

对应输出结果如图 3-22 所示。

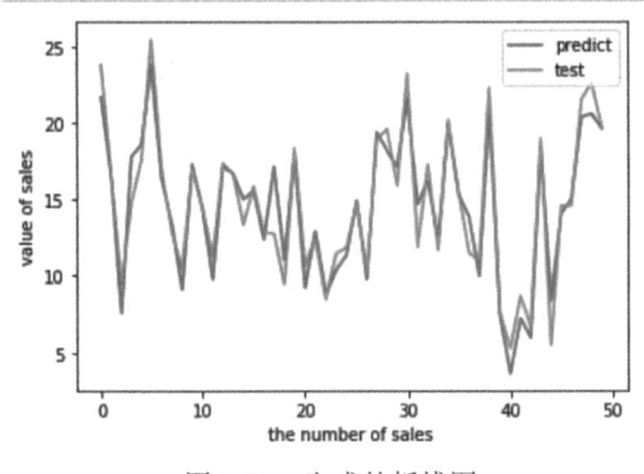

图 3-22　生成的折线图

从图 3-22 可以直观看出，预测结果与真实值的折线趋于重合，此结果说明该模型的预测结果较好。

3.4.3　泊松回归——航班数据分析

本案例概述如下。

【数据及分析对象】 CSV 文件——文件名为“o-ring-erosion-only.csv”，数据内容来自于 UCI 数据集中的 Challenger USA Space Shuttle O-Ring Data Set（1993）。该数据集给出了挑战者号航天飞机的 O 型环（O-Ring）数据，主要属性如下。

- Number of O-rings at risk on a given flight：航班上存在潜在风险的 O 形环数量。
- Number experiencing thermal distress：出现热损伤的 O 形环数量；
- Launch temperature（degrees F）：发射温度（华氏度）；
- Leak-check pressure（psi）：检漏压力（psi）；
- Temporal order of flight：航班时序。

【目的及分析任务】 理解机器学习方法在数据分析中的应用——采用泊松回归方法进行回归分析。

1986 年 1 月 28 日上午 11 时 38 分，美国挑战者号航天飞机在佛罗里达州肯尼迪太空中心发射升空，73 秒后，航天器突然爆炸解体，机上 7 名宇航员全部罹难，这是航天史上最惨烈的灾难之一。爆炸原因可以追溯到右侧固体火箭助推器中的 O 形环——一个密封右火箭助推器的圆形垫圈。由于发射时的低温（31℉/-0.5℃），其实几位工程师已注意到了这一风险，但美国宇航局管理层不予理会。美国宇航局自己的发射前估计是，任何一次发射都有十万分之一的航天飞机失败的可能性——而糟糕的统计推理是发射成功的一个关键原因。

1）以全部记录为训练集进行泊松回归建模。

2）对模型进行假设检验和可视化处理，验证泊松回归建模的有效性。

3）按训练模型预测训练集并得到均方根误差（Root Mean Squared Error，RMSE）。

$RMSE = \sqrt{MSE}$

MSE 为 Mean Squared Error（均方误差），详见本章 P45-图 3-5；

较低的 RMSE 表示更好的拟合

【方法及工具】 Python 语言及其第三方包 pandas、NumPy 和 statsmodels。

1. 业务理解

本例题所涉及的业务为分析航天飞机出现热损伤 O 形环的可能性。该业务的主要内容是通过建立泊松回归模型实现依据给定发射条件预测航天飞机出现热损伤的 O 形环的数量。

2. 数据读入

下载 UCI 数据集至本地，读取存有数据集的本地 CSV 文件。本例通过调用 pandas 包中的 read_csv( )方法自动将其转换为一个 DataFrame 对象。由于原数据集中没有表头，因此在读取 CSV 文件时通过 names 参数手动生成表头。

建议读者事先将数据文件 o-ring-erosion-only. csv 存放在 Python 解释器的当前工作目录下。

```
In[2]  df_erosion = pd.read_csv("o-ring-erosion-only.csv"
       ,names=['Number of O-rings at risk on a given flight','Number experiencing thermal distress ', ' Launch temperature (degrees F)','Leak-check pressure (psi)','Temporal order of flight'])
```

此处，参数 names 的功能为补充字段（列）名称，因为原数据表【o-ring-erosion-only. csv】中无字段名称。

3. 数据理解

对数据框 df_erosion 进行探索性分析，本例采用的实现方式为调用 pandas 包中数据框（DataFrame）的 describe( )方法。

```
In[3]  df_erosion.describe()
```

对应输出结果如图 3-23 所示。

	Number of O-rings at risk on a given flight	Number experiencing thermal distress	Launch temperature (degrees F)	Leak-check pressure (psi)	Temporal order of flight
count	23.0	23.000	23.000	23.000	23.000
mean	6.0	0.391	69.565	152.174	12.000
std	0.0	0.656	7.057	68.221	6.782
min	6.0	0.000	53.000	50.000	1.000
25%	6.0	0.000	67.000	75.000	6.500
50%	6.0	0.000	70.000	200.000	12.000
75%	6.0	1.000	75.000	200.000	17.500
max	6.0	2.000	81.000	200.000	23.000

图 3-23　describe( )方法的返回值

在 pandas 中，常用于探索性分析的方法和属性如下：

- describe( )方法
- info( )方法
- shape 属性
- columns 属性

其中预测变量“Number experiencing thermal distress”的最大值为 2，最小值为 0，平均热损伤 O 形环数为 0. 391。

除了 describe( )方法，还可以调用 shape 属性和 columns 属性对数据框进行探索性分析。以 shape 属性为例：

```
In[3]  df_erosion.shape
```

对应输出结果为：

```
(23, 5)
```

从此输出结果可看出，数据框 df_erosion 的行数和列数分别为 23 和 5，与原始数据文件 o-ring-erosion-only. csv 的内容一致。

绘制直方图来查看因变量“Number experiencing thermal distress”数据的连续性，通过调用 matplotlib. pyplot 包中数据框（DataFrame）的 hist( ) 方法绘创建频数直方图。

出现热损伤的 O 型环数量

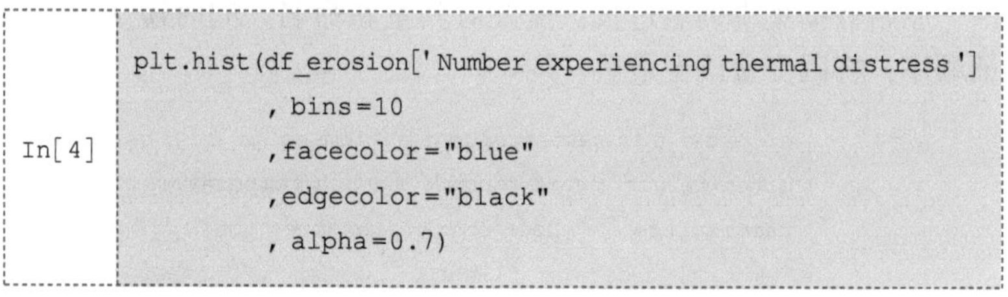

```
In[4]  plt.hist(df_erosion['Number experiencing thermal distress']
               , bins=10
               ,facecolor="blue"
               ,edgecolor="black"
               , alpha=0.7)
```

对应输出结果如图 3-24 所示。

泊松分布的曲线图见本章【图 3-32 泊松分布的示例图】

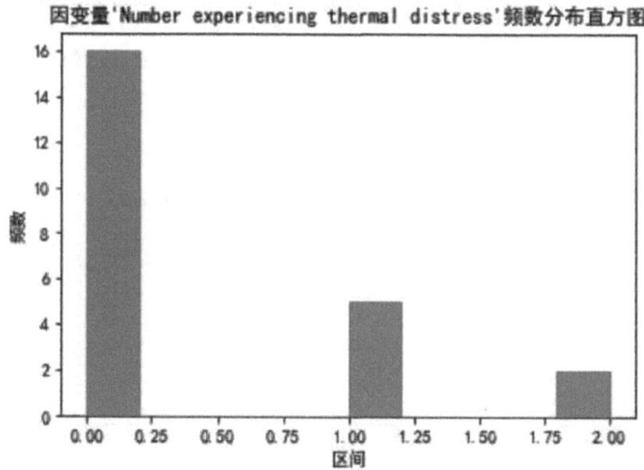

图 3-24　生成的柱状图

通过调用 NumPy 包中数据框（DataFrame）的 mean( ) 方法和 var( ) 方法查看因变量“Number experiencing thermal distress”的均值和方差。

```
In[5]  print(np.mean(df_erosion['Number experiencing thermal distress']))
       print(np.var(df_erosion['Number experiencing thermal distress']))
```

对应输出结果为：

```
0.391304347826087
0.41209829867674863
```

可以看到方差约等于平均值，避免了在泊松回归中发生过度分散或分散不足的情况。泊松分布的一个重要特征是均值和方差相等，称为分

泊松分布的特点：均值和方差相等

正态分布的特点：均值、中位数和众数相等。

散均衡。只有分散均衡的数据才能使用泊松分布模型。均值小于方差称为分散过度，所有分布向左侧倾斜，数值较小的数据出现概率较高。均值大于方差称为分散不足。

4. 数据准备

进行泊松回归分析前，应准备好模型所需的特征矩阵（***X***）和目标向量（***y***）。本例采用 Python 的统计分析包 statsmodels 进行自动类型转换，数据对象 y 即可使用。若采用其他包（如 scikit-learn 等）需要采用 np. ravel( )方法对 y 进行转换操作。

原始数据集中列名过长，需要对其重新命名。同时遵从习惯调整特征顺序，将因变量调至最后一列。

修改前的列名	修改后的列名
Number of O-rings at risk on a given flight	num_rings
Launch temperature (degrees F)	temperature
Leak-check pressure (psi)	pressure
Temporal order of flight	order
Number experiencing thermal distress	num_distress

In[6]
```
df_erosion.rename(columns={'Number of O-rings at risk on a given flight':'num_rings','Launch temperature (degrees F)':'temperature','Leak-check pressure (psi)':'pressure','Temporal order of flight':'order','Number experiencing thermal distress':'num_distress'},inplace=True)
order = ['num_rings','temperature','pressure','order','num_distress']
df_erosion = df_erosion[order]
```

对应的输出结果如图 3-25 所示。

	num_rings	temperature	pressure	order	num_distress
0	6	66	50	1	0
1	6	70	50	2	1
2	6	69	50	3	0
3	6	68	50	4	0
4	6	67	50	5	0

图 3-25　对应输出结果

GLM（Generalized Linear Model，广义线性模型）。

5. 模型训练

以航班上存在潜在风险的 O 形环数量 num_rings、发射温度 temperature、检漏压力 pressure 和航班时序 order 作为自变量，飞行中热损伤 O 形环的数量 num_distress 作为因变量对数据进行泊松回归建模。本例采用的实现方式为调用 Python 的统计分析包 statsmodels 中的 GLM( )方法进行建模分析。

statsmodels. genmod. families. family. Poisson (link=None) 为 statsmodels 提供的泊松指数类，link 决定的泊松指数类的类型，默认为 log，除了 log 还可以选择 “identity 或 sqrt”

link 函数（又称连接函数）是广义线性回归的核心，它的作用是“将非线性模型映射为线性模型”。

In[7]
```
import statsmodels.formula.api as smf
```

statsmodels. GLM( )方法的输入有 3 个，第一个形参为 formula，具体形式为 $y \sim x$。在本例中即为“num_distress ~ num_rings+temperature+pressure+order”。第二个参数是模型训练所用的数据集 df_erosion。最后一个参数为创建 GLM 模型所用的 Poisson( )模型。

当因变量 Y 是一个服从均数为 λ 的泊松分布的随机变量时，我们可以通过引入联系函数（link function）进行一种广义线性回归分析——泊松回归分析。泊松回归分析的联系函数为 ln( )。

在自变量 x 和因变量 y 上使用 GLM( )方法进行泊松回归。

```
In[8]  glm=smf.glm('num_distress~num_rings + temperature + pres-
       sure +order', df_erosion, family=sm.families.Poisson())
```

在 smf.glm( )方法的第一个参数中，用波浪线（~）分割因变量和自变量。这种语法广泛应用于 R 语言包。

然后获取拟合结果，并将回归拟合的摘要全部打印出来。

```
In[9]  results = glm.fit()
       print(results.summary())
```

对应输出结果如图 3-26 所示。

```
                 Generalized Linear Model Regression Results
==============================================================================
Dep. Variable:            num_distress   No. Observations:                  23
Model:                             GLM   Df Residuals:                      19
Model Family:                  Poisson   Df Model:                           3
Link Function:                     log   Scale:                         1.0000
Method:                           IRLS   Log-Likelihood:               -10.628
Date:                 Sat, 17 Jul 2021   Deviance:                      8.6429
Time:                         14:14:52   Pearson chi2:                    12.1
No. Iterations:                      5
Covariance Type:             nonrobust
===============================================================================
                 coef    std err          z      P>|z|      [0.025      0.975]
-------------------------------------------------------------------------------
Intercept      0.2119      0.123      1.720      0.085      -0.030      0.453
num_rings      1.2714      0.739      1.720      0.085      -0.177      2.720
temperature   -0.1453      0.060     -2.414      0.016      -0.263     -0.027
pressure       0.0073      0.011      0.667      0.505      -0.014      0.029
order         -0.0646      0.099     -0.655      0.513      -0.258      0.129
===============================================================================
```

图 3-26　summary( )方法返回值

图 3-26 中第二部分的 coef 列所对应的 Intercept、num_rings、temperature、pressure 和 order 就是计算出的回归模型中各自变量的系数。

除了读取回归摘要外，还可以调用 params 属性查看拟合结果。

```
In[10]  results.params
```

对应输出结果如图 3-27 所示。

```
                 coef    std err          z      P>|z|      [0.025      0.975]
-------------------------------------------------------------------------------
Intercept      0.2119      0.123      1.720      0.085      -0.030      0.453
num_rings      1.2714      0.739      1.720      0.085      -0.177      2.720
temperature   -0.1453      0.060     -2.414      0.016      -0.263     -0.027
pressure       0.0073      0.011      0.667      0.505      -0.014      0.029
order         -0.0646      0.099     -0.655      0.513      -0.258      0.129
===============================================================================
```

图 3-27　属性 params 的值

6. 模型评价

通过模型摘要可以看到，只有自变量 temperature 的 p 值小于 0.05，通过了 T 检验。这意味着其他解释变量在控制 temperature 的前提下，对因变量的影响不显著。

RSME（Root Mean Squared Error）越靠近 0，说明模型更准确。

最后采用均方根误差（RMSE）来评估模型预测结果。

```
In[11]  print("RMSE:", np.sqrt(mean_squared_error(df_erosion.
        predict_result, df_erosion.num_distress)))
```

对应输出结果为：

```
RMSE: 0.4895481057323038
```

此结果说明该模型的均方根误差（Root Mean Square Error，RMSE）为 0.322，表明该模型有一定的预测能力。

3.5 重点与难点解读

回归分析的重点和难点包括线性回归算法、Z-Score 标准化、方差、相关系数、泊松分布等。

3.5.1 参数解读——线性回归算法

线性回归分析的主要参数如表 3-2 所示。

表 3-2 线性回归分析的主要参数

参数名称	参数含义	备注
const	截距项	默认情况下，OLS 不含截距项（Intercept），可以通过 X_add_const = sm.add_constant（X）进行转换来设置截距项这一参数
B1，B2，B3	斜率	斜率的个数取决于自变量的个数

OLS 模型中默认不含截距项，需要通过给特征矩阵新增一列进行设置。新增的一列列名即为 const，每行取值均为 1.0。

3.5.2 Z-Score 标准化

如果总体均值（μ）和总体标准差（ρ）为已知，样本 x 的 Z-Score 值的计算公式如下：

$$z=\frac{x-\mu}{\rho}$$

当样本值低于平均值时，z 为负，高于平均值时，z 为正。

式中，z 的绝对值表示样本 x 与以标准差为单位的总体平均值之间的距离，如图 3-28 所示。

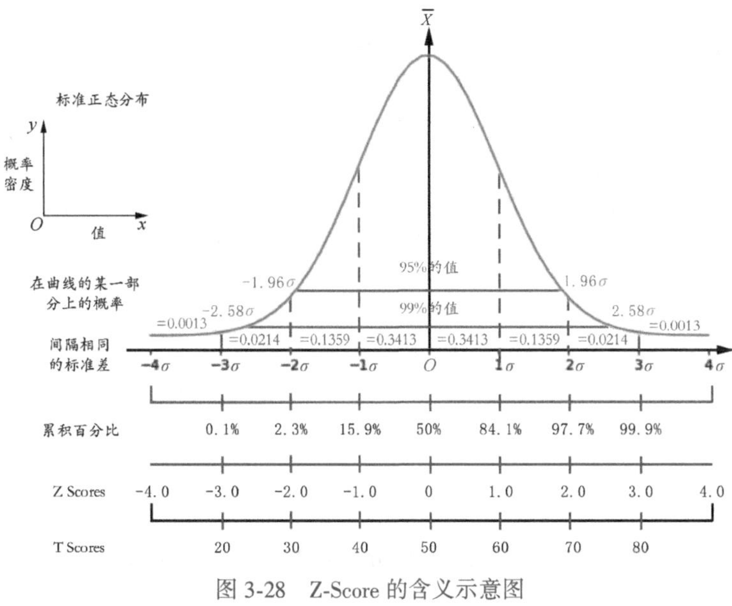

图 3-28　Z-Score 的含义示意图

3.5.3　方差

设 X 为随机变量，若 $E\{[X-E(X)]^2\}$ 存在，则称 $E\{[X-E(X)]^2\}$ 为 X 的方差（variance），记作 $D(x)$，即

$$D(x)=E\{[X-E(X)]^2\} \tag{3-10}$$

方差 $D(x)$ 是随机变量 X 的取值相对于均值偏离程度的一种度量。方差越小，说明样本的取值比较集中；方差越大，说明样本取值的离散程度越大，如图 3-29 所示。

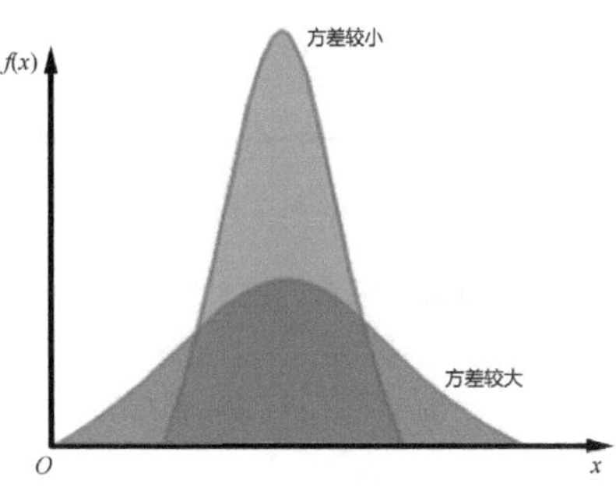

图 3-29　方差大小的示意图

在概率论和统计学中，一个随机变量的方差描述的是它的离散程度，也就是该变量与其期望值的距离。方差的算术平方根称为该随机变量的标准差。

相关关系的度量方法有很多种，如 Pearson 相关系数、Spearman 等级相关系数、Kendall 等级相关系数、Kappa 一致性系数等。但是，在数据分析中通常所说的相关系数一般为皮尔逊相关系数（Pearson Correlation Coefficient，PCC）。此外，相关系数可以分为两种：样本相关系数和总体相关系数。其中，总体相关系数的计算方法为

$$X_{XY}=\frac{\mathrm{cov}(X,Y)}{\sigma_X\sigma_Y}$$

式中，$\mathrm{cov}(X,Y)$，X 和 Y 的协方差，σ_X 和 σ_Y 分别为变量 X 和 Y 的标准差。

3.5.4　相关系数

相关系数（Correlation Coefficient）是度量两个变量之间线性关系强弱的统计量。假设 X、Y 为配对的样本数据，样本相关系数（r）的计算方法为

$$r_{XY}=\frac{E[(X-\mu_X)(Y-\mu_Y)]}{\sigma_X\sigma_Y} \tag{3-11}$$

式中，μ_X 和 μ_Y 为 X 和 Y 的均值；σ_X 和 σ_Y 分别为变量 X 和 Y 的标准差；

E 为期望。

相关系数 r 的取值范围为 $-1 \leqslant r \leqslant 1$。其中：

- $r>0$ 为正相关，$r<0$ 为负相关。
- $|r|=0$ 表示不存在线性关系。
- $|r|=1$ 表示完全线性相关。

根据相关系数的取值大小，通常把相关关系分为完全负相关、负相关、无相关、正相关和完全正相关等，如图 3-30 所示。

完全负相关 无相关 完全正相关

-1.0 -0.5 0 0.5 -1.0

r

负相关程度增加 正相关程度增加

图 3-30 相关关系

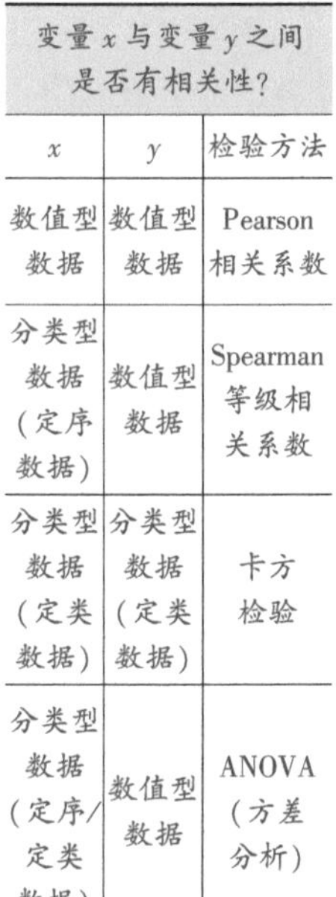

变量 x 与变量 y 之间是否有相关性？		
x	y	检验方法
数值型数据	数值型数据	Pearson 相关系数
分类型数据（定序数据）	数值型数据	Spearman 等级相关系数
分类型数据（定类数据）	分类型数据（定类数据）	卡方检验
分类型数据（定序/定类数据）	数值型数据	ANOVA（方差分析）

两组数据的之间是否有显著性差异（均值是否显著性差异）？		
样本量	总体标准差是否已知	检验方法
较大（>30）	无论已知与否	z 检验
较小（≤30）	已知	z 检验
	未知	t 检验

通常采用散点图的方式可视化分析相关关系。图 3-31 所示为各种相关关系的示意图，从中可以看出，通常所说的线性相关只是相关关系的特例。

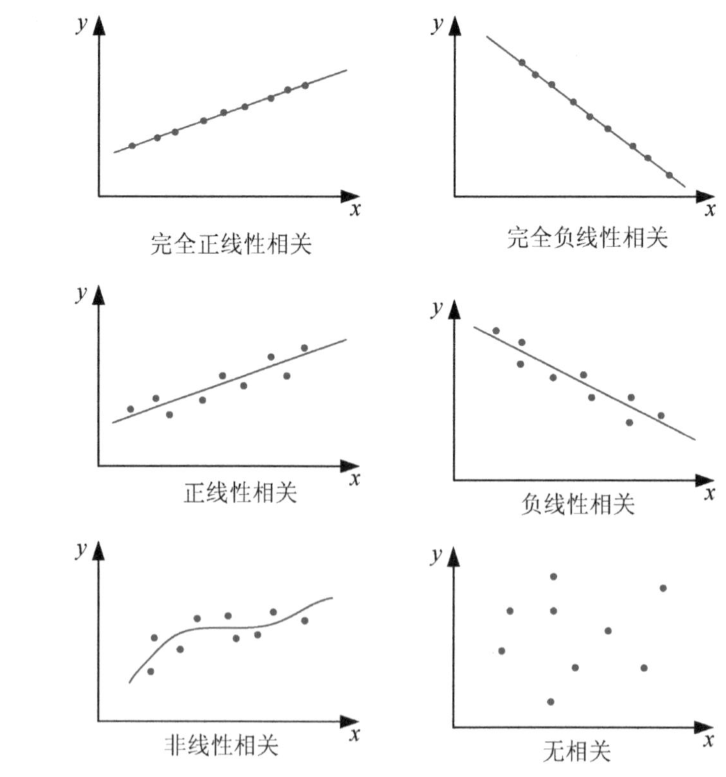

图 3-31 各种相关关系的示意图

3.5.5 泊松分布

当一个离散型随机变量 X 的分布为

$$P(X=k)=\frac{\lambda^k e^{-\lambda}}{k!},k=0,1,\cdots \tag{3-12}$$

泊松分布是泊松回归的基础。泊松分布用研究离散随机过程按时间顺序出现的情况，例如：

- 某医院每周接诊人数。
- 某商店一天接待客人的数量。
- 某地区每年发生自然灾害的次数。
- 某工厂生产线每年生产的次品数量等。

则称 X 服从参数为 λ 的泊松分布（Poisson 分布），记为 $X\sim P(\lambda)$。式中，k 为出现次数；e 为欧拉数，即e=2.71828…；! 为阶乘函数；λ 为大于0（$\lambda>0$）的常数，称之为"泊松分布的参数"，其取值为随机变量 X 的期望值和方差，即 $\lambda=E(X)=Var(X)$。

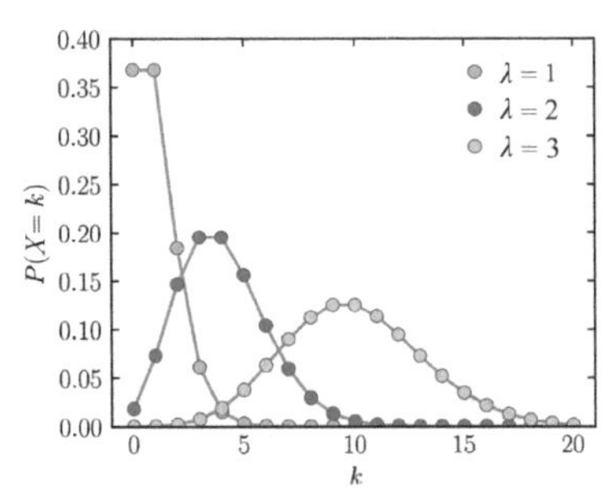

图 3-32 泊松分布的示例图

图 3-32 所示为泊松分布的示例图，其中横坐标为 k，纵坐标为泊松分布 $P(X=k)$，三条曲线分别为 $\lambda=1$，$\lambda=2$ 和 $\lambda=3$。泊松分布有以下性质：

λ 既为均值，也是方差。

1）$E(X)=\lambda$，即泊松分布的参数 λ 就是它的数学期望。

2）$D(X)=\lambda$，即泊松分布的参数 λ 也是它的方差，与数学期望相等。

泊松分布有3个前提条件：

1）平稳性：在任意时间区间内，事件发生 k 次（$k\geq 0$）的概率只依赖于区间长。

2）无后效性：在不相重叠的时间段内，事件的发生是相互独立的。

3）普通性：如果时间区间足够小，事件出现两次或两次以上的概率可忽略不计。

3.5.6 L1 和 L2 正则化

"过拟合"是目标函数在已知数据（如训练集）上的拟合性能非常高（如准确率达到100%），而在未知数据（如测试集或新数据）上的拟合准确率低（如准确率低于50%）。为了防止过拟合现象的出现，机器学习通常采取"正则化项（Regularization Term）"，如图 3-33 所示。正则化后，目标函数可以调整为

目标函数=误差函数+正则化项

常见的正则化项有 L1 项（L1 Loss）和 L2 项（L2 Loss），两者的区别在于所涉及的距离计算方法和回归方法不同。

在线性代数中，"正则化项"被称之为"范数（Norm）"，用于表示向量的"模长"。对于一个 n 维向量 w，其范数函数为

$$l_p(w)=\|w\|_p=(\sum_{i2-1}^{n}|w_i|p)^{\frac{1}{p}}$$

式中，p=1 和 p=2 分别为 $L1$ 项和 $L2$ 项。

以线性回归的方程 $y=wx+b$ 为例，其 L1 项和 L2 项的定义如下。

（1）L1 项

L1 项的距离计算采用的是**曼哈顿距离**，为系数绝对值的和。

$$R(w)=\sum_{i=1}^{n}|w_i| \tag{3-13}$$

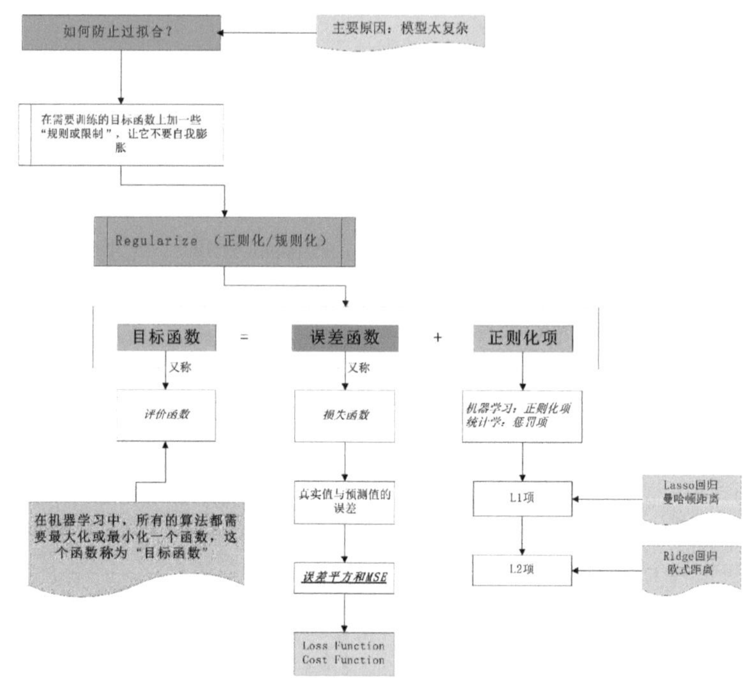

图 3-33　机器学习中的正则化

两个样本之间的距离常用于相似度计算。通常认为，样本之间的距离越短，相似度越高。

很多计算学习函数中，Minkowski Metric 用参数 metric 和 p 表示距离计算方法。如本书【4.4.1 使用 KNN 算法实现】的“例 4-1 KNN 算法“中的函数 KNeighborsClassifier (algorithm ='kd_ tree', metric ='minkowski', p=2) 的参数 metric：

- metric='minkowski'的含义为计算相似度的测量方法为闵氏距离；
- p=2 的含义为闵氏距离的特例——欧氏距离。

$X=(x_1,x_2,\cdots,x_n)$

$Y=(y_1,y_2,\cdots,y_n)$

$p\geqslant 1$

L1 正则化项的性质之一是将最小的权值强制为 0，从而减少模型中考虑的特征数量。L1 正则化项的随机梯度下降法被称为 **Lasso 算法**。Lasso 是一种压缩估计，对变量较多线性模型的惩罚力度就越大，从而最终获得一个变量较少的模型。

(2) L2 项

L2 项的距离计算采用的是**欧氏距离**，为系数的平方和。

$$R(w)=\frac{1}{2}\sum_{i=1}^{n} w_i^2 \tag{3-14}$$

L2 正则化项为防止权重 $\{w_i\}$ 太分散，实施权重缩放，减少共线性的负面影响。带 L2 正则化项的随机梯度下降法被称为 **Ridge 算法。**

3.5.7　闵氏距离、欧氏距离、曼哈顿距离和切比雪夫距离

测算两个样本之间的距离是数据分析中常用方法，但是，测算两个变量之间距离的方法有多种，数据分析中比较常见的是闵氏测算法（Minkowski Metric）——闵氏距离（Minkowski Distance），尤其是闵氏距离的两个特例——欧氏距离（Euclidean Distance）和曼哈顿距离（Manhattan Distance），如图 3-34 所示。

1）闵氏距离（Minkowski Distance）：是计算多维空间中两个样本之

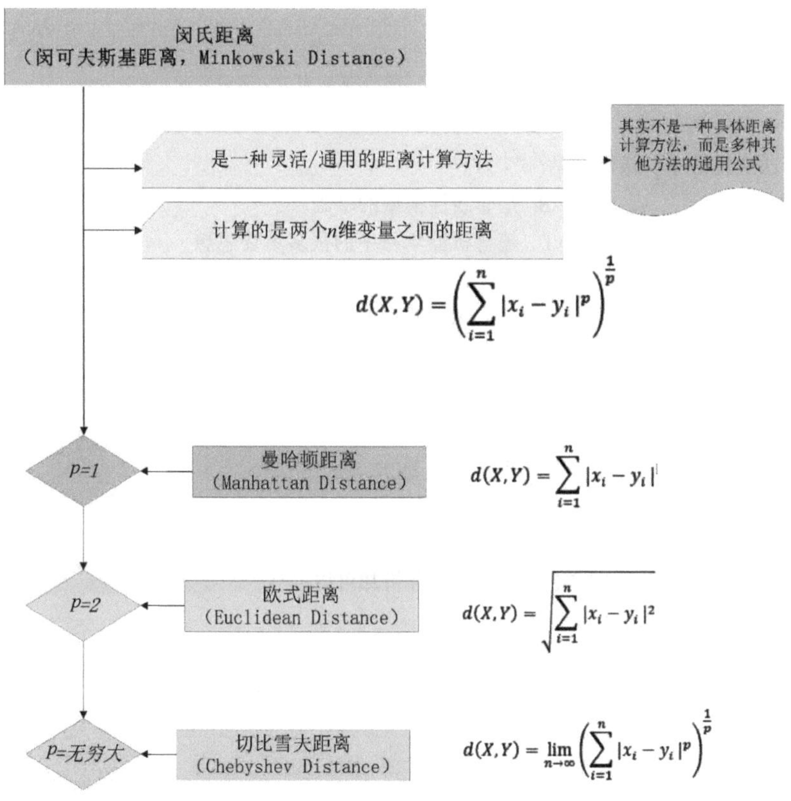

图 3-34　机器学习中的距离计算

间距离的方法。以计算 n 维空间中的 X 和 Y 两个点的距离为例，其计算公式如下：

$$d(X,Y)=\left(\sum_{i=1}^{n}|x_i-y_i|^p\right)^{\frac{1}{p}} \tag{3-15}$$

欧式距离和曼哈顿距离是数据分析中最常用的距离计算方法。

2）欧氏距离（Euclidean distance）：当 $p=2$ 时，闵氏距离特指为 $d(X, Y)$ 为欧氏距离，计算公式如下：

$$d(X,Y)=\sqrt{|x_i-y_i|^2} \tag{3-16}$$

3）曼哈顿距离（Manhattan distance）：当 $p=1$ 时，闵氏距离特指为 $d(X,Y)$为曼哈顿距离，计算公式如下：

$$d(X,Y)=\sum_{i=1}^{n}|x_i-y_i| \tag{3-17}$$

4）切比雪夫距离（Chebyshev Distance）：当 p 为无穷大时，闵氏距离特指为 $d(X,Y)$ 为曼切比雪夫距离，计算公式如下：

$$d(X,Y)=\lim_{n\to\infty}\left(\sum_{i=1}^{n}|x_i-y_i|^p\right)^{\frac{1}{p}} \tag{3-18}$$

3.6 习题

1. 以下关于线性回归算法的说法中，错误的是(　　)。

A. 思想简单，实现容易　　B. 是非线性模型的基础

C. 结果不具有很好的可解释性　　D. 蕴含机器学习中的很多重要思想

2. 对于回归分析，下列说法中错误的是(　　)。

A. 在回归分析中，变量间的关系若是非确定性关系，则因变量不能由自变量唯一确定

B. 线性相关系数可以是正的或负的

C. 回归分析中，如果$r^2=1$或$r=\pm1$，说明x与y之间完全线性相关

D. 样本相关系数$r\in(-\infty,+\infty)$

3. 关于回归分析与相关分析的说法，下列说法中错误的是（　　）。

A. 相关分析和回归分析之间在研究目的和方法上没有明显的区别

B. 相关分析研究变量之间相关方向和相关程度

C. 相关分析不能指出变量间相互关系的具体形式，而回归分析却可以

D. 回归分析是研究变量之间相互关系的具体形式

4. 如果回归模型中遗漏了能够影响因变量的变量，产生的后果是（　　）。

A. 虽然无法度量出遗漏变量的作用，但是对模型中现存的变量进行估计不受影响

B. 一定会使得当前模型的最小二乘估计量有偏

C. 当前模型的估计是正确的

D. 如果遗漏的变量和现存的变量相关，会使得当前的最小二乘估计量有偏

5. 在一个简单线性回归模型中，将输入变量改变 1 个单位，输出变量将(　　)。

A. 变化 1　　B. 不变　　C. 变化为截距　　D. 变化为斜率

6. 以下哪些指标可用于评估回归模型（　　）。

A. r^2　　B. 修正r^2　　C. F 检验　　D. MSE

7. 要测试因变量y和自变量x的线性关系，下面（　　）最适合。

A. 散点图　　B. 条状图　　C. 直方图　　D. 都不是

8. 下列关于回归分析的说法中正确的是（　　）。

A. 多元线性回归中 t 检验和 F 检验是等价的　　B. 存在多重共线性时，对回归系数的解释是不合理的

C. 判定系数越大，回归方程的拟合效果越好　　D. 回归模型可以用于预测因变量

9. 在线性回归问题中，如果线性回归模型中添加一个特征值，以决定系数r^2来测量拟合优度并保留相同的模型，下面哪种说法是正确的（　　）。

A. 如果r^2增大，这个变量是显著的

B. 如果r^2减小，这个变量是不显著的

C. 单独观察r^2的变化趋势，无法判断这个量是否显著

D. 以上说法都不正确

10. 在简单线性回归模型中，需要估计（　　）个系数。

A. 1　　B. 2　　C. 3　　D. 4

11. 当其他参数一致时，样本数对过拟合的影响是（　　）。
A. 如果样本数比较少，容易产生过拟合　　B. 如果样本数比较少，不容易产生过拟合
C. 如果样本数比较多，容易产生过拟合　　D. 如果样本数比较多，不容易产生过拟合
12. 在推导线性回归参数时，会做出以下哪些假设（　　）。
A. 因变量 y 和预测变 x 之间的真实关系是线性的
B. 模型的误差在统计意义上是独立的
C. 误差通常的分布是均值为 0，且标准差为常数
D. 预测变量 x 是非随机的，而且测量误差可以忽略不计
13. 下列关于泊松回归的说法中正确的是（　　）。
A. 泊松回归算法针对因变量为离散型变量的问题建模
B. 普通的线性回归模型可以对计数数据建模
C. 泊松回归表达式中 λ 等于单位时间内事件发生次数的期望
D. 泊松回归表达式中 λ 是离散的
14. 关于欠拟合（under fitting），下面说法正确的是（　　）。
A. 训练误差较大，测试误差较小　　B. 训练误差较小，测试误差较大
C. 训练误差较大，测试误差较大　　D. 训练误差不变，测试误差较大
15. 下列两个变量之间的关系中，哪一个符合线性关系（　　）。
A. 学生的性别与他（她）的数学成绩　　B. 人的工作环境与他的身体健康状况
C. 儿子的身高与父亲的身高　　D. 正方形的边长与边宽

3.7　主要参考文献及推荐阅读书目

[1] ISMAIL N, JEMAIN A A. Generalized Poisson Regression: anAlternative for Risk Classification [J]. Journal Technology. 2005
[2] MCKINNEY W. Python for data analysis: Data wrangling with Pandas, NumPy, and IPython [M]. Cambridge: O'Reilly Media, Inc., 2012.
[3] VANDERPLAS, J. Python data science handbook: Essential tools for working with data [M]. Cambridge: O'Reilly Media, Inc., 2016.
[4] VILLARINI G, SMITH J A, VECCHI, G A. Changing Frequency of Heavy Rainfall over the Central United States [J]. Journal of Climate, 2013, 26 (1): 351-357.
[5] WEISBERG S. Applied Linear Regression [M]. NewYork: John Wiley & Sons, Inc., 2005.
[6] 朝乐门. Python 编程：从数据分析到数据科学 [M]. 2 版. 北京：电子工业出版社，2021.
[7] 朝乐门. 数据科学——基于 Python 语言 [M]. 北京：人民邮电出版社，2020.
[8] 朝乐门. 数据科学理论与实践 [M]. 2 版. 北京：清华大学出版社，2020.
[9] 贾俊平，何晓群，金勇进. 统计学 [M]. 7 版. 北京：中国人民大学出版社，2018.
[10] 李航. 统计学习方法 [M]. 北京：清华大学出版社，2012.
[11] 周志华. 机器学习 [M]. 北京：清华大学出版社，2016.

第 4 章　分类分析

类别也称目标（targets）、标签（labels）和类别（categories）

回归算法和分类算法均属于有监督学习算法，可用于预测或处理带标签的数据集。两者的区别在于应用场景不同：回归算法用于预测价格、薪水、年龄等连续值，而分类算法用于预测离散值，例如男性或女性、真或假、垃圾邮件或非垃圾邮件等。

分类（classification）分析的目的是预测给定样本所属的类别（Class）。与回归分析不同的是，分类分析的输出是离散变量。例如，“根据邮件特征判断是否为垃圾邮件”为分类任务，其输出变量为表示是/否两个值的离散变量。表 4-1 给出了分类分析和回归分析的区别。

表 4-1　分类分析与回归分析的区别

	分类分析	回归分析
输出变量	离散值	连续值或真实值
任务类型	将输入值（x）与离散输出变量（y）进行映射	将输入值（x）与连续输出变量（y）进行映射
任务目的	试图找到决策边界，它可以将数据集划分为不同的类	找到最佳拟合线，即可更准确地预测输出
举例	根据邮件特征判断是否为垃圾邮件	根据父亲的身高预测儿子的身高
子类	二元分类和多类分类	线性回归与非线性回归

关于随机森林和 XGBoost 的知识，参见本书【第 6 章集成学习】；

关于神经网络分类，参见本书【第 9 章 深度学习】

常用于分类分析的算法有 KNN、贝叶斯分类（Bayesian Classification）、支持向量机（Support Vector Machines，SVM）、决策树、随机森林、XG-Boost 和神经网络分类法等。

4.1　应用场景

与统计学中模型不同的是，以 KNN 模型为代表的机器学习模型一般无法用公式表示，而是用参数（Parameter）和超参数（Hyperparameter）来描述或表示，详见本书【1.2 数据分析与机器学习】。

新增病例所包含的特征（字段）与【4.4.1 使用 KNN 算法实现】中的 X_testSet.loc[[421]]一行相同。

分类分析的主要应用场景可以分为“分类模型的建模”和“分类模型的应用”两个阶段：分类模型的建模阶段以已知的带标签数据集为输入，采用某一特定的分类算法学习出分类模型；分类模型的应用阶段为预测新样本（标签为未知）的标签，如图 4-1 所示。例如，【4.4.1 使用 KNN 算法实现】中，已知数据集为 bc_data.csv，标签为 Diagnosis 字段，所采用的分类算法为 KNN，所训练出的模型为 KNN 分类模型，未知数据为新增病例，分类任务为预测新增病例是否为良性肿瘤。

根据输出类别（标签）的不同，分类分析可分为三大类（见表 4-2 和图 4-2）：二分类（Binary Classification）、多分类（Multi-Class

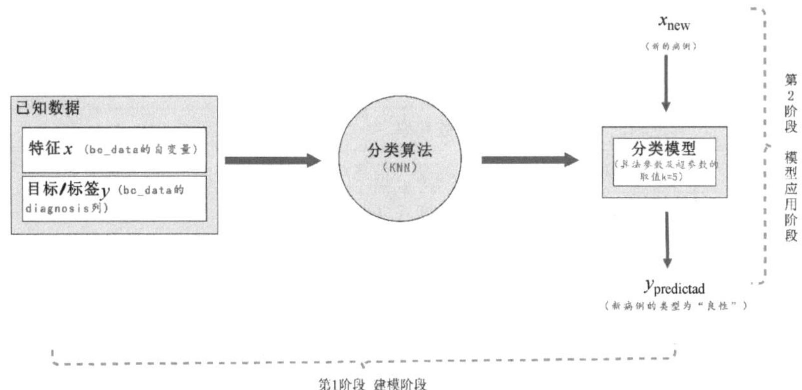

图 4-1　分类分析的应用场景

Classification）和多标签分类（Multi-Label Classification）。

多分类和多标签分类是两个不同的概念。

表 4-2　二分类、多分类、多标签分类的区别与联系

	特　　征	应 用 场 景	常 用 算 法
二分类	每个训练样本的标签只有两种可能	例如，判断某电影是否为国产电影	逻辑回归 SVM 贝叶斯二分类器
多分类	每个训练样本的标签可能有多种情况，但每次只能选择其中的一个标签	例如，将某一电影分类为动作、奇幻、喜剧、恐怖、爱情、纪录片等多种类别之一	随机森林 XGBoost 贝叶斯多分类器
多标签分类	每个训练样本同时可以有多个标签	例如，对某电影添加“英语”“喜剧片”和“好莱坞”等多个标签	神经网络算法

多数神经网络算法可用于多标签分类，因为神经网络输出层的每个神经元均可以代表一个标签。

4.2　算法原理

分类算法的关键在于找到划分类型的依据。表 4-3 所示为常用分类算法的原理。分类分析的分类依据主要有相似度（距离）、不纯度（impurity）、概率/条件概率和超平面等。

用什么属性来分类，这是一个很重要的问题。按体重来分类，你的体重可能是女生的体重（或男生的体重），误分入女生类（或男生类）。

表 4-3　分类分析的原理

序号	分 类 算 法	分 类 依 据
1	KNN	相似度（距离）
2	朴素贝叶斯分类	贝叶斯公式（条件概率）

（续）

序号	分类算法	分类依据
3	支持向量机	超平面
4	逻辑回归	对数几率
5	决策树	不纯度（信息增量/信息增率）
6	随机森林	不纯度（gini 系数）

4.1.1 KNN

KNN（k-Nearest Neighbour，k-近邻）算法是一种有监督学习的分类算法，由 Cover 和 Hart 于 1967 年提出，该算法发展至今已比较成熟，是机器学习算法中一类非常简单易用的算法。

KNN（k-Nearest Neighbour，k-近邻）算法主要解决的是在训练样本集中每个样本的分类标签为已知的条件下，如何为一个新增数据给出对应的分类标签。KNN 算法的计算过程如图 4-2 所示。

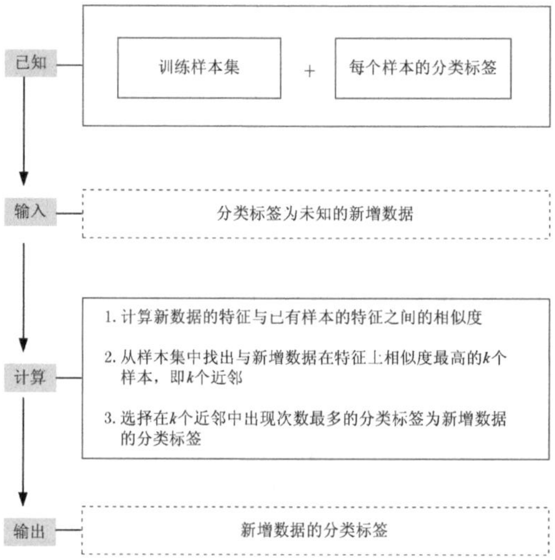

已知 — 训练样本集 + 每个样本的分类标签

输入 — 分类标签为未知的新增数据

计算 —
1. 计算新数据的特征与已有样本的特征之间的相似度
2. 从样本集中找出与新增数据在特征上相似度最高的k个样本，即k个近邻
3. 选择在k个近邻中出现次数最多的分类标签为新增数据的分类标签

输出 — 新增数据的分类标签

图 4-2 KNN 算法的基本步骤

KNN 算法的底层逻辑如下。

你是“好孩子”吗？

我没见过你也可以有办法知道——看看你最好的 10 个朋友（就是 $k=10$）中“好孩子”多还是“坏孩子”多。如果“好孩子”较多，那你就是“好孩子”。可见，这是一种“简单粗暴”的方法，不能用于解决任何分类问题。

从图 4-2 可以看出，KNN 算法的基本原理如下：在训练集及其每个样本的分类标签信息为已知的前提条件下，当输入一个分类标签为未知的新增数据时，将新增数据的特征与样本集中的样本特征进行对比分析，并计算出特征最为相似的 k 个样本。最后，选择 k 个最相似样本数据中出现最多的“分类标签”作为新增数据的“分类标签”。

k 个样本即 k 个近邻。

可见，KNN 算法的关键在于“计算新增数据与已有样本之间的相似度”。计算特征之间相似度的方法有很多，最基本且最常用的方法就是欧氏距离法。例如，可以采用 KNN 算法，通过对电影中出现的亲吻或打斗次数，自动划分新上映电影的题材类型。已知 6 部电影的类型（样本集及每个样本的分类标签）及其中出现的亲吻次数和打斗次数（特征信

参见本书【3.5.7 闵氏距离、欧氏距离、曼哈顿距离和切比雪夫距离】。

息），如表4-4所示。

表4-4　已知6部电影的类型及其中出现的亲吻次数和打斗次数

电影名称	打斗镜头	亲吻镜头	电影类型
California Man	3	104	爱情片
He's Not Really into Dudes	2	100	爱情片
Beautiful Woman	1	81	爱情片
KevinLongblade	101	10	动作片
Robo Slayer 3000	99	5	动作片
Amped II	98	2	动作片

那么，如果遇到一部未看过的电影（不知道剧情，但知道其中的打斗次数和亲吻次数分别为18和90）时，如何知道它是爱情片还是动作片？可以用KNN算法找出该片的类型，具体方法如下：

1）计算未知电影与样本集中其他电影之间的欧氏距离，计算结果如表4-5所示。例如，未知电影（18，90）与电影California Man（3，104）之间距离的计算公式为：

$$d=\sqrt{(3-18)^2+(104-90)^2}=\sqrt{15^2+14^2}=\sqrt{421}=20.5$$

表4-5　已知电影与未知电影的距离

电影名称	与未知电影的距离
California Man	20.5
He's Not Really into Dudes	18.7
Beautiful Woman	19.2
KevinLongblade	115.3
Robo Slayer 3000	117.4
Amped II	118.9

2）按照距离递增排序，并找到k个距离最近的电影。例如，$k=4$，则最靠近的电影依次是He's Not Really into Dudes、Beautiful Woman、California Man和Kevin Longblade。

3）确定未知电影的类型。因为这4部电影中出现最多的分类标签为爱情片（3次），所以，可以推断未知电影也是爱情片。

4）给出未知电影的类型——爱情片。

总之，KNN分类算法的特殊性体现在以下4个方面。

①KNN分类算法是一种没有任何训练阶段的算法，它使用所有样本进行分类。

②KNN 分类算法是一种非参数算法，因为它不对训练数据做任何假设。

关于 KDTree 或 Ball Tree 的详细解读，参见本章【4.5.7 KDTree 或 Ball Tree】。

③KNN 分类算法的主要工作量在于计算样本之间的相似度（距离）。为了降低 KNN 分类算法的计算工作量（减少计算所需时间），通常引入 KNN 分类算法的加速策略——KDTree 或 Ball Tree。

例如，根据你的 10 个最好的朋友（$k=10$）来判断你是否是“好孩子”和依据 2 个最好的朋友（$k=2$）来判断，有时候结果可能截然不同。

关于“手肘法（Elbow Method）”参见【5.3 核心术语】和【5.4.7 模型调参】。

④KNN 算法有一个超参数——k（最近邻的个数），k 值的选择对 KNN 算法的分类结果有明显的影响。为此，通常引入“手肘法（Elbow Method）”找出最优（或交优）的 k 值。

KNN 算法的优缺点见表 4-6。

表 4-6　KNN 算法的优缺点

优　点	缺　点
算法思想简单易理解，实现起来比较容易，在解决分类和回归问题上应用较广	占用存储空间大。KNN 算法作为一种非参数的分类算法，需要将所有的训练样本都存储起来，如果样本集过大则增大了内存空间的负担
不需要设定复杂的规则，只要训练样本集本身来实现对未知样本的分类	分类效率低。对于一个未知分类样本，实行 KNN 算法时都需要计算其与训练集每一个样本数据的相似度，进而确定出最佳 K 值，在处理大规模数据方面时间和空间复杂度高

4.1.2　贝叶斯分类

贝叶斯分类法是一种基于贝叶斯定理的分类算法，贝叶斯定理起源于 Thomas Bayes 并在其去世后于 1763 年发表。

贝叶斯分类解决的是多分类问题，当然也可以应用于二分类问题。

贝叶斯分类（Bayesian Classification）可以进一步分为朴素贝叶斯、半朴素贝叶斯以及贝叶斯网络等不同算法，本章主要介绍朴素贝叶斯算法。朴素贝叶斯算法是贝叶斯分类法中最基本的算法，广泛应用于分类分析任务。

贝叶斯分类的基本思想如下：假设样本 x 有 d 个特征和 N 种可能的分类标签，$Y=\{c_1,c_2,\cdots,c_N\}$，根据样本 x 的特征（属性），计算其在不同类别 c_i 下的后验概率 $P(c_i|x)$，然后选取概率值最高的类别作为分类结果，即分类结果 $h^*(x)$ 为

$$h^*(x)=\underset{c\in Y}{\operatorname{argmax}}P(c|x) \tag{4-1}$$

关于贝叶斯公式，参见本章【4.3.5 贝叶斯理论】。使用贝叶斯分类的主要难点——由于类条件概率 $P(x|c)$ 涉及所有特征属性上的联合概率，很难从有限的训练样本直接估计。

根据贝叶斯公式，样本 x 的标签为 c 的概率 $P(c|x)$ 可以通过以下“类条件概率公式”计算：

$$P(c|x)=\frac{P(c)P(x|c)}{P(x)} \tag{4-2}$$

式中，$P(c)$ 为先验概率，根据大数定律，当训练集拥有充足的独立同分

布样本时，可直接通过样本类别的频率进行估计。$P(x)$是用于归一化的“证据”因子，与样本类别无关。因此，贝叶斯分类法的主要任务就在于计算类条件概率$P(x|c)$。

$P(x|c)$的估算是计算贝叶斯公式的难点所在

朴素贝叶斯分类（Naive Bayes Classifier）算法的核心在于计算类条件概率$P(x|c)$时，假设了x的各个特征属性之间相互独立，则$P(x|c)$的计算可表示为同一类别不同特征之间的联乘形式，

此处，朴素（Naive）是指采用了“属性条件独立性假设”，即对已知类别，假设所有属性相互独立。也就说，样本的特征相互独立，样本的所有特征对结果都同等重要。

$$P(x \mid c) = \prod_{i=1}^{d} P(x_i \mid c) \tag{4-3}$$

式中，d表示样本x的特征数目；x_i为x在第i个特征上的取值。由于对所有类别而言$P(x)$都相同，因此在比较同一特征属性下不同类别间的后验概率时可以忽略，而此时从中选取最大后验概率，即x的分类结果$h^*(x)$可写成如下形式：

称之为“朴素贝叶斯分类器的表达式”

$$h^*(x) = \underset{c \in Y}{\mathrm{argmax}} P(c) \prod_{i=1}^{d} P(x_i \mid c) \tag{4-4}$$

拉不拉斯修正方法：

（1）先验概率$P(C)$的修正方法

$$\hat{P}(C_i)=\frac{m(C_i)+1}{m+n}$$

（2）似然$P(x|C)$的修正方法

$$\hat{P}(x_i|C_j)=\frac{m(x_j;C_i)+1}{m(C_i)+n}$$

式中，

m是类别个数；

n是属性个数；

$m(C_i)$：类别C_i中的元素个数；

$m(x_j;C_i)$：属性j的取值为x_j的类别C_i中的元素个数。

在“朴素贝叶斯分类器的表达式”的具体应用中，$P(x_i|c)$的计算方法如下：

①对于离散特征，可通过特征在类别集合中出现的频率进行估计。

②对于连续特征，使用概率密度函数进行估计。

从类条件概率的计算公式可以看到，某一特征的条件概率取零会使后验概率等于零，若数据中只有一个特征与某个类没有同时出现过，该特征的条件概率取零会抹消其他特征所携带的信息，此时，通常使用“拉普拉斯修正”进行平滑，避免条件概率估值为零。朴素贝叶斯算法的优缺点见表4-7。

表4-7 朴素贝叶斯算法的优缺点

优　点	缺　点
朴素贝叶斯算法逻辑简单且易于实现，分类过程中时间开销小	朴素贝叶斯算法假设训练集的特征属性之间相互独立，但在实际应用中这个假设往往并不成立，因此与其他分类方法相比准确率相对较差

SVM由Cortes和Vapnik于1995年正式提出，因其可靠的数学支持和出色的性能，快速成为机器学习的主流技术。

4.1.3 支持向量机

超平面是一个维数比环境空间小1维的子空间。例如，如果空间是3维的，那么它的超平面就是二维平面，而如果空间是二维的，那么它的超平面就是一维线。

显然，超平面在不同空间的表现形式不同：在二维空间中是直线，三维空间中是平面，三维以上的空间中是超平面，本文统一使用超平面表示。

支持向量机（Support Vector Machine，SVM）的基本思想是如何找到一个最优超平面（hyperplane），将样本分成若干个区域（或类型），同时保证该超平面能够最大限度地适用于未知新样本的预测。以图4-3所示样本集（数据点）的分类任务为例，只要找到一个分类界线——超平面即可将样本集较准确地分成两大类，如图4-4所示。

个别样本可能被误判

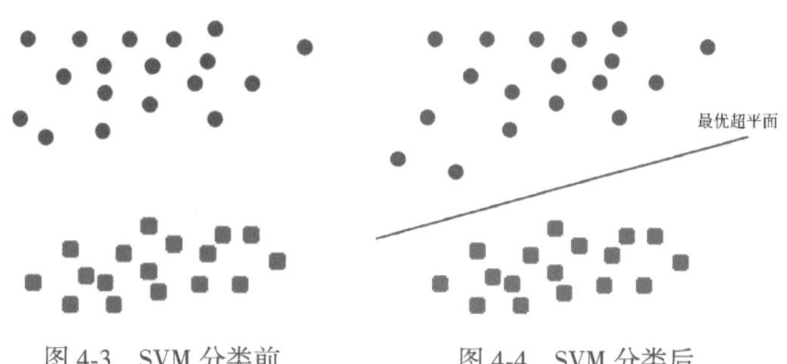

图 4-3 SVM 分类前　　　图 4-4 SVM 分类后

(1) 最大化间隔方法与超平面

最大化间隔方法（Maximum Margin Method）是判断某个“超平面”是否为“最优超平面”的方法。以图 4-3 为例，可以用很多线条作为分类界线（超平面），如图 4-5 所示的线条 A、B 和 C 均为超平面。间隔最大化的思路如下：

那么，哪一个界线（超平面）是最优的分类界线——最优超平面？如何判断？为此，引入了最大化间隔方法。

1）如果将上述三条界线（超平面）的宽度（粗细）称为“间隔（Margin）”，那么“间隔最大化”就是让每一条界线（超平面）的“间隔”最大化，最大化至错误分类样本的数量为最少，如图 4-6 所示。

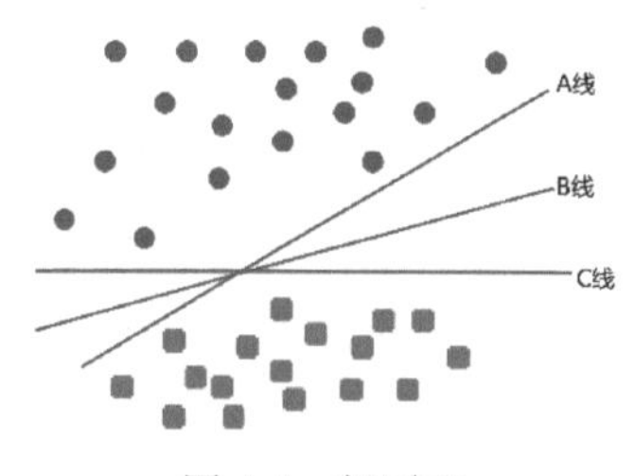

图 4-5 超平面

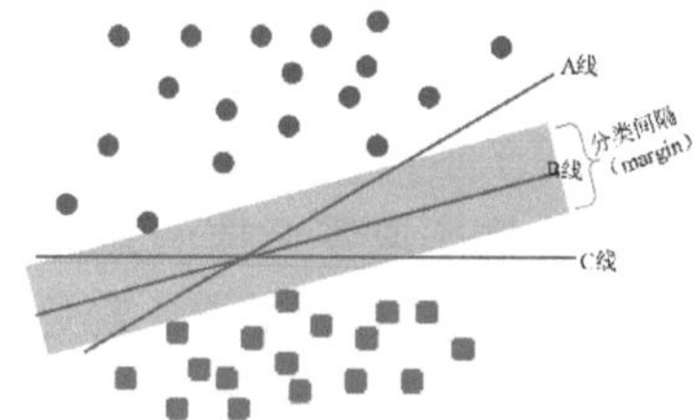

图 4-6 间隔最大化与最优超平面

超平面并非为本例提及的 A、B、C 三根线条，其实有无穷多根线条。但是，可以用数学方法证明最优超平面的存在性和唯一性。

“最优”是因为该分类超平面的信度最高，即使对最难分类的样本（就是离超平面最近的点）也有足够大的分类信度，因此，对未知新样本有较强的分类能力。

2）如果对每个分类界线（超平面）进行“间隔最大化”后，间隔最大的间隔所对应的超平面称为“最优超平面”，也就是支持向量机要寻找的“分类最优超平面”。以图 4-6 为例，对超平面 A，B 和 C 分别进行“间隔最大化”后，发现超平面 B 的间隔为最大，所以超平面 B 可以认定为“最优超平面”，而超平面 A 和 C 并非“最优超平面”。

(2) 支持向量、软间隔和硬间隔

支持向量是指训练样本集中与最优超平面最近的几个样本。以图 4-6 为例，其最优超平面 B 的支持向量有 3 个，即图 4-7 中用圆圈标记的样本——α、β 和 γ。

根据支持向量可出现的位置，间隔分为硬间隔和软间隔。

1）硬间隔（hard margin）：任何样本均不能出现在超平面的间隔（margin）区域内，也不允许出现错误分类，即支持向量机中最优超平面

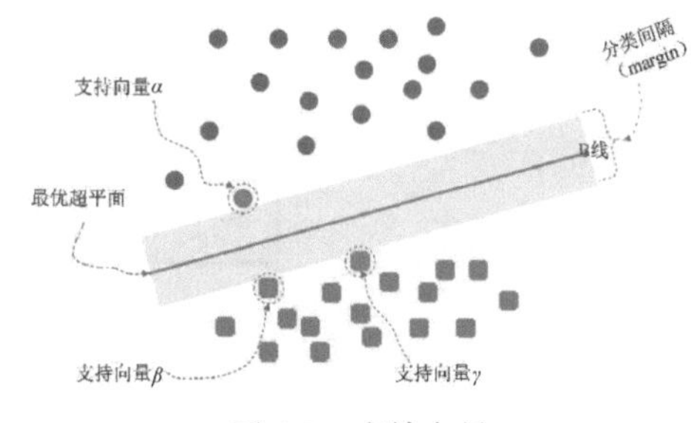

图 4-7 支持向量

能够正确划分所有样本，如图 4-8 所示。

可见，硬间隔是过于理想的做法，很容易导致“过拟合”。

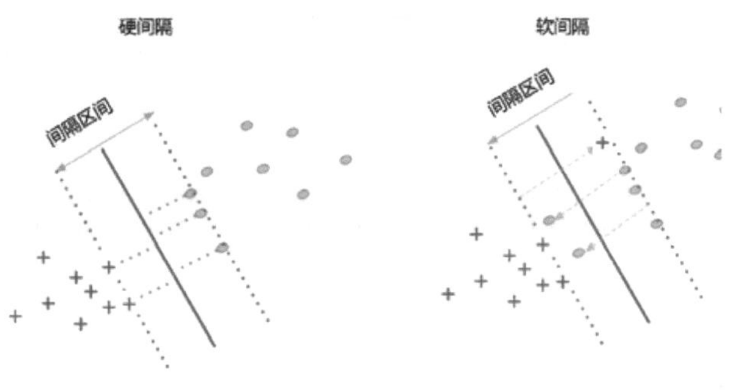

图 4-8 硬间隔与软间隔对比

2）软间隔（soft margin）：与硬间隔不同的是，软间隔中允许少量样本出现在超平面的间隔区域内，也在少量样本上可能出现分类错误。因此，相对于硬件间隔，软间隔在间隔最大化时除了追求间隔最大化，还需要保证错误分类的样本数量尽可能少，如图 4-8 所示。

软间隔允许支持向量机在少量样本上出错。

（3）软间隔与 *C* 参数

由于硬间隔容易产生过拟合，在实际数据分析中通常采用软间隔。在采用软间隔时，不仅需要考虑间隔的最大化，还需要考虑被错误分类的样本数量。因此，引入松弛系数 ζ 的参数 C 作为一个惩罚项来控制目标函数，使得最优化结果在边界拟合度和数据偏差之间形成平衡。C 参数是一种能够控制被错误分离的样本数量的参数。

1）当 *C* 参数的取值为无穷大时，错误分类样本会带来极大惩罚，最终被错误分类的样本数量为 0，即代表的是硬间隔。

2）*C* 参数的取值越大，代表错误分类带来的惩罚越大，最终错误分类的样本量（或概率）越小，如图 4-9 所示。

在 scikit-learn 包的 svm. SVC( ) 函数中，*C* 参数的默认值为 1.0。*C* 的取值大，则表明对分类错误的惩罚大，因此分类结果更倾向全正确的情况；*C* 的取值小，则表明对分类错误的惩罚小，因此分类结果将允许更多错误。

C 参数的本质是一种正则化技术。关于机器学习中的正则化技术，参见本书【3.3.3 过拟合与欠拟合】。

在 sklearn. svm. SVC 中使用的正则化项是 L2 范数的平方，*C* 对应的是此正则化的参数，即惩罚系数。

C 参数的含义也可以理解为：到底更加相信数据还是更加相信模型，二者谁更重要？

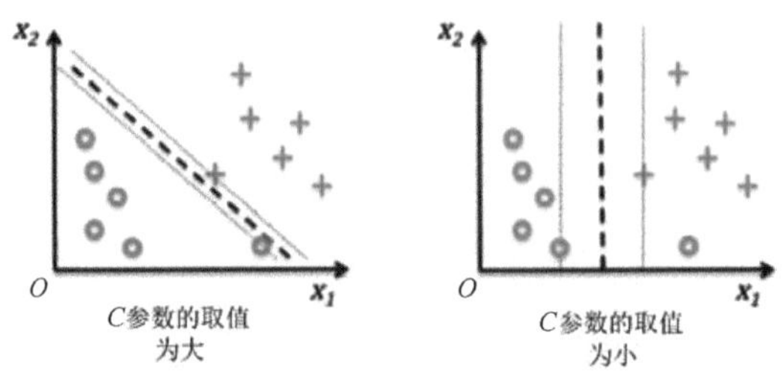

图 4-9　C 参数的取值大小及其含义

（4）非线性分类问题及核函数

本章内容至此讨论的都是线性分类问题，即超平面为直线，但是很多分类问题，无法用直线表示，因此，需要引入非线性分类方法。

SVM 始终采用线性分类方法进行分类，如果训练集的特征空间无法用线性分类方法分类，那么，可采用特征空间将训练集映射到更高维度空间上，并在更高维度空间上用线性分类方法分类。

关于核函数的详细介绍，参见本章【4.3.6 核函数及核技巧】。

在 SVM 中，为了解决非线性分类问题引入了“核函数”，其基本思想为如果输入样本在低维空间（如二维空间）上无法用线性分类方法找到超平面，则将其映射至更高维空间（如三维空间），并在映射后的更高维新空间上采用“线性分类方法”找到超平面。以图 4-10 所示的样本集（数据点）为例，无法在二维空间中找到一条直线进行分类，为此，引入核函数技术，将样本空间映射到三维特征空间后，可以找到最优超平面。SVM 分类算法的优缺点见表 4-8。

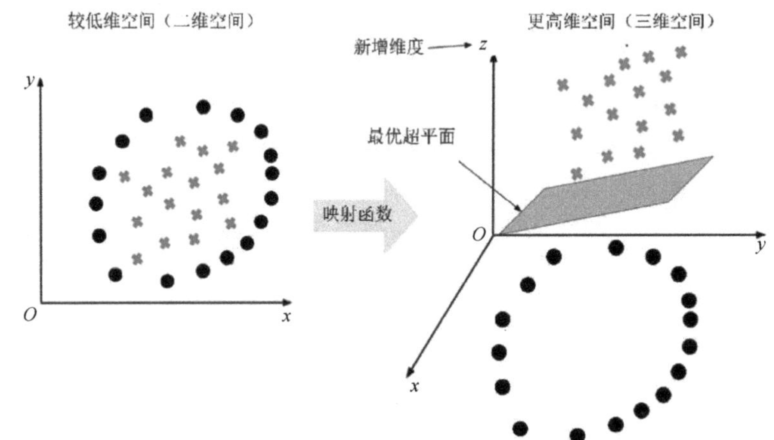

图 4-10　非线性分类及样本空间到特征空间的映射

表 4-8　SVM 分类算法的优缺点

优　点	缺　点
有严格的数学理论支持，可解释性强	对于大规模训练样本，算法执行效率较低
适用性强。通过适当的修改可适用于分类和回归两大任务，线性与非线性两大类数据	对缺失数据敏感
能够找到对任务起至关重要作用的支持向量	核函数的选择依赖经验

4.1.4 逻辑回归

逻辑回归（Logistic regression，LR）是一种广义线性模型，在实际应用中被用来解决二分类（Binary Classification）问题。其基本思路为采用 Logistic 函数（或其特例 Sigmoid 函数）将线性回归的输出结果进一步进行转换（或映射）为区间（0，1）的概率值，然后通过设置阈值来判断是为正例还是反例。

虽然逻辑回归算法的名称中含有“回归”二字，但实际上是一种分类算法，由 Joseph Berkson 于 1944 年提出。

（1）逻辑回归与线性回归的区别及联系

关于二分类的概念，参见本章【表 4-2 二分类、多分类、多标签分类的区别与联系】。

线性回归是一种回归算法，用直线拟合数据来预测变量值，预测值 y 可以超过 0 和 1 的边界。但是，逻辑回归是一种分类算法，其因变量为分类型变量，通过 Logistic 函数（Logistic Function）将线性回归的输出结果转换（映射）为区间（0，1）的概率值，如表 4-9 所示。

关于【Logistic Regression】的中文译法，目前仍有些争议。主要原因在于单词 Logistic 与【逻辑】无关。因此，有专家建议将【Logistic Regression】翻译成【对率回归】或【Logit 回归】。本书采用了另一种广泛使用的译法——逻辑回归。

表 4-9 逻辑回归与线性回归的对比

	线性回归（Linear Regression）	逻辑回归（Logistic Regression）
应用场景	回归分析	分类分析
应用场景举例	预测降雨量	预测是否要下雨
因变量的类型	连续型变量	离散值（分类型）变量
预测值的本质	自变量所对应的因变量的均值	自变量所对应的因变量的概率值
曲线形状	直线	S 型线
曲线图	线性回归 y=1 直线 因变量 y 预测值 y 可以超过 0和1的范围 y=0 x 自变量	逻辑回归 y=1 S曲线 因变量 y 预测值位于0和1的范围内 y=0 x 自变量

（2）Logistic 函数和 Sigmoid 函数的区别及联系

由于逻辑回归的输出是类别标签，而非真实的值。因此，使用回归模型的预测函数——Logistic 函数，压缩输出值，并转换为 0~1 的值。

Logistic 函数是 S 形曲线，其定义为：

$$\text{logistic}(x)=\frac{L}{1+e^{-k(x-x_0)}} \tag{4-5}$$

逻辑回归可以理解为我们在上一章中介绍的【广义线性回归】的一种，其联系函数为 $\ln y/(1-y)$

式中，x_0 为 S 形曲线的中位点对应的 x 值；L 为 S 形曲线的最大值；k 为 S 形曲线的逻辑增长率或陡度。

当 $L=1$，$k=1$，$x_0=0$ 时，Logistic 函数称为“Sigmoid 函数（Sigmoid

很多人容易混淆 Sigmoid 函数和 Logistic 函数。其实，Sigmoid 函数是 Logistic 函数的一个特例。Sigmoid 函数在用来解决二分类问题时，可以设定一个阈值，如 0.5。当阈值为 0.5 时，识别为某一类别，否则识别为另一类别。

Function）”。因此，Sigmoid 函数 sig(x)的表达式如下：

$$\mathrm{sig}(x)=\frac{1}{1+\mathrm{e}^{-x}} \tag{4-6}$$

式中，x 是 Sigmoid 函数的输入；sig(x)是 Sigmoid 函数的输出，取值范围为（0，1）。Sigmoid 函数的曲线图如图 4-11 所示。

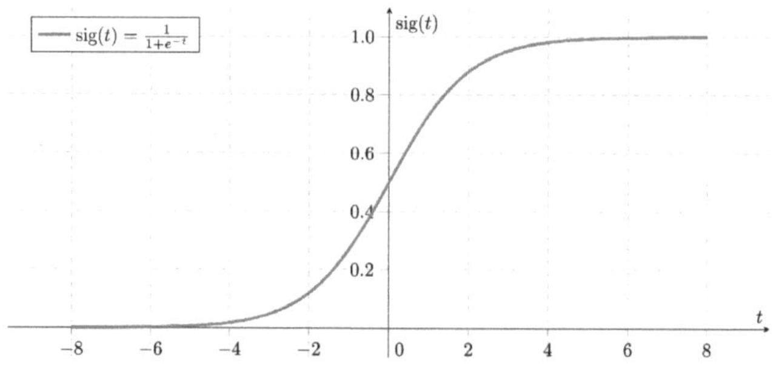

图 4-11　Sigmoid 函数

逻辑回归的优缺点见表 4-10。

表 4-10　逻辑回归的优缺点

优　点	缺　点
• 逻辑回归通过分析所有变量的关联来避免混淆效应。逻辑回归可以使用连续的解释变量，同时处理两个以上的解释变量，避免混淆效应的影响。 • 逻辑回归不需要对预测变量的分布做任何假设，不要求为正态分布或线性相关。 • 逻辑回归能够分析所有类型的预测变量，如连续的，离散的和二分的。 • 逻辑回归相较其他算法，计算速度较快，模型训练和预测的速度也快。 • 逻辑回归的模型可解释性强	• 当决策边界为非线性时，逻辑回归往往表现不佳。 • 假定特征和响应的对数几率之间是线性关系，不能自动学习特征交互。模型非线性，经常不能捕捉复杂的关系。 • 对于高度相关的特征变量或自变量，表现欠佳。 • 容易欠拟合，一般准确率较低

4.3　核心术语

分类分析中常用的核心术语如下。

4.3.1　偏差和方差之间的权衡

通常，有监督学习的数据分析中的错误可以分为两类：方差类错误（Variance Error）和偏差类错误（Bias Error）偏差描述的是预测值的期望与真实值之间的差距；方差描述的是预测值的变化范围，离散程度，也是离其期望值的距离。因此，通常需要权衡偏差和方差（Bias-Variance Trade off）。以打靶为例，偏差代表的是弹孔离靶心的偏移程度，方差代表的是弹孔的集中程度，如图4-12所示。

如果每次打到一个地方，但全都打偏了，如图3-13的左下图，可以说你的打法为“方差低但偏差高”的打法。

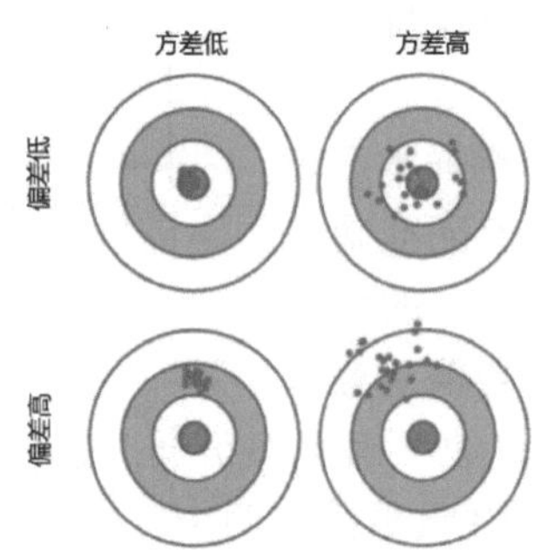

图4-12 方差和偏差的含义及区别

图4-12中，靶心（最里边的圆圈）代表的是“正确预测值”。

通常，模型泛化误差（Generalization Error）可以分解为：

泛化误差=(偏差类误差)^2+方差类误差+不可避免类误差(Irreducible Error)

对于一个具体的数据分析项目（模型复杂度的要求已确定的前提下）而言，泛化误差中的方差类误差和偏差类误差之间存在一定的矛盾——很难做到两者同时最小，即当模型复杂度确定，降低偏差类错误时，方差类错误会提升，反之亦然，如图4-13所示。因此，在数据分析中需要重视“偏差和方差之间的权衡”。

模型泛化误差的本质就是“out-of-sample error（样本外的误差）”，代表的是模型中存在的“风险（risk）”，通常用于评价“基于已知数据训练出的模型能够应用至新数据（样本之外的新数据）的能力”。

方差类误差和偏差类误差之间存在的矛盾称之为“偏差-方差困境（The bias-variance dilemma）”或“偏差-方差问题（bias-variance problem）”。

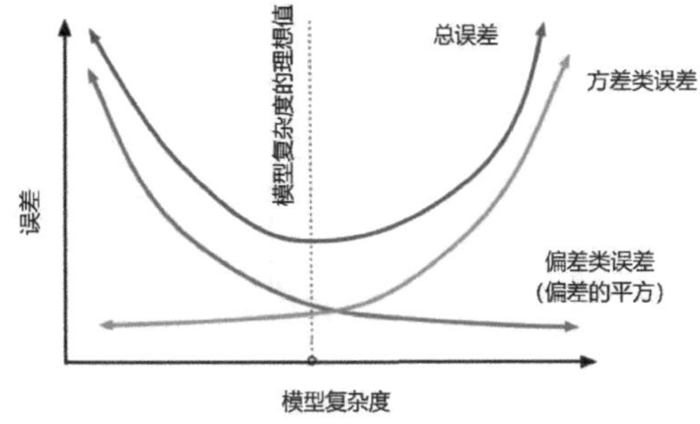

图4-13 模型复杂度及偏差和方差的权衡

4.3.2 学习曲线

学习曲线（Learning Curve）是用来可视化显示模型的“表现力”的一种工具。学习曲线的横坐标和纵坐标分别为“训练样本的个数”和“得分（如准确率或误差等）”，图4-14所示某模型的学习曲线。从图4-14可以看出，某模型在训练集上的“得分”和交叉验证集上的“得

横坐标：训练样本量（个数）

纵坐标：模型的准确率

学习曲线与手肘曲线的区别在于前者的横坐标为样本个数，而后者的横坐标为需要调参的参数（如 k-means 算法中的 k）

分”均随着样本量增多收敛于所需准确率（或理想得分值），并且两者趋于一致，说明该模型具有较好的表现力。通过学习曲线可以了解到所训练出的模型中是否存在过拟合或欠拟合现象。

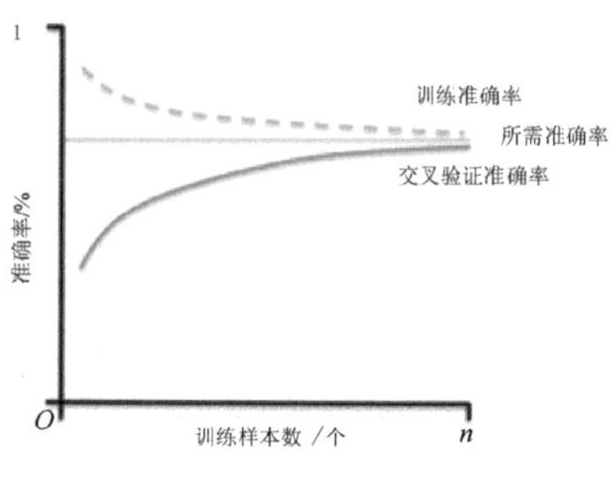

图 4-14　学习曲线的示意图

偏差代表的是“模型预测结果的准确度”，即“效度（Validity）”。高偏差意味着，模型的“效度低”。

1）高偏差。随着训练样本数增多，训练准确率和交叉验证准确率趋于收敛，但与所需准确率的偏差很大，如图 4-15 所示。高偏差意味着模型在训练集和验证集的准确率都很低，很可能存在“欠拟合”现象。通常，造成欠拟合的主要原因有两个：一个是所训练出的模型过于简单；另一个是所选择的特征属性并不提供充分信息，与本模型的功能并不相关。

方差代表的是“模型预测结果的可再现性”，即“信度（Reliability）”。高方差意味着，模型的“信度低”。

2）高方差。随着训练样本数增多，训练得分趋于理想取值，但交叉验证的得分远低于理想取值，如图 4-16 所示。高方差表示对应模型很可能存在“过拟合”现象。通常，造成过拟合的主要原因有两个：一个是所训练出的模型过于复杂；另一个是特征属性太多，但训练样本太少。

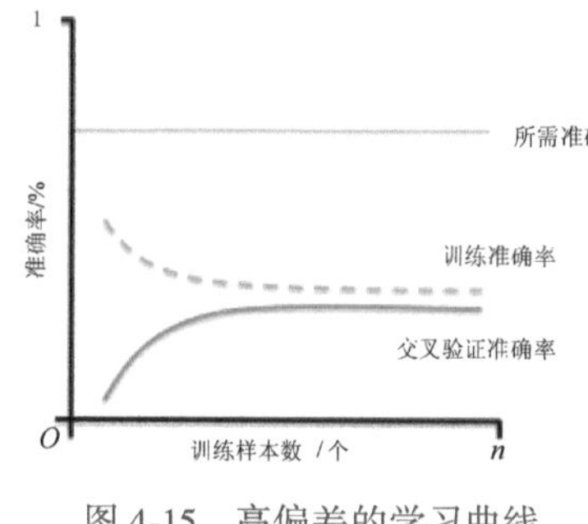

图 4-15　高偏差的学习曲线

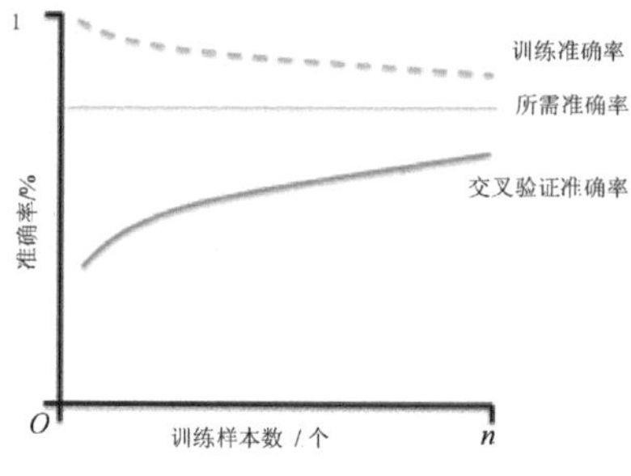

图 4-16　高方差的学习曲线

4.3.3　混淆矩阵

有监督学习的评价指标，如召模型的回率、精度、F1-score 等均是以“混淆矩阵”为基础计算出来的，因此，正确理解混淆矩阵是掌握有监督学习的关键所在。

混淆矩阵（Confusion Matrix）是常用于评估有监督学习算法性能的一种工具，是计算精度和召回率等指标以及制作 ROC 曲线的基础，如图 4-17所示。其中，用“正例（Positive）”和“负例（Negative）”来表示样本的“类别”；用“真（True）”和“假（False）”来表示“模型预测是否正确”。

1）TP（True Positive）：模型“正确地（真/True）”预测了样本的

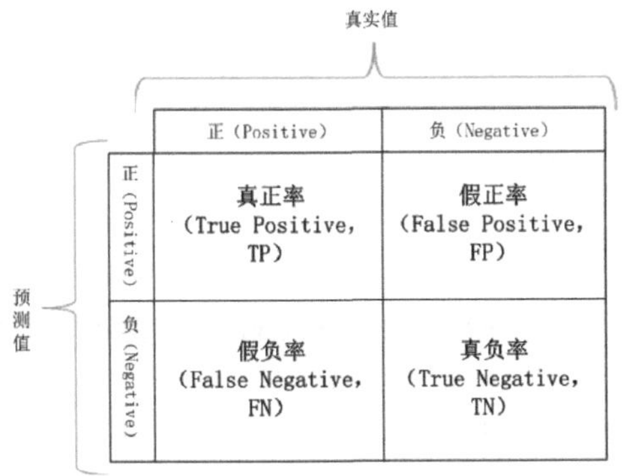

图 4-17　混淆矩阵的示意图

类别，样本的预测类别为“正例（Positive）”，样本的真实类别也是正例；

2）FN（False Negative）：模型“错误地（假/False）”预测了样本的类别，样本的预测类别为“负例（Negative）”，而样本的真实类别是负例，即模型犯了类似于统计学上的第一类错误（Type I Error）；

3）FP（False Positive）：模型“错误地（假/False）”预测了样本的类别，样本的预测类别为“正例（Positive）”，而样本的真实类别是负例，即模型犯了类似于统计学上的第二类错误（Type II Error）；

4）TN（True Negative）：模型“正确地（真/True）”预测了样本的类别，样本的预测类别为“负例（Negative）”，而样本的真实类别也是负例；

5）模型的精度（precision）：在所有判别为正例的结果中，模型正确预测的样例所占的比例，即

$$\text{Precision}=\frac{TP}{(TP+FP)} \tag{4-7}$$

6）模型的召回率（Recall）：在所有正例中，模型正确预测的样本所占的比例，即

$$\text{Recall}=\frac{TP}{(TP+FN)} \tag{4-8}$$

7）F1-score：精确率和召回率在信息检索领域也被称为查全率和查准率，是一对相互制约的指标，较高的召回率往往对应着较低的精确率，较难同时兼顾两者。F1-score 可以看作是模型精确率和召回率的一种调和平均，是用来衡量二分类模型精确度的一种指标。

$$F1=\frac{2\times\text{Precision}\times\text{Recall}}{\text{Precision}+\text{Recall}} \tag{4-9}$$

精度（Precision，精确率）又称查准率（P）

召回率（Recall）又称查全率（R）

F_1 值：精度和召回率的调和平均值

$$\frac{1}{F_1}=\frac{1}{2}\left(\frac{1}{P}+\frac{1}{R}\right)$$

除了模型的精度和召回率，基于混淆矩阵可以定义的模型评估指标还有很多，包括正确率（Accuracy）、错误率（Misclassification/Error Rate）、特异性（Specificity）、流行程度（Prevalence）等，由于篇幅所限，在此不再逐一详解。

4.3.4 ROC 曲线与 AUC 面积

$FP_{\text{rate}}=\frac{FP}{N}$

$TP_{\text{rate}}=\frac{TP}{N}$

引入 AUC 面积的原因是，ROC 曲线可能有交叉现象。当 ROC 曲线有交叉现象时，不能按照 ROC 曲线的相对位置判断模型优度。

ROC（Receiver Operating Characteristic，接受者操作特征）曲线是以“假正率（FP_rate）”和“真正率（TP_rate）”分别作为横坐标和纵坐标的曲线。通常，人们将 ROC 曲线与“假正率（FP_rate）”轴围成的面积称为**“AUC（Area Under Curve，曲线之下的区域）面积”**。AUC 面积越大，说明模型的性能越好，如图 4-18 所示。在图 4-18 中，L2 曲线对应的性能优于曲线 L1 对应的性能，即曲线越靠近 A 点（左上方）性能越好，曲线越靠近 B 点（右下方）曲线性能越差。

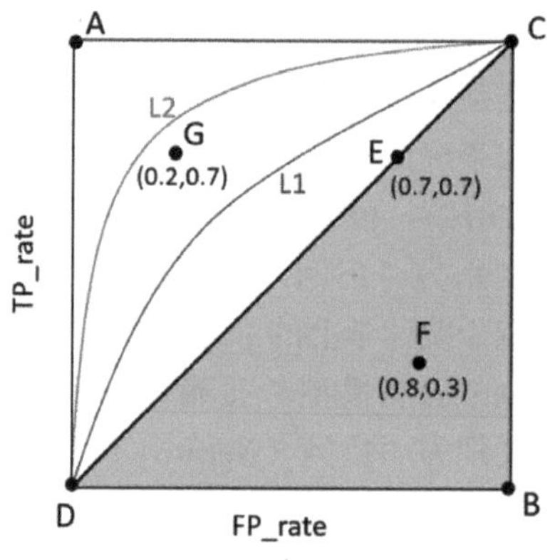

图 4-18 ROC 曲线与 AUC 面积

4.3.5 贝叶斯理论

贝叶斯概率以 18 世纪数学家贝叶斯（Thomas Bayes）的名字命名。

在机器学习中，“假设”为因变量，如分类算法中的“标签”，“证据”为自变量，如分类算法中的“特征或属性”。

概率可以分为频数概率（frequency probability）和贝叶斯概率。两者的区别在于，贝叶斯概率中引入（或考虑到）了先验概率知识和逻辑推理。假如 H 为“假设（hypothesis）”，e 为“证据（evidence）”，通常用图 4-19 所示的公式（称之为贝叶斯公式）来描述贝叶斯理论。

1）H：代表“假设（hypothesis）”，在机器学习中，H 为样本的标签。

2）e：代表“证据（evidence）”。在机器学习中，e 为样本的特征/属性。

3）$P(H)$为“先验概率（prior）”，即在证据 e 被观测到之前，对假设 H 的概率估计。对机器学习而言，$P(H)$为在训练集中标签 H 出现

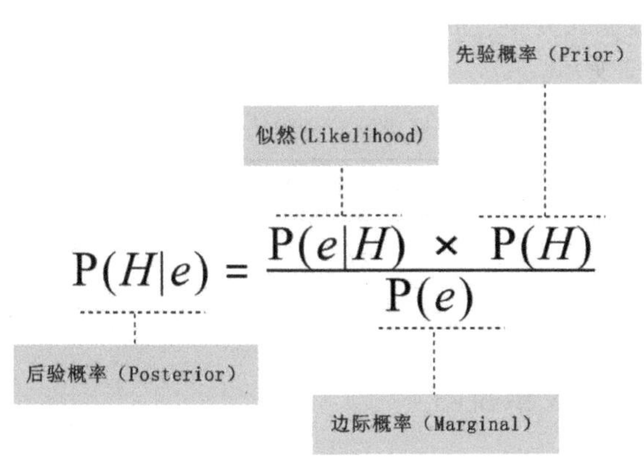

图 4-19 贝叶斯公式

通常，机器学习分为两个流派：频率主义流派和贝叶斯主义流派。前者认为参数 θ 为一个固定的值，二后者认为参数 θ 不应该是一个固定的值，而是某种概率分布。前者致力于找到参数 θ 的一个具体值，而后者找到参数 θ 的分布。

的频率。

4）$P(e|H)$为“似然（Likelihood）”，含义为：在假设 H 成立的前提下，观测到证据 e 的概率。对于机器学习而言，$P(e|H)$为当标签为 H 的前提下，特征 e 出现的概率。

似然 $P(e|H)$ 的估算是计算贝叶斯公式的难点

5）$P(e)$为“边际概率（Marginal）”，含义为：证据 e 出现的先验概率。在机器学习中，$P(e)$为训练集中特征 e 的出现频率。

6）$P(H|e)$为“后验概率（Posterior）”，含义为：当观测到证据 e 时，假设 H 成立的概率。在机器学习中，$P(H|e)$为当特征 e 出现时，标签 H 出现的概率，如表 4-11 所示。

表 4-11 贝叶斯公式的解读

组成部分	名　称	通用解读	结合机器学习分类算法的解读
$P(H)$	先验概率（Prior）	在证据 e 被观测到之前，对假设 H 的概率估计	样本集中的类别标签 H 的频率
$P(e\|H)$	似然概率（Likelihood）	在假设 H 成立的前提下，观测到证据 e 的概率	在标签为 H 的前提下，特征 e 出现的概率
$P(e)$	边际概率（Marginal）	证据 e 出现的先验概率	样本集中特征 e 的频率
$P(H\|e)$	后验概率（Posterior）	当观测到证据 e 时，假设 H 成立的概率	当特征 e 出现时，标签 H 出现的概率

H 为样本的分类标签，e 为样本的特征/属性

在贝叶斯公式中，似然 $P(e|H)$是最关键的部分，因为，可以很容易地计算出两个先验概率——$P(e)$和 $P(H)$，但似然 $P(e|H)$是很难计算。为此，在贝叶斯分类时，通常假设似然 $P(e|H)$符合某种分布，如

贝叶斯公式中对于先验概率的估计可以通过统计样本集中类别和特征的频率的方式找到。

高斯分布、多项式分布、伯努利分布，这就是素朴贝叶斯的 3 个基本类型，如表 4-12 所示。

表 4-12 朴素贝叶斯分类的 3 种基本类型

朴素贝叶斯的基本类型	似然 $P(e\|H)$的分布	scikit-learn 包中的函数
高斯贝叶斯	高斯分布（正态分布）	GaussianNB
多项式贝叶斯	多项式分布	MultinomialNB
伯努利贝叶斯	伯努利分布（0-1 分布）	BernoulliNB

4.3.6 核函数及核技巧

核函数是支持向量机中常用的技术，详见本章【4.1.3 支持向量机】。

希尔伯特空间是完备的内积空间，它是有限维欧氏空间的一种推广。

核函数是基于支持向量机的非线性分类任务中常用的技巧，其基本思路为：通过非线性变换 $\varphi(x)$将输入空间 X（欧氏空间 R^n的子集）映射成为特征空间 H（希尔伯特空间），使得输入空间 X 中的超曲面对应于特征空间 H 中的超平面，进而将输入空间中的非线性分类问题转换为特征空间中的线性分类问题。核函数的定义如下：

设 X 是输入空间（欧氏空间），H 为特征空间（希尔伯特空间），如果存在一个从 X 到 H 的映射

$$\phi(x):X\to H \tag{4-10}$$

使得对于有 x，$z\in X$，函数 $K(x,z)$满足条件

$$K(x,z)=\varphi(x)^T\cdot\varphi(z) \tag{4-11}$$

则称 $K(x,z)$为核函数，$\varphi(x)$为映射函数，式子 $\varphi(x)^T\cdot\varphi(z)$为$\varphi(x)$和 $\varphi(z)$的内积。

核函数可能有多种或无法表示。

由于核函数中的映射函数 $\varphi(x)$无法直接定义，支持向量机通常采用“核技巧”——直接去定义核函数 $K(x,z)$，而跳过显式地定义特征空间 H 和映射函数 $\varphi(x)$所带来的困难，进而在特征空间 H 中利用线性分类方法和核函数来解决输入空间 H 中的非线性分类问题。

如何选择核函数并没有唯一标准答案。一般从较简单的 RBF 开始，进行逐一试验，最终选择出表现相对好的。当数据的特征特别多时（如文本数据的分类任务），Linear 核函数的表现往往最好。当然，也可以通过交叉验证方法自动选择出表现较好的核函数。

基于 scikit-learn 包的支持向量机算法中常用的核函数有线性核（linear）、多项式核（poly）、径向基函数核（rbf）以及 Sigmoid 核，如表 4-13所示。在实际应用中，一般用领域知识选择特定核函数，并进行其有效性验证后方才投入实际预测类任务。

表 4-13 基于 scikit-learn 包的支持向量机算法中常用的核函数

参数名称	含义	核函数
Linear	线性核	$K(X,Y)=X^TY$
rbf	径向基函数核	$K(X,Y)=(\gamma\cdot X^TY+r)^d,\gamma>0$
Sigmoid	Sigmoid 核	$K(X,Y)=\tanh(\gamma\cdot X^TY+r)$
poly	多项式核	$K(X,Y)=(X^TY+c)^d(c\geqslant 0,d\in N)$

4.4 Python 编程实践——病例自动诊断分析

本节分别采用4种不同的方法实现病例自动诊断分析。

1）实现贝叶斯分类算法的 Python 第三方工具包有 scikit-learn，本章采用的是 scikit-learn 中的 naive_bayes 模块。

2）实现 KNN 算法的 Python 第三方工具包有 scikit-learn，NumPy，pandas，matplotlib，Seaborn，operator 和 os 等，比较常用的是 scikit-learn，NumPy，pandas，matplotlib 包，本章采用的是 pandas，NumPy，scikit-learn，os 和 matplotlib 包。

3）实现 SVM 算法的 Python 第三方工具包有 LibSVM、skearn、CVX-OPT。其中 LibSVM、skearn 的功能是将 SVM 算法封装为接口供人们使用，具有方便快捷的优点。而 CVXOPT 则是主要用于解决凸优化问题的包，因 SVM 可看作是凸优化问题的求解，所以该第三方包也常用于 SVM 的实现。本章将采用的是 skearn。

4）实现逻辑回归算法的 Python 第三方工具包有 scikit-learn 等，本章将采用的是 sklearn. linear_model. LogisticRegression。

4.4.1 使用 KNN 算法实现

本案例概述如下。

【数据及分析对象】 CSV 文件——文件名为“bc_data. csv”，数据内容来自“威斯康星乳腺癌数据库（Wisconsin Breast Cancer Database）”，该数据集主要记录了569个病例的32个属性，主要属性/字段如下。

1）ID：病例的 ID。

2）Diagnosis（诊断结果）：M 为恶性，B 为良性。该数据集共包含357个良性病例和212个恶性病例。

3）细胞核的10个特征值，包括 radius（半径）、texture（纹理）、perimeter（周长）、面积（area）、平滑度（smoothness）、紧凑度（compactness）、凹面（concavity）、凹点（concave points）、对称性（symmetry）和分形维数（fractal dimension）等。同时，为上述10个特征值分别提供了3种统计量，分别为均值（mean）、标准差（standard error）和最大值（worst or largest）。

本章用4种不同的方法分析同一个数据集 bc_data. csv。该数据集的官方文档见 URL：https：//archive. ics. uci. edu/ml/machine-learning-databases/breast-cancer-wisconsin/。

【目的及分析任务】

理解机器学习方法在数据分析中的应用——KNN 方法进行分类分析。

1）样本为训练集进行有监督学习，并预测——“诊断结果（diagnosis）”。

2）以剩余记录为测试集，进行 KNN 建模。

3）按 KNN 模型预测测试集的 dignosis 类型。

4）将 KNN 模型给出的 diagnosis “预测类型” 与数据集 bc_data. csv 自带的 “实际类型” 进行对比分析，验证 KNN 建模的有效性。

【方法及工具】 Python 语言及 scikit-learn 包。

（1）业务理解

本例题所涉及的业务为威斯康星乳腺癌数据分析及自动诊断，该业务的主要内容是将从数据库选取的 569 条数据分为训练集和测试集，通过 KNN 算法模型预测测试集的诊断结果，并与实际诊断结果进行对比分析，从而验证模型的有效性。

该业务所涉及的业务术语有：乳腺癌（Breast cancer）、诊断（Diagnosis）、恶性（Malignant）、良性（Benign）、细胞核（Cell nucleus）。

建议读者学会查看 Python 解释器或 Jupyter Notebook 的当前工作目录的方法，并将本书所有数据放在当前工作目录下。考虑到篇幅限制，后续例题不再赘述此操作。

（2）数据读入

首先，查看当前运行进程的工作目录，采用的实现方式为调用 Python 自带的 os 内置模块的 getcwd( )方法。

```
In[1]  os.getcwd()
```

对应输出结果为：

```
E:\clm
```

不同机器的当前工作目录可能不同，读者以自己机器上的当前工作目录为准。

接着，调用 pandas 包的 read_csv( )方法读取文件名为 “bc_data. csv” 的数据集，并使用该包的 head( )函数（默认读取前 5 行数据）来观察数据情况。

```
In[2]  bc_data = pd.read_csv('bc_data.csv',header=0)
       bc_data.head()
```

header=0 的含义为数据表 bc_data. csv 的第 0 行为列名，即数据框 df_bc 的列名（列的显式索引）为原数据表 bc_data. csv 的第 0 行。

对应输出结果如图 4-20 所示，是一个 5×32 的矩阵（由于篇幅原因，在此只显示前 5 行数据，部分列数据省略表示）。

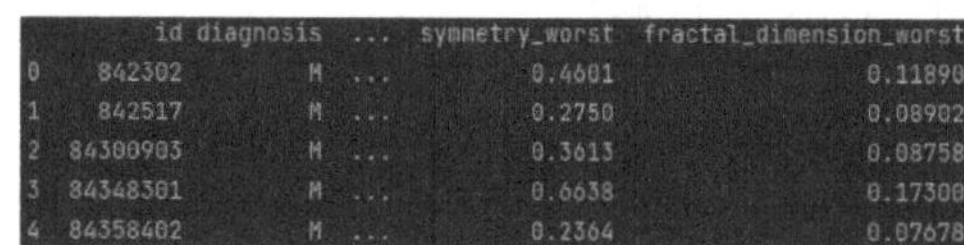

	id	diagnosis	...	symmetry_worst	fractal_dimension_worst
0	842302	M	...	0.4601	0.11890
1	842517	M	...	0.2750	0.08902
2	84300903	M	...	0.3613	0.08758
3	84348301	M	...	0.6638	0.17300
4	84358402	M	...	0.2364	0.07678

图 4-20　head( )方法的返回值（一）

（3）数据理解

对数据框 bc_data 进行探索性分析，本例采用的实现方式为调用 pandas 包中数据框（DataFrame）的 describe( )方法。

```
In[3]  bc_data.describe()
```

对应输出结果如图 4-21 所示，为一个 8×31 的矩阵（由于篇幅原因，部分列数据省略表示）。

	id	radius_mean	...	symmetry_worst	fractal_dimension_worst
count	5.690000e+02	569.000000	...	569.000000	569.000000
mean	3.037183e+07	14.127292	...	0.290076	0.083946
std	1.250296e+08	3.524049	...	0.061867	0.018061
min	8.670000e+03	6.981000	...	0.156500	0.055040
25%	8.692180e+05	11.700000	...	0.250400	0.071460
50%	9.060240e+05	13.370000	...	0.282200	0.080040
75%	8.813129e+06	15.780000	...	0.317900	0.092080
max	9.113205e+08	28.110000	...	0.663800	0.207500

图 4-21　describe( )方法的返回值

除了 describe( )方法，还可以调用 shape 属性和 pandas_profiling 包对数据框进行探索性分析。以 shape 属性为例：

```
In[4]  bc_data.shape
```

对应输出结果为：

```
(569, 32)
```

从此输出结果可看出，数据框 bc_data 的行数和列数分别为 569 和 32，与原始数据文件 bc_data. csv 的内容一致。

（4）数据准备

在数据框 bc_data 中，对于乳腺癌诊断分析有用的数据为细胞核的 10 个特征值，为了将该数据值提取出来，需要在数据框 bc_data 基础上删除列名为“id”和“diagnosis”的数据，删除后的数据框命名为“data”，实现方式为调用 pandas 包中数据框的 drop( )方法，并使用该包的 head( )方法观察数据情况。

```
In[5]  data = bc_data.drop(['id'],axis=1)
       X_data = data.drop(['diagnosis'],axis=1)
       X_ data. head ( )
```

在方法 .drop( ) 中，参数 axis 控制删除的方向，即删除的是“行（axis = 0）”还是“列（axis=1）”。

对应输出结果如图 4-22 所示，为一个 5×30 的矩阵（由于篇幅原因，在此只显示前 5 行数据，部分列数据省略表示）。

	radius_mean	texture_mean	...	symmetry_worst	fractal_dimension_worst
0	17.99	10.38	...	0.4601	0.11890
1	20.57	17.77	...	0.2750	0.08902
2	19.69	21.25	...	0.3613	0.08758
3	11.42	20.38	...	0.6638	0.17300
4	20.29	14.34	...	0.2364	0.07678

图 4-22　head( )方法的返回值（二）

接着调用 NumPy 的 ravel( )方法对数据框 data 中名为“diapnosis”的列信息以视图形式（view）返回，并以一维数组形式输出。代码实现如下：

np. ravel( )：返回一个连续的扁平化处理的数组。

```
In[6]  y_data = np.ravel(data[['diagnosis']])
       y_data[0:6]
```

对应输出结果为：

```
array (['M','M','M','M','M','M'], dtype=object)
```

为了实现基于 KNN 算法乳腺癌自动诊断的目标，先将 data 数据框信息随机分为训练集和测试集两部分。采用的实现方式为调用 scikit-learn 包中 model_selection 模块的 train_test_split( )方法，设定训练集数据容量占总数据的 75%，剩下的为测试集数据，调用 pandas 包中数据框（DataFrame）的 describe( )方法。

random_state = 1 的含义为随机数生成算法的种子数为 1

```
In[7]  X_trainingSet, X_testSet, y_trainingSet, y_testSet = train_test_split(X_data , y_data , random_state=1 , test_size=0.25)
       X_trainingSet.describe()
```

对应输出结果如图 4-23 所示，为一个 8×30 的矩阵（由于篇幅原因，部分列数据省略表示）。

	radius_mean	texture_mean	...	symmetry_worst	fractal_dimension_worst
count	426.000000	426.000000	...	426.000000	426.000000
mean	14.119505	19.332042	...	0.287711	0.083847
std	3.603518	4.354634	...	0.057732	0.016869
min	6.981000	9.710000	...	0.156600	0.055210
25%	11.632500	16.187500	...	0.250050	0.071960
50%	13.280000	18.810000	...	0.281100	0.080210
75%	15.832500	21.817500	...	0.315250	0.092053
max	28.110000	39.280000	...	0.577400	0.148600

图 4-23 describe( )方法的返回值（二）

除了 describe( )方法，还可以调用 shape 属性和 pandas_profiling 包对训练集数据框进行探索性分析。以 shape 属性为例：

```
In[8]  X_trainingSet.shape
```

对应输出结果为：

```
(426, 30)
```

从此输出结果可看出，训练集 X_trainingSet 的行数和列数分别为 426 和 30，与原始数据文件 bc_data. csv 的内容相符合。同理，对于测试集数据框也对其做相同的处理。

```
In[9]  X_testSet.describe()
       X_testSet.shape
```

对应输出结果如图 4-24 所示。

对训练集数据进行“学习训练”后，自动获取它的均值和方差，再分别对训练集和测试集进行“归一化”处理。采用的实现方式为调用 scikit-learn 包中 preprocessing 模块的 StandardScaler( )方法。其中，训练

StandardScaler( )采用的是 z-score 规范化。

	radius_mean	texture_mean	...	symmetry_worst	fractal_dimension_worst
count	143.000000	143.000000	...	143.000000	143.000000
mean	14.150490	19.163357	...	0.297120	0.084241
std	3.287913	4.149603	...	0.072582	0.021285
min	7.691000	10.380000	...	0.156500	0.055040
25%	11.820000	16.170000	...	0.251350	0.070900
50%	13.500000	18.900000	...	0.284400	0.079190
75%	15.740000	21.510000	...	0.323150	0.092095
max	27.220000	33.810000	...	0.663800	0.207500

图 4-24　describe( )方法的返回值（三）

集数据的归一化处理如下：

In[10]

```
From sklearn.preprocessing import StandardScaler
means_normalization =StandardScaler()  #均值归一化处理
means_normalization.fit(X_trainingSet)  #进行训练集的“诊断学习”,得到方差和均值
X_train_normalization = means_normalization.transform(X_trainingSet)
```

对应输出结果如图 4-25 所示。

```
[[ 0.30575375  2.59521918  0.46246107 ...  1.81549702  2.10164609
   3.38609913]
 [ 0.23351721 -0.05334893  0.20573083 ...  0.5143837   0.14721854
   0.05182385]
 [ 0.15572401  0.18345881  0.11343692 ...  0.69446859  0.263409
  -0.10011179]
 ...
 [ 0.85586279  1.19276558  0.89773369 ...  1.12967374  0.75591781
   2.97065009]
 [-0.02486734  0.44095848 -0.08606303 ... -0.52515632 -1.1291423
  -0.45561747]
 [-0.30270019 -0.20968802 -0.37543871 ... -0.967865   -1.54361274
  -1.31500348]]
```

图 4-25　训练集的标准化结果（部分截图）

对测试集数据也采用相同的方式进行归一化处理。

In[11]

```
X_test_normalization = means_normalization.transform(X_testSet)
X_test_normalization
```

对应输出结果如图 4-26 所示。

```
[[ 0.15850234 -1.23049032  0.25369143 ... -0.05738582 -0.08689656
   0.48863884]
 [-0.2638036  -0.15450952 -0.23961754 ...  1.41330744  1.77388495
   2.02105229]
 [-0.32492682 -0.76147305 -0.35407811 ... -0.1354226   0.87210827
   0.71179432]
 ...
 [ 0.25852216 -0.06024625  0.21500053 ... -0.03937733 -1.03202789
  -0.84910706]
 [ 1.46709506  0.95825694  1.49824869 ...  0.62693676  0.07438274
  -0.45739797]
 [-0.61942964  0.42256565 -0.6261235  ... -0.48013509  0.34318156
  -0.6134881 ]]
```

图 4-26　测试集的标准化处理结果（部分截图）

(5) 模型训练

训练集进行学习概念“诊断结果”，利用测试集进行 KNN 建模。通过对训练和测试数据集进行适当的处理后，接下来进行模型参数的确定。KNN 模型类别有暴力法、KD 树和球树。暴力法适用于数据较少的形式，而 KD 树在较多的数据中更具优势，考虑到算法效率问题，结合本业务中数据框的数据量，选择 KD 树进行建模，首先取得 KNN 分类器，并使用内置参数调整 KNN 三要素。

本例采用的模型训练实现方式为 scikit-learn 包中 neighbors 模块的 KNeighborsClassifier( )方法，其中对于设置的各项参数解释如下。

- algorithm 表示快速 k 近邻搜索算法，本例确定的算法模型为 KD 树。
- leaf_size 是构造 KD 树的大小，默认为 30。
- metric 用于距离度量，默认度量是 minkowski。
- metric_params 表示距离公式的其他关键参数，并不是很重要，使用默认的 None。
- n_jobs 是并行处理设置，使用默认的 None。
- n_neighbors 表示初始设定的近邻数，即 KNN 算法中的 k 值。
- p 代表距离度量公式，其中 1 为曼哈顿距离公式，2 为欧氏距离公式，本例使用欧氏距离公式进行距离度量，将 p 值设置为 2。
- weights 表权重，默认为 uniform（均等权重）。

接着，利用训练函数 fit( )和预测函数 predict( )实现对训练集已知数据和测试集预测数据的对比输出。

参数 n_neighbors 代表的是 KNN 算法中的 k 的值，其他参数的含义，建议读者通过输入代码 KNeighborsClassifier? 查阅官方文档。

In[12]
```
myModel = KNeighborsClassifier(algorithm = 'kd_tree'
                              , leaf_size = 30
                              , metric = 'minkowski'
                              , metric_params = None
                              , n_jobs = None
                              , n_neighbors = 5
                              ,p = 2
                              , weights = 'uniform')

myModel.fit(X_trainingSet ,  y_trainingSet)
y_predictSet = myModel.predict(X_testSet)
```

对应输出结果如图 4-27 所示。

fit( )函数数据训练结果如图 4-28 所示。

用 predict( )函数进行预测

最后，使用 get_params( )方法实现对模型各参数的查询，具体实现

```
['M' 'M' 'B' 'M' 'M' 'M' 'M' 'M' 'B' 'B' 'B' 'M' 'M' 'B' 'B' 'B' 'B' 'B'
 'B' 'M' 'B' 'B' 'M' 'B' 'M' 'B' 'B' 'M' 'M' 'M' 'M' 'B' 'M' 'B' 'B' 'B'
 'M' 'B' 'B' 'B' 'B' 'B' 'B' 'B' 'B' 'M' 'B' 'B' 'B' 'M' 'M' 'M' 'B' 'B'
 'B' 'B' 'B' 'M' 'B' 'B' 'B' 'M' 'B' 'M' 'B' 'B' 'B' 'M' 'B' 'B' 'B' 'B'
 'M' 'M' 'B' 'M' 'B' 'B' 'B' 'M' 'B' 'M' 'B' 'M' 'B' 'B' 'M' 'B' 'M' 'B'
 'B' 'M' 'B' 'B' 'M' 'M' 'B' 'B' 'B' 'B' 'B' 'B' 'B' 'B' 'B' 'B' 'B' 'B'
 'M' 'M' 'B' 'B' 'B' 'B' 'M' 'M' 'B' 'B' 'B' 'B' 'B' 'M' 'M' 'B' 'B' 'M'
 'M' 'M' 'M' 'M' 'B' 'B' 'B' 'M' 'B' 'M' 'M' 'M' 'B' 'B' 'M' 'M' 'B']
```

图 4-27　预测结果　　　print (y_predictSet)

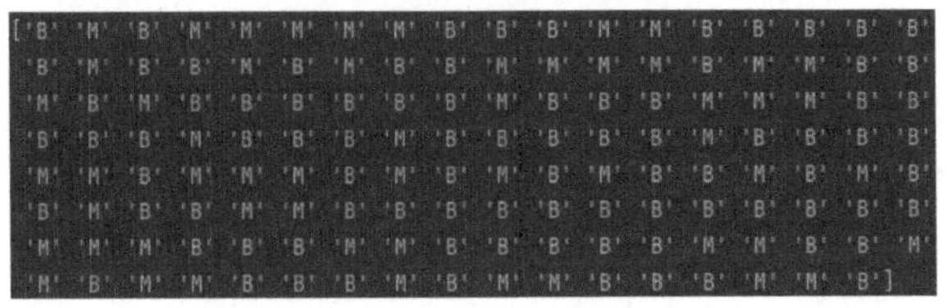

图 4-28　fit( )测试集中的标签　　　print (y_testSet)

代码如下所示。

```
In[13]  myModel.get_params()
```

对应输出结果为：

```
<bound method BaseEstimator.get_params of KNeighborsClassifier(algorithm='kd_tree')>
{'algorithm': 'kd_tree', 'leaf_size': 30, 'metric': 'minkowski', 'metric_params': None,
'n_jobs': None, 'n_neighbors': 5, 'p': 2, 'weights': 'uniform'}
```

由以上输出结果可以看到，使用 get_params( )方法查询参数是以字典结构的形式展现的，并且每个参数结果与之前设置保持一致。

(6) 模型评价

为了评价所建立模型的性能，采用“预测准确率（Accuracy Score）”参数，具体实现方式是调用 scikit-learn 包中 metrics 模块的 accuracy_score( )方法。

```
In[14]  from sklearn.metrics import accuracy_score
        accuracy_score(y_testSet, y_predictSet)
```

对应输出结果为：

```
0.9370629370629371
```

通过结果输出可知，模型预测结果的准确率约为 93.71%，可以考虑尝试进一步优化。

(7) 模型调参

通过前面分析可知，k 值的大小对于模型预测结果会产生很大的影响，因此，接下来利用准确率函数 score( )来实现 k 值范围在 1～22 的准确率值计算。

In[15]
```
NumberOfNeighbors = range(1,23)
KNNs = [KNeighborsClassifier(n_neighbors=i) for i in Num-
berOfNeighbors]
range(len(KNNs))
scores = [KNNs[i].fit(X_trainingSet, y_trainingSet)
.score(X_testSet, y_testSet) for i in range(0,22)]
plt.plot(NumberOfNeighbors,scores)
```

对应输出结果如图 4-29 所示。

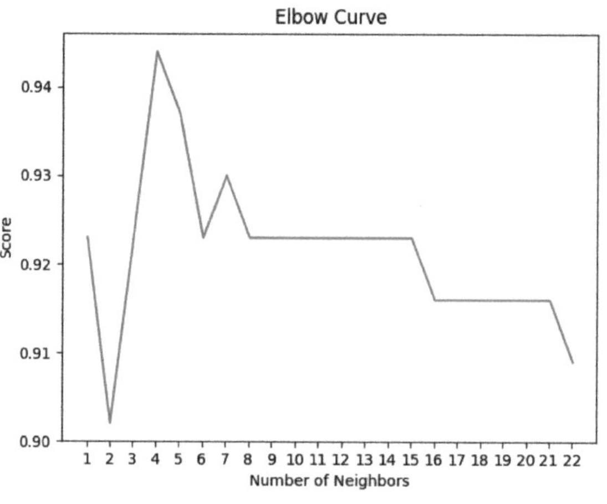

图 4-29 生成的折线图

通过图表信息可以看到，当 k 的值（即 n_neighbors）为 4 时，模型预测得分最高，因此接下来对模型参数进行改进。

参见本书【5.5.3 elkan 方法】

(8) 模型预测

最后，任意输入一个样本并预测该样本的诊断结果，以第 421 个数据样本为例，具体实现方式是采用 myModel. predict( )方法来实现对某一个样本的预测，并调用 scikit-learn 包的 accuracy_score( )方法来查看该算法模型的查准率。

In[16]
```
y_predict =myModel.predict(X_testSet.loc[[421]])
y_predict
accuracy_score(y_testSet, y_predictSet)
```

对应输出结果为：

```
['B']
0.9440559440559441
```

通过结果可知，改进后模型预测结果的准确率相较于初始参数有了一定的提高。

4.4.2　使用贝叶斯分类算法实现

本例概述如下。

【数据及分析对象】 CSV 文件——文件名为“bc_data1. csv”。

【目的及分析任务】 理解机器学习方法在数据分析中的应用——采用朴素贝叶斯算法进行分类分析。

1）以一定比例将数据集划分为训练集和测试集。

2）利用训练集进行朴素贝叶斯算法的建模。

3）使用朴素贝叶斯分类模型在测试集上对诊断结果进行预测。

4）将朴素贝叶斯分类模型对诊断结果的分类预测与真实的诊断结果进行对比分析，验证朴素贝叶斯分类模型的有效性。

【方法及工具】 Python 语言及 scikit-learn 包。

本例用的数据 bc_data1. csv 在数据内容上与本章其他例题一样，区别在于无列名。数据分析中经常遇到这样的数据——数据内容和字段名称是分开给出的。为此，本例题增加了这个方面的训练。

（1）业务理解

本例所涉及的业务为对病例数据诊断结果的分类预测，该业务的主要内容是使用朴素贝叶斯分类算法，根据病例数据集中的特征属性，对病例的诊断结果进行分类预测。

（2）数据读入

本例首先导入 pandas 包，并使用 CSV 文件的读取方法 read_csv( ) 读入数据集文件“bc_data1. csv”。

首先导入 pandas 包并将其命名为 pd。

```
In[1]  import pandas as pd
```

使用 read_csv( ) 读取数据集文件并存储到数据框变量 df 中，read_csv( ) 方法的参数为数据文件的相对路径。另外，“wdbc_data. csv”原始数据集中没有定义列名，为避免 read_csv( ) 方法将第一行数据样本当作列名，需要将 header 参数设置为 None。

```
In[2]  df=pd.read_csv("bc_data1.csv", header=None)
       df.head()
```

对应输出结果如图 4-30 所示。

从图 4-30 可以看出，bc_data1 和 bc_data 的区别在于前者无具体含义的列名（列名为 1，2,.., 31）

	0	1	2	3	4	…	28	29	30	31
0	842302	M	17.99	10.38	122.80	…	0.7119	0.2654	0.4601	0.11890
1	842517	M	20.57	17.77	132.90	…	0.2416	0.1860	0.2750	0.08902
2	84300903	M	19.69	21.25	130.00	…	0.4504	0.2430	0.3613	0.08758
3	84348301	M	11.42	20.38	77.58	…	0.6869	0.2575	0.6638	0.17300
4	84358402	M	20.29	14.34	135.10	…	0.4000	0.1625	0.2364	0.07678

图 4-30　head( ) 方法的返回值

(3) 数据理解

首先，从上一步可以看到由于数据集本身并没有定义列名，根据数据集的介绍信息可知第 1 列为病例的 id，第 2 列为“诊断结果”即 diagnosis，第 3 列至第 12 列、第 13 列至第 22 列、第 23 列至 32 列分别为细胞核 10 个特征的均值、标准差和最大值。

在本例中先定义了变量 cell_feat 并赋值了 10 个细胞核的特征名，接着定义变量 all_feat 并赋值了特征名 id 和 diagnosis。为区分不同统计方式下的特征名，本例使用“mean_”“se_”“largest_”分别表示细胞核特征的均值、标准差和最大值，并且利用 for 循环赋值到变量 all_feat 中。

考虑到本例采用的数据文件 bc_data1.csv 中没有提供字段名称，我们将字段名称增加到对应数据框 df 中。由于该表的字段较多，但字段名称有一定的规律，在此采用循环语句生成了字段名字，降低了直接列举所有字段名字的工作量。

In[3]

```
cell_feat=['radius','texture','perimeter','area','smoothness','compactness','concavity','concave_points','symmetry','fractal_dimension']
all_feat=['id','diagnosis']
for stat in ['mean_','se_','largest_']:
    for feat in cell_feat:
        all_feat.append(stat+feat)
all_feat
```

对应输出结果为：

```
['id',
 'diagnosis',
 'mean_radius',
 'mean_texture',
 'mean_perimeter',
 'mean_area',
 'mean_smoothness',
 …
 'se_concave_points',
 'se_symmetry',
 'se_fractal_dimension',
 'largest_radius',
 'largest_texture',
 'largest_perimeter',
 'largest_area',
 'largest_smoothness',
 'largest_compactness',
 'largest_concavity',
 'largest_concave_points',
 'largest_symmetry',
 'largest_fractal_dimension']
```

接着对数据框 df 的列名进行重命名，pandas 中可直接对数据框的 columns 进行赋值达到对列名重命名的效果。

df. columns = all_feat 的含义为"将列表 all_feat 作为数据库 df 的列名（columns）"

```
In[4]  df.columns=all_feat
       df.head()
```

对应输出结果如图 4-31 所示。

	ID	DIAGNOSIS	MEAN_RADIUS	MEAN_TEXTURE	MEAN_PERIMETER	MEAN_AREA	MEAN_SMOOTHNESS
0	842302	M	17.99	10.38	122.80	0.4601	0.11890
1	842517	M	20.57	17.77	132.90	0.2750	0.08902
2	84300903	M	19.69	21.25	130.00	0.3613	0.08758
3	84348301	M	11.42	20.38	77.58	0.6638	0.17300
4	84358402	M	20.29	14.34	135.10	0.2364	0.07678

图 4-31 head( )方法的返回值（一）

如果本例题采用【4.4.1 使用 KNN 算法实现】中的数据集——bc_data. csv，不用输入 In[3]~In[4]的代码。

查看数据集中是否存在缺失值，可以使用 pandas 包中的 isnull( )方法判断数据是否为空值，并结合 any( )方法查看每个特征中是否存在缺失值。

```
In[5]  df.isnull().any()
```

对应输出结果如下，可以看出数据集中不存在缺失值：

```
id                              False
diagnosis                       False
mean_radius                     False
mean_texture                    False
mean_perimeter                  False
mean_area                       False
mean_smoothness                 False
mean_compactness                False
…                               …
se_concave_points               False
se_symmetry                     False
se_fractal_dimension            False
largest_radius                  False
largest_texture                 False
largest_perimeter               False
largest_area                    False
largest_smoothness              False
largest_compactness             False
largest_concavity               False
largest_concave_points          False
largest_symmetry                False
largest_fractal_dimension       False
dtype: bool
```

对数据框 df 进行探索性分析，本例采用的实现方式为调用 pandas 包中数据框的 describe( )方法。

```
In[6]  df.describe()
```

对应输出结果如图 4-32 所示。

	ID	MEAN_RADIUS	MEAN_TEXTURE	MEAN_PERIMETER	MEAN_AREA	MEAN_SMOOTHNESS
COUNT	5.690000e+02	569.000000	569.000000	569.000000	569.000000	569.000000
MEAN	3.037183e+07	14.127292	19.289649	91.969033	654.889104	0.096360
STD	1.250206e+08	3.524049	4.301036	24.298981	351.914129	0.014064
MIN	8.670000e+03	6.981000	9.710000	43.790000	143.500000	0.052630
25%	8.692180e+05	11.700000	16.170000	75.170000	420.300000	0.086370
50%	9.060240e+05	13.370000	18.840000	86.240000	551.100000	0.095870
75%	8.813129e+06	15.780000	21.800000	104.100000	782.700000	0.105300
MAX	9.113205e+08	28.110000	39.280000	188.500000	2501.000000	0.163400

图 4-32　head( )方法的返回值（二）

除了 describe( )方法，还可以调用 shape 属性对数据框进行探索性分析。以 shape 属性为例：

```
In[7]  df.shape
```

对应输出结果为：

```
(569, 32)
```

从此输出结果可看出，数据框 df 的行数和列数分别为 569 和 32，与原始数据文件 bc_data. csv 的内容一致。

（4）数据准备

本例的分类任务属于二分类任务，可以将数据框 df 中诊断结果“diagnosis”的值转换为 0 和 1 的数值类型，本例使用 scikit-learn 包中 preprocessing 模块的 LabelEncoder( )方法。

参见本章【4.5.10 LabelEncoder 及其原理】。

```
In[8]  from sklearn.preprocessing import LabelEncoder

       encoder=LabelEncoder()
       df['diagnosis']=encoder.fit_transform(df['diagnosis'])
       df
```

对应输出结果如图 4-33 所示。

	ID	DIAGNOSIS	MEAN_RADIUS	MEAN_TEXTURE	MEAN_PERIMETER	MEAN_AREA	MEAN_SMOOTHNESS
0	842302	1	17.99	10.38	122.80	1001.0	0.4601
1	842517	1	20.57	17.77	132.90	1326.0	0.2750
2	84300903	1	19.69	21.25	130.00	1203.0	0.3613
3	84348301	1	11.42	20.38	77.58	386.1	0.6638
4	84358402	1	20.29	14.34	135.10	1297.0	0.2364

图 4-33　df 的当前值

可以看出原先诊断结果 diagnosis 从 M（表示恶性）和 B（表示良性）转换成 1（表示恶性）和 0（表示良性）。

将数据集以 7∶3 的比例分为训练集和测试集，本例首先将代表细胞核的特征集（即数据框 df 中除了前两列的数据集）赋值到变量 x 中，并将诊断结果赋值到变量 y 中以便后续使用。接着使用 scikit-learn 包中 model_selection 模块的 train_test_split( ) 方法进行数据集的划分。

train_test_split( ) 方法的前两个参数分别是样本的特征集以及分类；test_size 表示测试集的占比（本例中选择 0.3 表示测试集占 30%）；random_state 是随机数的种子，用于控制每次运行的数据划分结果；stratify 是用于保证数据集划分后样本分布的一致性（如本例选择了 y，则训练集和测试集的样本分布将服从数据集划分前分类结果的分布）。

In[9]
```
from sklearn.model_selection import train_test_split
x=df.iloc[:,2:]
y=df['diagnosis']
x_train,x_test,y_train,y_test=train_test_split(x,y
                                    ,test_size=0.3
                                    ,random_state=40
                                    ,stratify=y)
```

(5) 模型训练

scikit-learn 包中 naive_bayes 模块里根据特征类型和分布提供了多个不同的模型，如 GaussianNB，BernoulliNB 以及 MultinomialNB。其中：

- GaussianNB 假设数据符合正态分布，适用于连续值较多的特征。
- BernoulliNB 适用于二元离散值的特征。
- MultinomialNB 适用于多元离散值的特征。

参见本章【4.5.9 GaussianNB、MultinomialNB 和 BernoulliNB 的区别】。

本例中数据集的特征均为连续变量因此使用 GaussianNB 进行模型的训练。

似然 P(e|H) 的估算是计算贝叶斯公式的难点，在此采用的是假设为高斯分布（正态分布）

In[10]
```
from sklearn.naive_bayes import GaussianNB

gnb_clf=GaussianNB()
gnb_clf.fit(x_train,y_train)
```

(6) 模型评价

本例使用准确率、精确率、召回率和 f1 值对模型进行评价，scikit-learn 中的 metrics 模块提供了 accuracy_score( )，precision_score( )，recall_score( )，f1_score( ) 方法。

In[11]
```
from sklearn.metrics import accuracy_score,precision_
score,recall_score,f1_score
gnb_ypred=gnb_clf.predict(x_test)
print("准确率:%f,\n 精确率:%f,\n 召回率:%f,\nf1 值:%f."
      %(accuracy_score(y_test,gnb_ypred),precision_
score(y_test,gnb_ypred),
         recall_score(y_test,gnb_ypred),f1_score(y_test,
gnb_ypred)))
```

输出结果如下：

```
准确率:0.935673,
精确率:0.964912,
召回率:0.859375,
f1 值:0.909091.
```

(7) 模型调参

可以通过输入代码 GaussianNB( ).get_params( )，查看这两个参数。

GaussianNB 可输入两个参数 prior 和 var_smoothing。prior 用于定义样本类别的先验概率，默认情况下会根据数据集计算先验概率，因此一般不对 prior 进行设置。var_smoothing 的默认值为 1e-9，通过设置特征的最大方差，进而以给定的比例添加到估计的方差中，主要用于控制模型估计的稳定性。

本例调用 scikit-learn 包 model_selection 模块中的网格搜索功能，即 GridSearchCV( )方法对模型进行调参。先定义一个变量 params 来存储 alpha 的不同取值（本例假设 var_smoothing 的取值范围为［1e-7，1e-8，1e-9，1e-10，1e-11，1e-12］）。

var_smoothing：所有特征的最大方差

In[12]
```
from sklearn.model_selection import GridSearchCV

params= {'var_ smoothing': [1e-7, 1e-8, 1e-9, 1e-10, 1e-11, 1e-12] }
gnb_ grid_ clf=GridSearchCV ( GaussianNB ( ) , params, cv=5, verbose=2 )
gnb_ grid_ clf. fit ( x_ train, y_ train )
```

本例在 GridSearchCV( )方法中传入了 GaussianNB 模型、需优化的参数取值变量 params、交叉验证的参数 cv（本例设置了五折交叉验证）以及显示训练日志参数 verbose（verbose 取值为 0 时不显示训练过程，取值为 1 时偶尔输出训练过程，取值>1 时对每个子模型都输出训练过程）。

verbose 用于控制输出结果中的日志参数的显示内容（详尽程度）

对应的输出结果为：

```
Fitting 5 folds for each of 6 candidates, totalling 30 fits
[CV] var_smoothing=1e-07 .........................................
[CV] ...........................var_smoothing=1e-07, total=  0.0s
[CV] var_smoothing=1e-07 ..........................................
[CV] ...........................var_smoothing=1e-07, total=  0.0s
[CV] var_smoothing=1e-07 ..........................................
[CV] ...........................var_smoothing=1e-07, total=  0.0s
......
[CV] var_smoothing=1e-07 ..........................................
[CV] ...........................var_smoothing=1e-12, total=  0.0s
[CV] var_smoothing=1e-12 ..........................................
```

```
[CV] ............................var_smoothing=1e-12, total=  0.0s
[CV] var_smoothing=1e-12 ..........................................
[CV] ............................var_smoothing=1e-12, total=  0.0s

[Parallel(n_jobs=1)]: Done  30 out of  30 | elapsed:    0.1s finished

GridSearchCV(cv=5, estimator=GaussianNB(), param_grid={'var_smoothing
': [1e-07, 1e-08, 1e-09, 1e-10, 1e-11,1e-12]},verbose=2)
```

接着使用GridSearchCV中的best_params_查看准确率最高的模型参数。

In[13]
```
gnb_grid_clf.best_params_
```

对应的输出结果为:

```
{'var_smoothing': 1e-10}
```

由此可知，在给定的var_smoothing取值范围内，当取值为1e-10时模型的准确率最高。

(8) 模型预测

模型的预测可通过训练好的模型的predict()方法实现，本例使用默认情况下和调参后的两个GaussianNB模型对测试集进行分类预测，并使用模型评价方法进行比较。

首先，使用默认情况下的GaussianNB对测试集进行分类预测，然后将分类结果存储到变量gnb_ypred中，并输出模型的准确率、精确率、召回率以及f1值。

In[14]
```
gnb_ypred=gnb_clf.predict(x_test)
print("准确率:%f,\n精确率:%f,\n召回率:%f,\nf1值:%f."
%(accuracy_score(y_test,gnb_ypred),precision_score(y_
test,gnb_ypred),recall_score(y_test,gnb_ypred),f1_score
(y_test,gnb_ypred)))
```

对应的输出结果为:

```
准确率:0.935673,
精确率:0.964912,
召回率:0.859375,
f1值:0.909091.
```

f1值为精确率(Precision, P)和召回率(Recall, R)的调和平均值，即：

$$\frac{1}{F_1}=\frac{1}{2}\left(\frac{1}{P}+\frac{1}{R}\right)$$

接着，使用调参后的GaussianNB对测试集进行分类预测，然后将分类结果存储到变量tuned_ypred中，并输出模型的准确率、精确率、召回率以及f1值。

In[15]
```
tuned_ypred=gnb_grid_clf.best_estimator_.predict(x_
test)
```

```
print("准确率:%f,\n精确率:%f,\n召回率:%f,\nf1值:%f."
      %(accuracy_score(y_test,tuned_ypred),precision_
      score(y_test,tuned_ypred),recall_score(y_test,
      tuned_ypred),f1_score(y_test,tuned_ypred)))
```

对应的输出结果为：

```
准确率:0.941520,
精确率:0.965517,
召回率:0.875000,
f1值:0.918033.
```

可见，通过调参 GaussianNB，在 4 个评价指标上均得到了一定的提高。

4.4.3 使用 SVM 算法实现

本例概述如下。

bc_data.csv 请参见【4.4.1 使用 KNN 算法实现】。

【数据及分析对象】 CSV 文件——文件名为“bc_data.csv。

【目的及分析任务】

1）使用训练集对 SVM 模型进行训练。

2）使用 SVM 模型对威斯康星乳腺癌数据集的诊断结果进行预测。

3）对 SVM 模型进行评价。

【方法及工具】

Python 语言及 pandas、NumPy、matplotlib、scikit-learn 包。

（1）业务理解

本例使用威斯康星乳腺癌数据集训练 SVM 模型，用于对诊断结果进行预测。使用除 id 列之外的 31 个属性作为数据列，使用 diagnosis 列为标签列。

（2）数据读入

导入需要的第三方包。

```
In[1]
import pandas as pd
import numpy as np
import matplotlib.pyplot as plt

#导入 sklearn 中的 svm
from sklearn import svm

#导入 metrics 评估方法
from sklearn import metrics

#train_test_split 用于拆分训练集和测试集
```

```
from sklearn.model_selection import train_test_split

#StandardScaler z-score 规范化
from sklearn.preprocessing import StandardScaler
```

使用 pandas 包的 read_csv 方法读入数据集。

```
In[2]  df_bc_data = pd.read_csv("bc_data.csv")
```

对数据集进行显示。

```
In[3]  df_bc_data
```

对应输出结果为：

```
id diagnosis radius_mean texture_mean perimeter_mean area_mean
smoothness_mean compactness_mean concavity_mean concave points_mean
 ... radius_worst texture_worst perimeter_worst area_worst
smoothness_worst compactness_worst concavity_worst concave_points_
worst symmetry_worst fractal_dimension_worst
0 842302 M 17.99 10.38 122.80 1001.0 0.11840 0.27760 0.30010
0.14710 ... 25.380 17.33 184.60 2019.0 0.16220 0.66560 0.7119
0.2654 0.4601 0.11890
1 842517 M 20.57 17.77 132.90 1326.0 0.08474 0.07864 0.08690
0.07017 ... 24.990 23.41 158.80 1956.0 0.12380 0.18660 0.2416
0.1860 0.2750 0.08902
2 84300903 M 19.69 21.25 130.00 1203.0 0.10960 0.15990 0.19740
 0.12790 ... 23.570 25.53 152.50 1709.0 0.14440 0.42450 0.4504
 0.2430 0.3613 0.08758
3 84348301 M 11.42 20.38 77.58 386.1 0.14250 0.28390 0.24140
0.10520 ... 14.910 26.50 98.87 567.7 0.20980 0.86630 0.6869 0.
2575 0.6638 0.17300
4 84358402 M 20.29 14.34 135.10 1297.0 0.10030 0.13280 0.19800
 0.10430 ... 22.540 16.67 152.20 1575.0 0.13740 0.20500 0.4000
 0.1625 0.2364 0.07678
... ... ... ... ... ... ... ... ... ... ... ... ... ...
 ... ... ... ... ... ... ... ...
564 926424 M 21.56 22.39 142.00 1479.0 0.11100 0.11590 0.24390
 0.13890 ... 25.450 26.40 166.10 2027.0 0.14100 0.21130 0.4107
 0.2216 0.2060 0.07115
565 926682 M 20.13 28.25 131.20 1261.0 0.09780 0.10340 0.14400
 0.09791 ... 23.690 38.25 155.00 1731.0 0.11660 0.19220 0.3215
 0.1628 0.2572 0.06637
566 926954 M 16.60 28.08 108.30 858.1 0.08455 0.10230 0.09251
 0.05302 ... 18.980 34.12 126.70 1124.0 0.11390 0.30940 0.3403
 0.1418 0.2218 0.07820
```

```
567  927241  M  20.60  29.33  140.10  1265.0  0.11780  0.27700  0.35140
  0.15200  ...  25.740  39.42  184.60  1821.0  0.16500  0.86810  0.9387
  0.2650  0.4087  0.12400
568  92751  B  7.76  24.54  47.92  181.0  0.05263  0.04362  0.00000
0.00000  ...  9.456  30.37  59.16  268.6  0.08996  0.06444  0.0000
0.0000  0.2871  0.07039
```

(3) 数据理解

对数据框 df_bc_data 进行探索性分析，本例采用的实现方式为调用 pandas 包中数据框（DataFrame）的 describe( )方法。

```
In[4]  df_bc_data.describe()
```

对应输出结果为：

```
  id  radius_mean  texture_mean  perimeter_mean  area_mean
smoothness_mean  compactness_mean  concavity_mean  concave points_mean
  symmetry_mean  ...  radius_worst  texture_worst  perimeter_worst
area_worst  smoothness_worst  compactness_worst  concavity_worst  con-
cave_points_worst  symmetry_worst  fractal_dimension_worst
count  5.690000e+02  569.000000  569.000000  569.000000  569.000000
569.000000  569.000000  569.000000  569.000000  569.000000  ...
569.000000  569.000000  569.000000  569.000000  569.000000  569.000000
  569.000000  569.000000  569.000000  569.000000
mean  3.037183e+07  14.127292  19.289649  91.969033  654.889104
0.096360  0.104341  0.088799  0.048919  0.181162  ...  16.269190
25.677223  107.261213  880.583128  0.132369  0.254265  0.272188
0.114606  0.290076  0.083946
std  1.250206e+08  3.524049  4.301036  24.298981  351.914129  0.014064
  0.052813  0.079720  0.038803  0.027414  ...  4.833242  6.146258
33.602542  569.356993  0.022832  0.157336  0.208624  0.065732
0.061867  0.018061
min  8.670000e+03  6.981000  9.710000  43.790000  143.500000  0.052630
  0.019380  0.000000  0.000000  0.106000  ...  7.930000  12.020000
50.410000  185.200000  0.071170  0.027290  0.000000  0.000000
0.156500  0.055040
25%  8.692180e+05  11.700000  16.170000  75.170000  420.300000
0.086370  0.064920  0.029560  0.020310  0.161900  ...  13.010000
21.080000  84.110000  515.300000  0.116600  0.147200  0.114500
0.064930  0.250400  0.071460
50%  9.060240e+05  13.370000  18.840000  86.240000  551.100000
0.095870  0.092630  0.061540  0.033500  0.179200  ...  14.970000
25.410000  97.660000  686.500000  0.131300  0.211900  0.226700
0.099930  0.282200  0.080040
75%  8.813129e+06  15.780000  21.800000  104.100000  782.700000
```

```
0.105300  0.130400  0.130700  0.074000  0.195700  ...  18.790000
29.720000  125.400000  1084.000000  0.146000  0.339100  0.382900
0.161400  0.317900  0.092080
max  9.113205e+08  28.110000  39.280000  188.500000  2501.000000
0.163400  0.345400  0.426800  0.201200  0.304000  ...  36.040000
49.540000  251.200000  4254.000000  0.222600  1.058000  1.252000
0.291000  0.663800  0.207500
```

查看数据集中是否存在缺失值

```
In[5]  df_bc_data.info()
```

对应输出结果为:

```
<class 'pandas.core.frame.DataFrame'>
RangeIndex: 569 entries, 0 to 568
Data columns (total 32 columns):
#   Column                   Non-Null Count   Dtype
---  ------                  --------------   -----
0   id                       569 non-null     int64
1   diagnosis                569 non-null     object
2   radius_mean              569 non-null     float64
3   texture_mean             569 non-null     float64
4   perimeter_mean           569 non-null     float64
5   area_mean                569 non-null     float64
6   smoothness_mean          569 non-null     float64
7   compactness_mean         569 non-null     float64
8   concavity_mean           569 non-null     float64
9   concave points_mean      569 non-null     float64
10   symmetry_mean           569 non-null     float64
11   fractal_dimension_mean  569 non-null     float64
12   radius_se               569 non-null     float64
13   texture_se              569 non-null     float64
14   perimeter_se            569 non-null     float64
15   area_se                 569 non-null     float64
16   smoothness_se           569 non-null     float64
17   compactness_se          569 non-null     float64
18   concavity_se            569 non-null     float64
19   concave points_se       569 non-null     float64
20   symmetry_se             569 non-null     float64
21   fractal_dimension_se    569 non-null     float64
22   radius_worst            569 non-null     float64
23   texture_worst           569 non-null     float64
24   perimeter_worst         569 non-null     float64
25   area_worst              569 non-null     float64
26   smoothness_worst        569 non-null     float64
```

```
27  compactness_worst         569 non-null    float64
28  concavity_worst           569 non-null    float64
29  concave_points_worst      569 non-null    float64
30  symmetry_worst            569 non-null    float64
31  fractal_dimension_worst   569 non-null    float64
dtypes: float64(30), int64(1), object(1)
memory usage: 142.4+ KB
```

.value_counts()的功能为“按值计数”，即计算“有多少个不同值”

查看样本是否存在不均衡的问题。

```
In[6]  df_bc_data['diagnosis'].value_counts()
```

对应输出结果为：

```
B    357
M    212
Name: diagnosis,dtype: int64
```

（4）数据准备

在【4.4.2 使用贝叶斯分类算法实现】中，此功能的实现采用的是 LabelEncoder 技术，二者在功能是一致的，参见本书 P102 相关内容。

由于 id 一列并非为自变量或因变量，删除该列。

```
In[7]  new_bc=df_bc_data.drop(['id'],axis=1)
```

将 diagnosis 属性字段的取值，'M'使用 0 代替，'B'使用 1 代替。

```
In[8]  new_bc['diagnosis']=new_bc['diagnosis'].map({'M':1,'B':0})
```

将数据集拆分为训练集及测试集，本例使用 20% 的数据作为测试集。

```
In[9]  bc_train,bc_test=train_test_split(new_bc,test_size=0.2)
```

将训练集及测试集的数据属性和标签进行拆分。

```
In[10] #对训练集的数据和标签进行拆分
       bc_train_data=bc_train.iloc[:,1:]
       bc_train_label=bc_train['diagnosis']
       #对测试集的数据和标签进行拆分
       bc_test_data=bc_test.iloc[:,1:]
       bc_test_label=bc_test['diagnosis']
```

为了排除数值的量纲对结果的影响，需要对训练数据和测试数据进行标准化处理。

StandarScaler()的默认规范化方式为 z-score 方法，参见 P126 中对 z-score 规范化的解读。

```
In[11] bc_train_data=StandardScaler().fit_transform(bc_train_data)
       bc_test_data=StandardScaler().fit_transform(bc_test_data)
```

（5）模型训练

使用训练集训练 SVM 模型。除了直接指定参数的数值之外，还可以使用自动调参技术（如 GridSearchCV）进行参数选择。

In[12]

```
bc_model=svm.SVC(C=0.2, kernel='linear')  #创建 SVM 分类器
bc_model.fit(bc_train_data,bc_train_label)  #训练模型
```

在 svm.SVC( ) 方法中，C 参数的含义为“惩罚系数”，kernel 参数的含义为“核函数类型”，详见 P125 相关内容。

(6) 模型应用及评价

使用已训练好的 SVM 模型，在测试集上进行测试，并输出评价指标的取值。

In[13]

```
#在测试集上应用模型,并进行评价
prediction=bc_model.predict(bc_test_data)
print('混淆矩阵: \n',metrics.confusion_matrix(bc_test_
label,prediction))
print('准确率:',metrics.accuracy_score(bc_test_label,pre-
diction))
print('查准率:',metrics.precision_score(bc_test_label,
prediction))
print('召回率为',metrics.recall_score(bc_test_label,pre-
diction))
print('F1 值为:',metrics.f1_score(bc_test_label,predic-
tion))
```

查看支持向量的方法：bc _ model. support _ vectors_

对应输出结果为：

```
混淆矩阵:
[[70  3]
 [ 1 40]]
准确率: 0.9649122807017544
查准率: 0.9302325581395349
召回率为 0.975609756097561
F1 值为: 0.9523809523809524
```

以下术语的中英文不要混淆：

[1] accuracy：准确率

[2] precision：精确率（或查准率）

[3] recall：召回率（或查全率）

4.4.4 使用逻辑回归算法实现

本例概述如下。

【数据及分析对象】 CSV 文件——文件名为“bc_data. csv”。

关于数据文件 bc_data.csv，请参见【4.4.1 使用 KNN 算法实现】。

【目的及分析任务】 理解机器学习方法在数据分析中的应用——采用逻辑回归方法进行分类分析。

1）数据读入。

2）划分训练集与测试集，利用逻辑回归算法进行模型训练，分类分析。

3）进行模型评价，调整模型参数。

4）将调参后的模型进行模型预测，得出的结果与测试集结果进行对比分析，验证逻辑回归算法建模的有效性。

【方法及工具】 Python 语言及 scikit-learn 包。

(1) 业务理解

本例题所涉及的业务为分类分析，该业务的主要内容是采用逻辑回归算法对威斯康星州乳腺癌数据集进行回归分析。

该业务所涉及的业务术语有分类分析、逻辑回归算法：

导入所需的工具包：

```
In[1]
import pandas as pd
import numpy as np
from sklearn.linear_model import LogisticRegression
from sklearn import metrics
```

(2) 数据读入

本例采用另一种方式读入数据，即调用 sklearn. datasets 中的 load_breast_cancer( ) 方法。当然，也可以沿用如【4.4.3 使用 SVM 算法实现】的方式读入数据。

导入 scikit-learn 自带的数据集——威斯康星州乳腺癌数据集，本例采用的实现方式为调用 sklearn. datasets 中的 load_breast_cancer( )方法。

```
In[2]
#数据读入
from sklearn.datasets import load_breast_cancer
breast_cancer = load_breast_cancer()
```

导入的威斯康星州乳腺癌数据集是字典数据，显示其字典的键为：

```
In[3]
#显示数据集字典的键
print(breast_cancer.keys())
```

读者可以通过运行代码【help (load_breast_cancer)】查看该数据集的帮助信息，尤其是所提供的属性和方法，如 DESCR 属性等。

对应输出结果为：

```
dict_keys(['data', 'target', 'target_names', 'DESCR', '
feature_names'])
```

其中，'target'为分类目标，'DESCR'为数据集的完整描述，'feature_names'为特征名称。

显示数据集的完整描述：

```
In[4]
#数据集的完整描述
print(breast_cancer.DESCR)
```

对应输出结果为：

```
Breast Cancer Wisconsin (Diagnostic) Database
=============================================


Notes
-----
```

```
Data Set Characteristics:
    :Number of Instances: 569

    : Number of Attributes: 30 numeric, predictive
attributes and the class

    :Attribute Information:
        - radius (mean of distances from center to points on
the perimeter)
        - texture (standard deviation of gray-scale values)
        - perimeter
        - area
        - smoothness (local variation in radius lengths)
        - compactness (perimeter^2 / area - 1.0)
        - concavity (severity of concave portions of the con-
tour)
        - concave points (number of concave portions of the
contour)
        - symmetry
        - fractal dimension ("coastlineapproximation" - 1)

         The mean, standard error, and "worst" or largest
(mean of the three
        largest values) of these features were computed for
each image,
        resulting in 30 features.  For instance, field 3 is
Mean Radius, field
        13 is Radius SE, field 23 is Worst Radius.

        - class:
                - WDBC-Malignant
                - WDBC-Benign

    :Summary Statistics:

    ===================================== ====== ======
                                           Min    Max
    ===================================== ====== ======
    radius (mean):                         6.981  28.11
    texture (mean):                        9.71   39.28
    perimeter (mean):                      43.79  188.5
    area (mean):                           143.5  2501.0
```

在此输出结果中给出了本章四个例题所分析数据的详细解读。

```
    smoothness (mean):                    0.053  0.163
    compactness (mean):                   0.019  0.345
    concavity (mean):                     0.0    0.427
    concave points (mean):                0.0    0.201
    symmetry (mean):                      0.106  0.304
    fractal dimension (mean):             0.05   0.097
    radius (standard error):              0.112  2.873
    texture (standard error):             0.36   4.885
    perimeter (standard error):           0.757  21.98
    area (standard error):                6.802  542.2
    smoothness (standard error):          0.002  0.031
    compactness (standard error):         0.002  0.135
    concavity (standard error):           0.0    0.396
    concave points (standard error):      0.0    0.053
    symmetry (standard error):            0.008  0.079
    fractal dimension (standard error):   0.001  0.03
    radius (worst):                       7.93   36.04
    texture (worst):                      12.02  49.54
    perimeter (worst):                    50.41  251.2
    area (worst):                         185.2  4254.0
    smoothness (worst):                   0.071  0.223
    compactness (worst):                  0.027  1.058
    concavity (worst):                    0.0    1.252
    concave points (worst):               0.0    0.291
    symmetry (worst):                     0.156  0.664
    fractal dimension (worst):            0.055  0.208
    ===================================== ====== ======

    :Missing Attribute Values: None

    :Class Distribution: 212 - Malignant, 357 - Benign

    :Creator:  Dr.William H.Wolberg, W.Nick Street, Olvi
L.Mangasarian

    :Donor: Nick Street

    :Date: November, 1995

This is a copy of UCI ML Breast Cancer Wisconsin (Diagnostic)
datasets.
https://goo.gl/U2Uwz2
```

```
Features are computed from a digitized image of a fine nee-
dle
aspirate (FNA) of a breast mass.  They describe
characteristics of the cell nuclei present in the image.

Separating plane described above was obtained using
Multisurface Method-Tree (MSM-T) [K.P.Bennett, "Decision Tree
Construction Via Linear Programming." Proceedings of
the 4th
Midwest Artificial Intelligence and Cognitive Science So-
ciety,
pp.97-101, 1992], a classification method which uses linear
programming to construct a decision tree.Relevant features
were selected using an exhaustive search in the space of 1-4
features and 1-3 separating planes.

The actual linear program used to obtain the separating plane
in the 3-dimensional space is that described in:
[K.P.Bennett and O.L.Mangasarian: "Robust Linear
Programming Discrimination of Two Linearly Inseparable
Sets",
Optimization Methods and Software 1, 1992, 23-34].

This database is also available through the UW CS ftp server:

ftp ftp.cs.wisc.edu
cd math-prog/cpo-dataset/machine-learn/WDBC/

References
----------
 - W.N.Street, W.H.Wolberg and O.L.Mangasarian.Nuclear
feature extraction
       for breast tumor diagnosis. IS&T/SPIE 1993
International Symposium on
    Electronic Imaging: Science and Technology, volume
1905, pages 861-870,
   San Jose, CA, 1993.
 - O.L.Mangasarian, W.N.Street and W.H.Wolberg.Breast
cancer diagnosis and
   prognosis via linear programming.Operations Research,
43(4), pages 570-577,
```

```
    July-August 1995.
  - W.H.Wolberg, W.N.Street, and O.L.Mangasarian.Machine
learning techniques
    to diagnose breast cancer from fine-needle aspirates.
Cancer Letters 77 (1994)
    163-171.
```

关于.feature_names 属性，参见以下代码的运行结果：help（load_breast_cancer）

该输出结果显示了数据集的下载地址、属性等信息。

接下来，显示数据集的特征名称：

```
In[5]
#数据集的特征名称
print(breast_cancer.feature_names)
```

该输出结果显示了特征名称。

对应输出结果为：

```
['mean radius''mean texture''mean perimeter''mean area'
 'mean smoothness''mean compactness''mean concavity'
 'mean concave points''mean symmetry''mean fractal dimension'
 'radius error''texture error''perimeter error''area error'
 'smoothness error''compactness error''concavity error'
 'concave points error''symmetry error''fractal dimension
error'
 'worst radius''worst texture''worst perimeter''worst area'
 'worst smoothness''worst compactness''worst concavity'
 'worst concave points''worst symmetry''worst fractal
dimension']
```

显示数据形状：

```
In[6]
#数据形状
print(breast_cancer.data.shape)
```

该输出结果显示了数据（data）有 569 行，30 列。

对应输出结果为：

```
(569, 30)
```

调用 pandas 包中数据框（DataFrame），将数据（data）与回归目标（target）转化为数据框类型。

```
In[7]
#将数据(data)与回归目标(target)转化为数据框类型
X= pd.DataFrame(breast_cancer.data, columns=breast_canc-
er.feature_names)
y= pd.DataFrame(breast_cancer.target, columns=['diagnosis'])
```

将 X，y 数据框合并后，生成数据集 df。

In[8]
```
#合并数据框
df= pd.concat([X, y], axis=1)
df
```

pd. concat( ) 的功能为合并两个数据框，参数 axis=1 的含义为“左右合并”。

对应输出结果如图 4-34 所示。

	mean radius	mean texture	mean perimeter	mean area	mean smoothness	mean compactness	mean concavity	mean concave points	mean symmetry	mean fractal dimension	...	worst texture	p
0	17.99	10.38	122.80	1001.0	0.11840	0.27760	0.30010	0.14710	0.2419	0.07871	...	17.33	
1	20.57	17.77	132.90	1326.0	0.08474	0.07864	0.08690	0.07017	0.1812	0.05667	...	23.41	
2	19.69	21.25	130.00	1203.0	0.10960	0.15990	0.19740	0.12790	0.2069	0.05999	...	25.53	
3	11.42	20.38	77.58	386.1	0.14250	0.28390	0.24140	0.10520	0.2597	0.09744	...	26.50	
4	20.29	14.34	135.10	1297.0	0.10030	0.13280	0.19800	0.10430	0.1809	0.05883	...	16.67	
...	...	...	...	...	...	...	...	...	...	...	...	...	
564	21.56	22.39	142.00	1479.0	0.11100	0.11590	0.24390	0.13890	0.1726	0.05623	...	26.40	
565	20.13	28.25	131.20	1261.0	0.09780	0.10340	0.14400	0.09791	0.1752	0.05533	...	38.25	
566	16.60	28.08	108.30	858.1	0.08455	0.10230	0.09251	0.05302	0.1590	0.05648	...	34.12	
567	20.60	29.33	140.10	1265.0	0.11780	0.27700	0.35140	0.15200	0.2397	0.07016	...	39.42	
568	7.76	24.54	47.92	181.0	0.05263	0.04362	0.00000	0.00000	0.1587	0.05884	...	30.37	

569 rows × 31 columns

图 4-34　df 的当前值

从图 4-34 可以看出，该输出结果显示了完整的 df 数据集有 569 行，31 列。

(3) 数据理解

查看数据基本信息：

In[9]
```
#查看数据基本信息
df.info()
```

对应输出结果为：

```
<class 'pandas.core.frame.DataFrame'>
RangeIndex: 569 entries, 0 to 568
Data columns (total 31 columns):
#  Column                  Non-Null Count  Dtype
---  ------                -------------  -----
0  mean radius             569 non-null    float64
1  mean texture            569 non-null    float64
2  mean perimeter          569 non-null    float64
3  mean area               569 non-null    float64
4  mean smoothness         569 non-null    float64
5  mean compactness        569 non-null    float64
6  mean concavity          569 non-null    float64
7  mean concave points     569 non-null    float64
8  mean symmetry           569 non-null    float64
```

该输出结果显示了各列数据的类型，该数据集数据没有缺失值。

```
 9  mean fractal dimension      569 non-null   float64
 10  radius error               569 non-null   float64
 11  texture error              569 non-null   float64
 12  perimeter error            569 non-null   float64
 13  area error                 569 non-null   float64
 14  smoothness error           569 non-null   float64
 15  compactness error          569 non-null   float64
 16  concavity error            569 non-null   float64
 17  concave points error       569 non-null   float64
 18  symmetry error             569 non-null   float64
 19  fractal dimension error    569 non-null   float64
 20  worst radius               569 non-null   float64
 21  worst texture              569 non-null   float64
 22  worst perimeter            569 non-null   float64
 23  worst area                 569 non-null   float64
 24  worst smoothness           569 non-null   float64
 25  worst compactness          569 non-null   float64
 26  worst concavity            569 non-null   float64
 27  worst concave points       569 non-null   float64
 28  worst symmetry             569 non-null   float64
 29  worst fractal dimension    569 non-null   float64
 30  diagnosis                  569 non-null   int64
dtypes: float64(30), int64(1)
memory usage: 137.9 KB
```

查看描述性统计信息：

```
In[10]  #查看描述性统计信息
        df.describe()
```

对应输出结果如图 4-35 所示。

	mean radius	mean texture	mean perimeter	mean area	mean smoothness	mean compactness	mean concavity	mean concave points
count	569.000000	569.000000	569.000000	569.000000	569.000000	569.000000	569.000000	569.000000
mean	14.127292	19.289649	91.969033	654.889104	0.096360	0.104341	0.088799	0.048919
std	3.524049	4.301036	24.298981	351.914129	0.014064	0.052813	0.079720	0.038803
min	6.981000	9.710000	43.790000	143.500000	0.052630	0.019380	0.000000	0.000000
25%	11.700000	16.170000	75.170000	420.300000	0.086370	0.064920	0.029560	0.020310
50%	13.370000	18.840000	86.240000	551.100000	0.095870	0.092630	0.061540	0.033500
75%	15.780000	21.800000	104.100000	782.700000	0.105300	0.130400	0.130700	0.074000
max	28.110000	39.280000	188.500000	2501.000000	0.163400	0.345400	0.426800	0.201200

8 rows × 31 columns

图 4-35　describe( )方法的返回值

(4) 数据准备

利用 sklearn. model_selection 的 train_test_split( ) 方法划分训练集与测试集，固定 random_state 为 42，用 30%的数据测试，70%的数据训练。

读者可以参考本章的前三个例子中的代码，对 X 和 y 进行标准化处理。

In[11]
```
#划分训练集与测试集
from sklearn.model_selection import train_test_split
X_train, X_test, y_train, y_test = train_test_split(X, y
                                   , test_size=0.3
                                   ,random_state=42)

X_test
```

对应输出结果如图 4-36 所示。

该输出结果显示了生成的测试数据 X_test。

	mean radius	mean texture	mean perimeter	mean area	mean smoothness	mean compactness	mean concavity	mean concave points	mean symmetry	mean fractal dimension	...	worst radius	t
204	12.470	18.60	81.09	481.9	0.09965	0.10580	0.08005	0.03821	0.1925	0.06373	...	14.97	
70	18.940	21.31	123.60	1130.0	0.09009	0.10290	0.10800	0.07951	0.1582	0.05461	...	24.86	
131	15.460	19.48	101.70	748.9	0.10920	0.12230	0.14660	0.08087	0.1931	0.05796	...	19.26	
431	12.400	17.68	81.47	467.8	0.10540	0.13160	0.07741	0.02799	0.1811	0.07102	...	12.88	
540	11.540	14.44	74.65	402.9	0.09984	0.11200	0.06737	0.02594	0.1818	0.06782	...	12.26	
...	...	...	...	...	...	...	...	...	...	...	...	...	
69	12.780	16.49	81.37	502.5	0.09831	0.05234	0.03653	0.02864	0.1590	0.05653	...	13.46	
542	14.740	25.42	94.70	668.6	0.08275	0.07214	0.04105	0.03027	0.1840	0.05680	...	16.51	
176	9.904	18.06	64.60	302.4	0.09699	0.12940	0.13070	0.03716	0.1669	0.08116	...	11.26	
501	13.820	24.49	92.33	595.9	0.11620	0.16810	0.13570	0.06759	0.2275	0.07237	...	16.01	
247	12.890	14.11	84.95	512.2	0.08760	0.13460	0.13740	0.03980	0.1596	0.06409	...	14.39	

171 rows × 30 columns

图 4-36　X_test 的当前值

(5) 模型训练

调用默认参数的 LogisticRegression 在训练集上进行模型训练。

In[12]
```
#模型训练
model=LogisticRegression()
model.fit(X_train,y_train)
```

sklearn 的有些版本会要求对 y_train 必须为一维数值，修改方法为：np. ravel（y_train）

对应输出结果为：

```
LogisticRegression(C=1.0
                  , class_weight=None
                  , dual=False
                  , fit_intercept=True
                  , intercept_scaling=1
                  , max_iter=100
                  , multi_class='ovr'
                  , n_jobs=1
                  , penalty='l2'
```

```
                , random_state=None
                , solver='liblinear'
                , tol=0.0001
                , verbose=0
                , warm_start=False)
```

该输出结果显示了模型的训练结果。选择逻辑回归模型参数的默认值进行训练。选择 L2 正则项，C=1.0 控制正则化的强度。“fit_intercept =True，intercept_scaling=1”表示增加截距缩放，减少正则化对综合特征权重影响。“class_weight = None”表示所有类都有权重。solver =' liblinear '时（在最优化问题时使用' liblinear '算法）。max_iter=100 表示求解器收敛所采用的最大迭代次数为 100。multi_class =' ovr '表示每个标签都适合一个二进制问题。n_jobs 表示在类上并行时使用的 CPU 核心数量。当 warm_start 设置为 True 时，重用前一个调用的解决方案以适应初始化，否则，只需删除前一个解决方案。

显示预测结果：

```
In[13]  #默认参数模型预测结果 y_pred
        y_pred=model.predict(X_test)
        y_pred
```

对应输出结果为：

```
array([1, 0, 0, 1, 1, 0, 0, 0, 1, 1, 1, 0, 1, 0, 1, 0, 1, 1, 1, 0, 1, 1,
       0, 1, 1, 1, 1, 1, 1, 0, 1, 1, 1, 1, 1, 1, 0, 1, 0, 1, 1, 0, 1, 1,
       1, 1, 1, 1, 1, 1, 0, 0, 1, 1, 1, 1, 1, 0, 1, 1, 1, 0, 0, 1, 1, 1,
       0, 0, 1, 1, 0, 0, 1, 0, 1, 1, 1, 1, 1, 1, 0, 1, 1, 0, 0, 0, 0, 0,
       1, 1, 1, 1, 1, 1, 1, 1, 0, 0, 1, 0, 0, 1, 0, 0, 1, 1, 1, 0, 1, 1,
       0, 1, 0, 0, 1, 0, 1, 1, 1, 0, 0, 1, 1, 0, 1, 0, 0, 1, 1, 0, 0, 0,
       1, 1, 1, 0, 1, 1, 1, 0, 1, 0, 1, 1, 0, 1, 0, 0, 0, 1, 0, 1, 1, 1,
       1, 0, 0, 1, 1, 1, 1, 1, 1, 1, 0, 1, 1, 1, 1, 0, 1])
```

该输出结果显示了模型在测试集上的预测结果 y_pred。

（6）模型评价

利用混淆矩阵分类算法的指标进行模型的分类效果评价。

关于混淆矩阵，参见本书 P127 中的【4.5.3 混淆矩阵及分类算法的评价指标】

```
In[14]  #混淆矩阵(分类算法的重要评估指标)
        matrix = metrics.confusion_matrix(y_test, y_pred)
        matrix
```

对应输出结果为：

```
array([[ 59,   4],
       [  2, 106]])
```

该输出结果显示了模型的混淆矩阵结果。

利用准确度（Accuracy）、精度（Precision）这两项分类指标进行模型的分类效果评价。

> 关于分类算法的评价指标，参见本章【4.5.3 混淆矩阵及分类算法的评价指标】。

In[15]
```
#分类评价指标——准确度(Accuracy)
print("Accuracy:",metrics.accuracy_score(y_test, y_pred))

#分类评价指标——精度(Precision)
print("Precision:",metrics.precision_score(y_test, y_pred))
```

对应输出结果为：

```
Accuracy: 0.9649122807017544
Precision: 0.9636363636363636
```

该输出结果显示了模型的准确度及精度结果。

（7）模型调参

设置 GridSearchCV 函数的 param_grid、cv 参数值。为了防止过拟合现象的出现，通过参数 C 控制正则化程度，C 值越大，正则化越弱。一般情况下，C 增大（正则化程度弱），模型的准确性在训练集和测试集上都在提升（对损失函数的惩罚减弱），特征维度更多，学习能力更强，过拟合的风险也更高。L1、L2 两项正则化项的选择对目标函数的影响不同，选择的求解模型参数的梯度下降法也不同。

> 参见本章【4.5.8 GridSearchCV 及其原理】。
>
> L1 正则化项的性质之一是将最小的权值强制为 0，从而减少模型中考虑的特征数量，L1 正则化项的随机梯度下降法为 Lasso 算法；L2 正则化项实施权重缩放，减少共线性的负面影响，L2 正则化项的随机梯度下降法为 Ridge 算法。

In[16]
```
#以 C、penalty 参数和值设置字典列表 param_grid。设置 cv 参数值为 5。
param_grid = {'C':[0.001,0.01,0.1,1,10,20,50,100],'
penalty':['l1',"l2"]}
n_folds=5
```

调用 GridSearchCV 函数，进行 5 折交叉验证，得出模型最优参数：

In[17]
```
#调用 GridSearchCV 函数,进行 5 折交叉验证,对估计器 LogisticRe-
gression()的指定参数值 param_grid 进行详尽搜索,得到最终的最优
模型参数。
estimator=GridSearchCV(LogisticRegression(),param_grid,
cv=n_folds)
estimator.fit(X_train,y_train)
```

对应输出结果为：

> 参数 C 的含义为目标函数的正则化项的系数 λ 的倒数，即 $C=1/\lambda$。

```
GridSearchCV(cv=5, error_score='raise',
     estimator=LogisticRegression(C=1.0
                                  , class_weight=None
                                  , dual=False
```

从 sklearn 的 0.22 版本开始，solver 的默认值改为"lbfgs"，而"lbfgs"不支持 penalty 为"l1"正则化项，详见 sklearn 官网文档。

```
                                             , fit_intercept=True
                                             , intercept_scaling=1
                                             , max_iter=100
                                             , multi_class='ovr'
                                             , n_jobs=1
                                             ,penalty='l2'
                                             , random_state=None
                                             , solver='liblinear'
                                             , tol=0.0001
                                             , verbose=0
                                             , warm_start=False)
                                             ,fit_params=None
                                             ,iid=True
                                             , n_jobs=1
                                             ,param_grid={'C': [0.001, 0.
01, 0.1, 1, 10, 20, 50, 100], 'penalty': ['l1', 'l2']}
                                             , pre_dispatch='2* n_jobs'
                                             , refit=True
                                             , return_train_score='warn'
                                             , scoring=None
                                             , verbose=0)
```

该输出结果显示了调用 GridSearchCV( )方法对估计器的指定参数值进行穷举搜索。

利用 best_estimator_属性，得出通过搜索选择的最高分（或最小损失）的估计量：

```
In[18]  estimator.best_estimator_
```

对应输出结果为：

```
LogisticRegression(C=50, class_weight=None, dual=False,
fit_intercept=True,
          intercept_scaling=1, max_iter=100, multi_class
='ovr', n_jobs=1,penalty='l1', random_state=None, solver
='liblinear', tol=0.0001,
          verbose=0, warm_start=False)
```

penalty 可以改为'l2'

该输出结果显示了最优的模型参数为 C=50，penalty='l1'。

（8）模型预测

调参后的模型训练：

```
        #调参后的模型训练
In[19]  model_tuned=LogisticRegression(C=50,penalty='l1')
        model_tuned.fit(X_train,y_train)
```

对应输出结果为：

```
LogisticRegression(C=50
                    , class_weight=None
                    , dual=False
                    , fit_intercept=True
                    , intercept_scaling=1
                    , max_iter=100
                    , multi_class='ovr'
                    , n_jobs=1
                    ,penalty='l1'
                    ,random_state=None
                    , solver='liblinear'
                    ,tol=0.0001
                    ,verbose=0
                    ,warm_start=False)
```

该输出结果显示调参后的模型训练结果。

调参后的模型预测：

```
In[20]  #调参后的模型预测结果 y_pred1
        y_pred1=model_tuned.predict(X_test)
        y_pred1
```

对应输出结果为：

```
array([1, 0, 0, 1, 1, 0, 0, 0, 1, 1, 1, 0, 1, 0, 1, 0, 1, 1, 1, 0,
1, 1,
       0, 1, 1, 1, 1, 1, 1, 0, 1, 1, 1, 1, 1, 1, 0, 1, 0, 1, 1, 0, 1, 1,
       1, 1, 1, 1, 1, 1, 0, 0, 1, 1, 1, 1, 1, 0, 0, 1, 1, 0, 0, 1, 1, 1,
       0, 0, 1, 1, 0, 0, 1, 0, 1, 1, 1, 0, 1, 1, 0, 1, 0, 0, 0, 0, 0, 0,
       1, 1, 1, 1, 1, 1, 1, 1, 0, 0, 1, 0, 0, 1, 0, 0, 1, 1, 1, 0, 1, 1,
       0, 1, 0, 0, 0, 0, 1, 1, 1, 0, 0, 1, 1, 0, 1, 0, 0, 1, 1, 0, 0, 0,
       1, 1, 1, 0, 1, 1, 1, 0, 1, 0, 1, 1, 0, 1, 0, 0, 0, 1, 0, 1, 1, 1,
       1, 0, 0, 1, 1, 1, 1, 1, 1, 1, 0, 1, 1, 1, 1, 0, 1])
```

该输出结果显示了调参后的模型预测结果 y_pred1。

调参后的模型混淆矩阵结果：

此处学会混淆矩阵的生成方法。混淆矩阵的含义见本章【4.5.3 混淆矩阵及分类算法的评价指标】中的详解。

```
In[21]  #调参后的模型混淆矩阵结果
        matrix1 = metrics.confusion_matrix(y_test, y_pred1)
        matrix1
```

对应输出结果为：

```
array([[ 62,   1],
       [  3, 105]])
```

生成 rock 曲线的方法：from sklearn import metrics metrics. RocCurveDisplay. from _ predictions (y_test, y_pred1)

该输出结果显示了调参后的混淆矩阵结果。

调参后的模型准确度、精度分类指标评价结果：

In[22]
```
#调参后的模型准确度、精度分类指标评价结果
print("Accuracy1:",metrics.accuracy_score(y_test, y_pred1))
print("Precision1:",metrics.precision_score(y_test, y_pred1))
```

对应输出结果为：

```
Accuracy1: 0.9766081871345029
Precision1: 0.9905660377358491
```

该输出结果显示了调参后的模型分类指标准确度（Accuracy）、精度（Precision）分类指标值。通过与之前未调参的模型分类效果进行对比，可以发现准确度（Accuracy）、精度（Precision）值提升，混淆矩阵得出的结果也更好，分类效果显著提升。

4.5 重点与难点解读

分类分析的重点和难点解读如下：

4.5.1 参数解读——KNN、贝叶斯分类、SVM 和逻辑回归算法

以下通过表 4-14～表 4-17 对 KNN、贝叶斯分类、SVM 和逻辑回归算法的参数进行说明。

表 4-14 KNN 算法的参数及其解读

参数名称	参数含义	说明
n_neighbors	表示选取最近邻的个数 k	默认值是 5
weights	表示距离权重，本算法中默认 weights 为' uniform '，表示不考虑距离权重这个超参数	当各个邻近点的权重相等时，选用' uniform '；当距离远近对于结果影响较大时，选用' distance '；也可采用用户自定义函数
p	距离参数	常见值有 1 和 2，1 代表曼哈顿距离公式，2 代表欧氏距离公式
algorithm	表示选择的 KNN 模型算法类型	具体有' auto '，' ball_tree '，' kd_tree '，' brute ' 4 种类型可选

（续）

参数名称	参数含义	说　明
metric	距离度量方法，本算法使用欧氏距离	通常取值为' minkowski '，也就是 p = 2 的欧氏距离
leaf_size	停止建子树的叶子节点数量的阈值	为保证一定的搜索速度和限制占用内存大小，需要建子树。什么时候建子树？实现 KD 算法的第一步就是建树，即在搜索最近邻之前完成对树的构建。如何建？从 m 个样本的 n 维特征中，分别计算 n 个特征取值的方差，用方差最大的第 k 维特征作为根节点，将第 k 维特征的取值小于根节点的样本划入左子树，将第 k 维特征的取值大于等于根节点的样本划入右子树，递归生成 KD 树

表 4-15　贝叶斯分类算法的超参数及其解读

参数名称	参数含义	说　明
prior	表示样本类别的先验概率，默认情况下表示根据给定数据集计算先验概率，可通过数组结构的输入（如［0.6，0.4］）对先验概率进行调整	默认值为 None
var_smoothing	在估计方差时，为了追求估计的稳定性，将所有特征的方差中最大的方差以一定比例添加到估计的方差中。一般采用 GaussianNB 的调参实现对这一参数的调整	默认值为 1e-9

关于先验概率的含义，参见本书 P89 的表 4-11 的解读

表 4-16　svm. SVC 的超参数及其解读

参数名称	参数类型	说　明
C	浮点型，必须为正，默认值为 1.0	在 sklearn. svm. SVC 中使用的惩罚是 L2 范数的平方，C 对应的是此惩罚的正则化参数，即惩罚的系数。C 值越大，则表明对分类错误的惩罚越大，因此分类结果更倾向全正确的情况；C 值越小，则表明对分类错误的惩罚越小，因此分类结果将允许更多错误
kernel	可以是以下中的任意字符：' linear '，' poly '，' rbf '，' sigmoid '，' precomputed '；默认为' rbf '	核函数类型，' rbf '为径向基函数，' linear'为线性核，' poly '为多项式核函数
degree	类型 int，默认值为 3	当指定 kernel 为' poly '时，表示选择的多项式的最高次数，默认为三次多项式（poly）

（续）

参数名称	参数类型	说　明
gamma	'scale'、'auto'或者 float，默认值为'scale'（在 0.22 版本之前，默认为'auto'）	gamma 为'rbf'、'poly'、'sigmoid'的核系数。如果 gamma='scale'，则其值为 $\frac{1}{n\_features * X.var()}$，其中 n_features 是样本特征数，X.var()是数据的方差；当 gamma='auto'时，gamma 取值为 $\frac{1}{n\_features}$，其中 n_features 是样本特征数
decision_function_shape	默认为'ovr'，只有两个值可供选择'ovr'和'ovo'	在处理多分类问题时，确定采用哪种策略。'ovr'表示一对一的分类器，假如有 k 个类别，则需要构建 $k*(k-1)/2$ 个分类器；'ovo'为一对多的分类器，假如有 k 个类别，则需要构建 k 个分类器

gamma 为 rbf、poly、sigmoid 等核函数的系数

表 4-17　逻辑回归超参数及其解读

参数名称	参数含义	说　明
C	用于控制正则化的强度。此值与正则化的强度负相关，即 C 值越大，正则化越弱	默认值为 1.0
penalty	用于指定惩罚中使用的规范。“newton-cg”“sag”和“lbfgs”只支持 l2 正则化。'liblinear'支持 L1 和 L2 正则化。“elasticnet”只由“saga”solver 提供支持。如果“无”（不受线性求解器的支持），则不应用正则化	默认值为'l2'，具体参数值有{'l1'，'l2'，'elasticnet'，'none'}

此外，还有 class_weight 等参数，具体参数及其含义参见 scikit-learn 官网对 LogisticRegression 参数的介绍。

https://scikit-learn.org/stable/modules/generated/sklearn.linear_model.LogisticRegression.html#sklearn.linear_model.LogisticRegression

4.5.2　数据的变换处理

当样本数据集含有不同维度的物理量时，需要对样本数据进行“变换（Transform）”处理，目的是消除数据间不同量级的差异，常见的数据转换方法有“Max-Min 归一化（Max-Min Normalization）”和“Z-score 规范化”两种。

（1）Max-Min 归一化

$$X^* = \frac{X - X_{min}}{X_{max} - X_{min}} \tag{4-12}$$

式中，X^* 为归一化后的数据；X 为原始数据；X_{max} 和 X_{min} 分别为 X 的最

大值和最小值。

（2）Z-score 规范化

$$X^* = \frac{X-\mu}{\sigma} \tag{4-13}$$

式中，μ 为 X 的均值；σ 为 X 的标准差。

在数据分析中，数据的变换（Transforming）的本质为数据的特征缩放（Feature Scaling），通常涉及两种方法：规范化（Normalization）和标准化（Standardization）。最常用的规范化方法为 Max-Min 缩放（Min-Max Scaling），而最常用的标准化方法为 Z-score 规范化（Z-Score Normalization）。

4.5.3 混淆矩阵及分类算法的评价指标

混淆矩阵是分类算法的评价所用的基础工具。混淆矩阵如表 4-18 所示，可以对一个算法的性能表现进行可视化表达，矩阵的每一行代表一个实际类中的实例，而每一列代表一个预测类中的实例，反之亦然。

表 4-18 混淆矩阵

真实情况	预测结果	
	正 例	反 例
正例	TP（真正例）	FN（假反例）
反例	FP（假正例）	TN（真反例）

准确率/查准率（P）是正确预测的正例与总的正例预测值的比率，定义为：

$$P = \frac{TP}{TP+FP} \tag{4-14}$$

当样本集为严重不均衡集合（如正样本有 90 个，负样本却只有 10 个）时，查准率没有参考价值（只要将全部样本预测为正样本，准确率就可以达到 0.9）

召回率/查全率（R）是正确预测的正例与真实情况中所有观察值的比率，定义为：

$$R = \frac{TP}{TP+FN} \tag{4-15}$$

精度（Accuracy）是分类正确的样本数占样本总数的比例，定义为：

$$\text{Accuracy} = \frac{TP+TN}{TP+FN+FP+TN} \tag{4-16}$$

$F1$ 分数是基于查准率与查全率的调和平均，定义为：

$$F1 = \frac{2\times P\times R}{P+R} \tag{4-17}$$

F1 分数（F1-Score）的取值范围为 [0，1]：

（1）较高：模型的准确率和召回率均高

（2）较低：模型的准确率和召回率均均低

（3）中等：模型的准确率和召回率中的一个高，另一个低

4.5.4 极大似然估计

极大似然估计（Maximum Likelihood Estimation，MLE，亦称“最大似然估计”）是估计概率分布的参数 θ_c 的方法。令 D 和 x_i 分别表示训练集和训练集的第 i 个样本：

$$D = \{x_1, x_2, \cdots x_i, \cdots, x_n\} \tag{4-18}$$

当 D_c 为 D 的子集，表示训练集中属于第 c 个类别的样本组成的集合，当这些样本为独立同分布时，参数 θ_c 对于数据集 D_c 的似然（Likelihood）为：

$$L(\theta_c)=P(D_c \mid \theta_c)=\prod_{x\in D_c}P(x \mid \theta_c) \tag{4-19}$$

对参数 θ_c 进行极大似然估计是指找出能够最大化似然 $P(D_c|\theta_c)$ 的参数值 $\hat{\theta}$。由于公式 4-19 中“连乘（Π）”计算的结果通常会非常接近于 0，进而造成算术下溢，通常对其采取对数变换，将其变换为“连加（Σ）”运算，也就是所谓的“对数似然（log-likelihood）”：

算术下溢（或浮点数下溢）是指计算机浮点数计算的结果小于可以表示的最小数。

$$LL(\theta_c)=\ln P(D_c \mid \theta_c)=\sum_{x\in D_c}\ln P(x \mid \theta_c) \tag{4-20}$$

$\ln(ab)=\ln(a)+\ln(b)$

此时，参数 θ_c 的极大似然估计 $\hat{\theta}_c$ 为：

$$\hat{\theta}_c=\arg\max_{\theta_c} LL(\theta_c) \tag{4-21}$$

4.5.5 判别模型与生成模型

机器学习中的分类器可分为判别模型和生成模型，判别模型通过数据直接学习或估计条件概率 $P(y|x)$，即通过样本数据生成决策边界来进行分类。如图 4-37 所示，若预测的新样本落在虚线的右侧则被分类为红色。

图 4-37 中，右侧（右半部分）为红色。

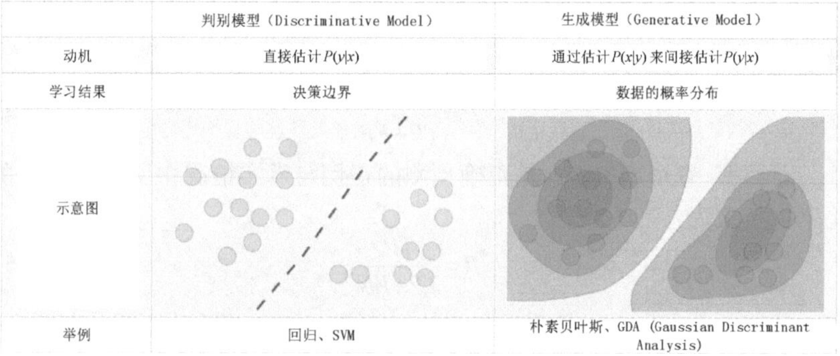

	判别模型（Discriminative Model）	生成模型（Generative Model）
动机	直接估计 $P(y\|x)$	通过估计 $P(x\|y)$ 来间接估计 $P(y\|x)$
学习结果	决策边界	数据的概率分布
示意图		
举例	回归、SVM	朴素贝叶斯、GDA（Gaussian Discriminant Analysis）

图 4-37　判别模型与生成模型的区别

生成模型需要使用样本的概率分布计算联合概率 $P(x,y)$，再对 $P(y|x)$ 进行估计，最终选择概率值最大的类别作为分类结果。与判别模型相比，生成模型不存在决策边界，如图 4-37 中对于新的样本通过计算该样本在不同类别下的后验概率，若在红色下的后验概率较大则被分类为红色。

4.5.6 类别不平衡问题

通常，多数分类算法都有一个潜在的共同假设——不同类别的训练样本的个数基本持平。以本章【4.4.1 使用 KNN 算法实现】为例，数据集一共有 569 个样本，标签为“良性（B）”的样本有 357 个，标签为“恶性（M）”的样本有 232 个。假如这 569 个样本中，只有 20 个样本是

诊断结果（diagnosis）为样本类别。

“恶性（M）”，其余都是“良性（B）”时，新的恶性样例很容易被误判为“良性（B）”病例，即所训练的模型无法检测任何“恶性（M）”病例。

在机器学习中，解决类别不平衡的方法为“重新缩放（rescaling）”，即对预测值进行调整（缩放）。以二分类问题为例，令 m^+和 m^-为训练集中正例和反例的个数，在预测值 y 缩放为y'后，有

英文名称为 Imbalanced Classification

$$\frac{y'}{1-y'}=\frac{y}{1-y}\times\frac{m^-}{m^+} \tag{4-22}$$

除了“重新缩放”之外，解决类别不平衡问题的常用方法有 3 种。

在机器学习中，欠采样和过采样常用于解决数据集中类别不平衡类问题。

1）欠采样（undersampling）法：对训练集中过多的类别对应的样本进行“欠采样”，即去除一些样本，使得正例和反例的数量接近。

2）过采样（oversampling）法：对训练集中过少的类别对应的样本进行“过采样”，即增加一些新样本，使得正例和反例的数量接近。

3）阈值移动（threshold-moving）：直接基于原始训练集进行学习，但在用训练好的分类器进行预测时进行“重新缩放”，并以缩放后的值作为决策依据。

“过采样”：在采样前，通过随机复制“过少数类别”中样本的方式，“补充”过少的类别。

“欠采样”：在采样前，通过随机丢弃“过多数类别”中样本的方式，“消减”过多的类别。

4.5.7 KD Tree 与 Ball Tree

KNN 算法的一个设计缺陷是 KNN 分类过程中需要大量的距离计算。因此，为了降低 KNN 算法中计算距离的次数，通常引入 KD Tree 或 Ball Tree 算法。

1）KD Tree 是二叉树在高维空间上的扩展，是将数据点在 k 维空间上分割为特定的几个部分，并通过计算未知分类实例与已知数据集中特定样本点（并非所有的样本数据）的距离，进而得到与未知分类实例最近的 k 个已知样本点。这种方法不需要将输入实例与训练集所有样本的距离都求出来，因此大大减少了计算量，提高了 KNN 算法的分类效率。KDTree 算法中的 k 值利用交叉验证法选取。

2）Ball Tree 算法改进了 KD Tree 的树形结构，弥补了 KD Tree 对于高维数据分类效率低下的不足。Ball Tree 是在一系列的超球体上进行数据分割，采用递归的方法将样本数据集中各个数据点划分为由质心和半径组成的节点，使得每个节点都位于由半径和质心定义的超球内，利用三角形“两边之和大于第三边”的定理来实现对搜索路径的优化，进而确定近邻搜索的样本点数量。与 KD Tree 相比，Ball Tree 虽然所需的计算成本较高，但对高维数据的分类效率更高。

在 KNN 算法中，如果数据维度较高（大于 20），Ball Tree 的性能优于 KD Tree。

4.5.8 GridSearchCV 及其原理

1. GridSearchCV 的含义

GridSearchCV 是 scikit-learn 提供的用于自动调整参数的工具，主要

由网格搜索（GridSearch）和交叉验证（CV）组成。

基本思路：穷举尝试某一参数取值的所有可能性后，选择最终输出表现为最好的参数值。

1）网格搜索（Grid Search）是一种在给定的范围内通过穷举搜索进行模型调参的方法。首先，列举某一模型若干超参的备选取值的所有组合方案；其次，针对超参的每一种组合方案分别训练模型，训练出多种候选模型并分别评估模型优度；最后，找出得分最高的模型所对应的超参取值组合方案。

2）交叉验证（CV）是一类对训练集、验证集、测试集以不同方式进行划分方法的统称。目的是通过每次使用不同的数据对模型进行训练和验证。以 k-折交叉验证（K-fold Cross-Validation）为例，当 $k=10$ 时，将训练集分为 10 个等份子集，依次选取 1 份子集作为验证集，其余的 9 份作为训练集进行模型训练（共 10 次训练）并计算其得分均值，如图 4-38 所示。

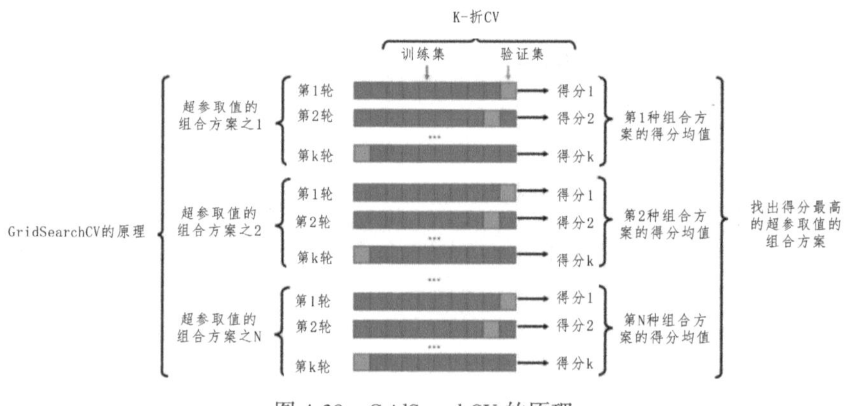

图 4-38　GridSearchCV 的原理

2. GridSearchCV( )函数的参数

Python 第三方包 scikit-learn 提供的 GridSearchCV( )函数有 4 个重要参数。

1）estimator：需要调参的模型，一般输入定义好的模型即可。

2）param_grid：需要优化的参数的候选取值，该部分需要输入字典或者列表变量，如 param_grid = {'n_estimator'：[1，2，3]}，代表遍历模型中参数 n_estimator 的不同取值。

3）socring：模型的评价方法，默认为 None。默认情况下会以误差估计作为标准，这里可以根据具体需求设置精度、准确率/查准率、召回率/查分率以及 F1 等不同的评价标准。

4）cv：交叉验证的参数，默认为 None。默认情况下使用 5-折交叉验证，可通过输入整数来设置交叉验证的折数。

3. GridSearchCV( )函数的返回值

Python 第三方包 scikit-learn 对 GridSearchCV 设置好参数后，可使用

以下方法对模型进行操作。

1）. fit（x，y）：输入特征变量 x 和标签 y 并运行 GridSearchCV。

2）. best_params：返回调参过程中得到表现最好的参数组合。

3）. predict（x）：输入特征变量并返回当前表现最佳的参数下的预测结果。

4）. best_estimator_：返回表现最佳的分类器。

5）. grid_scores_：返回不同参数下的模型评价结果。

6）. best_score_：返回当前表现最好的评分。

4.5.9 GaussianNB、MultinomialNB 和 BernoulliNB 的区别

朴素贝叶斯分类算法与其他算法相比逻辑相对简单，其算法对特征独立性的假设不一定符合现实中的应用场景。该算法在应用过程中需要根据数据集的变量属性选择合适的模型。模型的选择是提高分类准确率的重要手段。(如针对不同类型的特征变量可在 scikit-learn 中选择 GaussianNB、MultinomialNB 或者 BernoulliNB)。

1）GaussianNB 使用了高斯朴素贝叶斯算法进行分类，即假设模型中特征的似然符合正态分布，因此适用于连续变量居多的特征。

2）MultinomialNB 假设了模型中特征的似然符合多项式分布，因此适用于多元离散的特征变量，经常被应用于文本分类中，如单词出现的次数，单词的 TF/IDF 值等。

3）BernouliNB 假设了模型中特征的似然符合二元伯努利分布，适用于二元离散的特征变量，即特征变量为布尔变量或者只有两种取值的变量。

似然 $P(e|H)$ 的估计是贝叶斯公式的难点。为此，在贝叶斯分类时，通常假设似然 $P(e|H)$ 符合某种概率分布，如高斯分布、多项式分布、伯努利分布，这就是素朴贝叶斯的几个变体。

4.5.10 LabelEncoder 及其原理

LabelEncoder 是 scikit-learn 提供对数据进行编码转换的工具。当模型的特征变量中存在类别变量时，大多情况下都需要进行编码转换，如数据集中存在表示男女的变量，为便于后续模型的训练需要用 0 和 1 分别对男和女的取值进行替换。

LabelEncoder 默认输入的数据为离散数据，根据输入的数据记录编码标签，然后将其转换为 $0\sim n-1$ 的数（n 为编码标签的个数）。如输入数据为［0，0，3，3，3，7，7］，则 LabelEncoder 会记录并生成编码标签［0，3，7］进一步转换为［0，1，2］，最终将原始数据转换得到［0，0，1，1，1，2，2］，其中 0 表示原数据中 0，1 表示原数据中的 3，2 表示原数据中的 7。另外 LabelEncoder 也支持数据为文本标签的输入，即输入［'beijing'，'beijing'，'shanghai'］，则 LabelEncoder 会转换为［0，0，1］。

LabelEncoder 功能的实现可以调用 sklearn.preprocessing.LabelEncoder()。

对于 LabelEncoder 可以调用以下方法进行数据的编码和转换。

1）. fit（x）：输入数据并记录编码标签。

2）. classes_：返回输入 fit( ) 方法中数据的不同取值。

3）. transform（x）：根据 fit( ) 方法中生成的编码，对输入的数据进行转换。

4）. fit_transform（x）：对输入的数据进行编码并转换。

5）. inverse_transform（y）：对输入的数据根据 fit( ) 方法下的编码逆向转换。

4.6　习题

1. KNN 算法的 k 值是指(　　)。

A. k 个样本数据　　B. 训练集的数量为 k 个

C. 与输入样本最相邻的 k 个样本　　D. 测试集的数量为 k 个

2. 属于监督学习的有(　　)。

A. 朴素贝叶斯算法（NBC）　　B. k-means 算法

C. 基于密度聚类 DBSCAN 算法　　D. K-近邻算法（KNN）

3. KNN 算法的关键参数包括(　　)。

A. 训练集的特性　　B. K 值的选取　　C. 点距离的计算　　D. 样本数据点的多少

4. 以下关于贝叶斯分类法正确的是(　　)。

A. 贝叶斯分类法的运作原理源自贝叶斯定理

B. 贝叶斯分类法是无监督学习算法

C. 贝叶斯分类法均假设特征变量之间相互独立

D. 贝叶斯分类法的准确率高于其他分类算法

5. 以下关于贝叶斯分类法计算后验概率的方程中正确的是(　　)。

A. 先验概率可根据训练集中样本类别的频率进行估计

B. 类条件概率的估计可直接通过样本中的频率进行估计

C. 用于归一化的“证据”因子与样本类别的频率分布相关

6. 朴素贝叶斯算法假设了(　　)。

A. 样本不同类别的频率都相等　　B. 样本的特征之间相关性较大

C. 样本的特征相互独立　　D. 样本的每个特征对分类结果独立发生影响

7. 以下关于描述朴素贝叶斯算法的优缺点正确的是(　　)。

A. 准确率高于其他算法　　B. 算法运行速度快

C. 算法提出的独立性假设符合现实情况　　D. 算法逻辑简单易懂

8. 以下关于 scikit-learn 中朴素贝叶斯算法模型的描述错误的是(　　)。

A. GaussianNB 适用于特征为连续值的数据集　　B. MultinomialNB 适用于特征为多元离散值的数据集

C. BernoulliNB 适用于特征为连续值的数据集　　D. 以上均正确

9. 一个 SVM 存在欠拟合问题，能提高模型性能的方法是(　　)。

A. 增大惩罚参数 C　　B. 减小惩罚参数 C

C. 减小核函数系数（gamma 值）　　D. 增大核函数系数（gamma 值）

10. SVM 的分类效果依赖于(　　)。

A. 核函数的选择　　B. 核参数　　C. 软间隔参数 C　　D. 以上所有

11. 支持向量是那些最接近决策平面的数据点。

A. 对　　B. 错

12. 逻辑回归算法的主要应用场景是(　　)。

A. 分类　　B. 回归　　C. 聚类　　D. 降维

13. 逻辑回归与线性回归的关系是(　　)。

A. 线性回归是回归算法，逻辑回归是分类算法

B. 线性回归采用最小二乘法，逻辑回归采用极大似然估计

C. 线性回归要求因变量是连续性数值变量，逻辑回归要求因变量是分类型变量

D. 线性回归与逻辑回归是广义线性模型

14. 逻辑回归的损失函数为(　　)。

A. 平方损失函数　　B. 对数损失函数

C. HingeLoss0-1 损失函数　　D. 绝对值损失函数

15. 关于逻辑回归，以下说法正确的是(　　)。

A. 逻辑回归只可以应用于二分类问题　　B. 逻辑回归是监督学习算法

C. 逻辑回归需要对特征进行标准化　　D. 逻辑回归是一种广义线性模型

16. Sigmoid 函数的取值范围是(　　)。

A. (0, 1]　　B. [0, 1)　　C. (0, 1)　　D. (0, +∞)

17. 逻辑回归的优点主要包括(　　)。

A. 逻辑回归不需要对预测变量的分布做任何假设

B. 逻辑回归能够分析所有类型的预测变量

C. 逻辑回归的模型可解释性强

D. 逻辑回归可以同时处理两个以上的解释变量

18. 逻辑回归的缺点主要包括(　　)。

A. 当决策边界为非线性时，逻辑回归往往表现不佳

B. 假定特征和响应的对数几率之间是线性关系，不能自动学习特征交互

C. 对于高度相关的特征变量或自变量，表现欠佳

D. 对异常值敏感

4.7 主要参考文献及推荐阅读书目

[1] PERRIER A. Effective Amazon Machine Learning [M]. Birmingham: Packt Publishing Ltd, 2017.

[2] BIN F, JIANMIN X, YONGGANG Z, et al. Multi-Step Traffic Speed Prediction Based on Ensemble Learning on an Urban Road Network [J]. Applied Sciences-Basel, 2021, 11 (10): 4423.

[3] LANTZ B. Machine learning with R: expert techniques for predictive modeling, 3rd [M]. Birmingham: Packt publishing ltd, 2019.

[4] BROWNLEE J. Probability for machine learning: Discover how to harness uncertainty with Python [M]. Jason Brownlee, 2019: 101-108.

[5] CHANG A C. Intelligence-Based Medicine: Artificial Intelligence and Human Cognition in Clinical Medicine and Healthcare [M]. Saltlake City Academic Press, 2020.

[6] CORTES C, VAPNIK V. Support-Vector Networks [J]. Machine Learning, 1995, 20 (3): 273-297.

[7] CHEN D Y. Pandas for everyone: Python data analysis [M]. Massachusetts: Addison-Wesley Professional, 2017.
[8] Das, Sibanjan, and UmitMertCakmak. Hands-On Automated Machine Learning: A beginner's guide to building automated machine learning systems using AutoML and Python. Birmingham: Packt Publishing Ltd, 2018.
[9] HARIHARAN M, CHEE L S, AI O C, et al. Classification of Speech Dysfluencies Using LPC Based Parameterization Techniques [J]. Journal of Medical Systems, 2012, 36 (3): 1821-1830.
[10] HARRINGTON P. Machine learning in action [M]. NewYork: Simon and Schuster, 2012.
[11] HARRISON M. Machine Learning Pocket Reference: Working with Structured Data in Python [M]. Cambridge: O'Reilly Media, 2019.
[12] HINDI K E, SHAWAR B A, ALJULAIDAN R, et al. Improved Distance Functions for Instance-Based Text Classification [J]. Computational Intelligence and Neuroscience, 2020, 2020 (2): 1-10.
[13] KEERTHI S S, SHEVADE S K, BHATTACHARYYA C, et al. Improvements to Platt's SMO Algorithm for SVM Classifier Design [J]. Neural Computation, 2014, 13 (3): 637-649.
[14] MCKINNEY, W. Python for data analysis: Data wrangling with Pandas, NumPy, and IPython [M]. Cambridge: O'Reilly Media, Inc., 2012.
[15] MERTLER C A, VANNATTA R A. Advanced and multivariate statistical methods: Practical application and interpretation [M]. London: Taylor & Francis, 2016.
[16] MOREIRA J, CARVALHO A, HORVATH T. A general introduction to data analytics [M]. NewYork: John Wiley & Sons, 2018.
[17] NAVLANI A, FANDANGO A, IDRIS I. Python Data Analysis: Perform data collection, data processing, wrangling, visualization, and model building using Python [M]. Birmingham: Packt Publishing Ltd, 2021.
[18] RASHEED M A, CHAND P, AHMED S, et al. Use of artificial intelligence on Electroencephalogram (EEG) waveforms to predict failure in early school grades in children from a rural cohort in Pakistan [J]. PLOS ONE, 2021, 16 (2).
[19] REN G, SUN Y, LI M, et al. Cognitive spectroscopy for evaluating Chinese black tea grades (Camellia sinensis): near - infrared spectroscopy and evolutionary algorithms [J]. Journal of the Science of Food and Agriculture, 2020, 100 (10): 3950-3959.
[20] SHANG W, ZHU H, HUANG H, et al. The Improved Ontology kNN Algorithm and its Application [C] // IEEE International Conference on Networking. IEEE, 2006: 198-203.
[21] TAN L, CHEN Y, YANG R, et al. Empirical Research on the Effect of Collaborative Learning in Blended Learning Mode Based on KNN Algorithm [C] // ICIET 2020: 2020 8th International Conference on Information and Education Technology, 2020.
[22] VANDER P J. Python data science handbook: Essential tools for working with data [M]. Canbridge: O'Reilly Media, Inc., 2016.
[23] ZHU H, BASIR O. An adaptive fuzzy evidential nearest neighbor formulation for classifying remote sensing images [J]. IEEE Transactions on Geoscience & Remote Sensing, 2005, 43 (8): 1874-1889.
[24] 朝乐门. Python 编程：从数据分析到数据科学 [M]. 北京：电子工业出版社，2019.
[25] 贾俊平，何晓群，金勇进. 统计学 [M]. 7 版. 北京：中国人民大学出版社，2018.
[26] 李航. 统计学习方法 [M]. 北京：清华大学出版社，2012.
[27] 张良均，等. Python 数据分析与挖掘实战 [M]. 2 版. 北京：机械工业出版社，2019.
[28] 周志华. 机器学习 [M]. 清华大学出版社，2016.

第5章 聚类分析

与分类分析不同的是，聚类分析是一种无监督学习算法。分类算法中“类别（Class）”的名称是数据分析之前已知（数据集中已存在类别信息），而聚类分析中“类簇（Cluster）”是数据分析之前未知的，分类分析的目的是找出不同类别之间的“决策边界”，而聚类分析的目的是将样本划分成若干“类簇”，如图5-1所示。

人们通常所说的“类型”（如性别类型或性格类型），在分类分析中称之为“类别（Class）”，而在聚类分析中称之为“类簇（Cluster）”。关于“类簇”的定义，参见本章【5.3核心术语】。

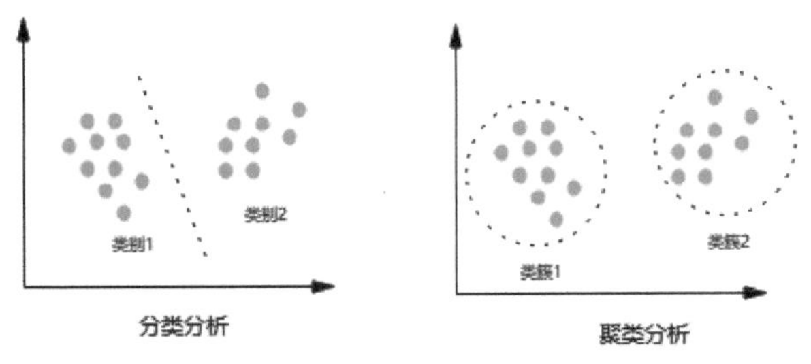

图5-1 分类分析与聚类分析区别示意图

以本书提供的案例为例，第4章分类分析中数据集bc_data的类别名称记录在字段Diagnosis（诊断结果，M为恶性，B为良性）中，训练集中每个样本的类别名称是已知的，即M和B的两种情况之一。在聚类算法中，训练数据集中每一个样本所属类簇是未知的，需要通过聚类分析后才能确定。例如，本章聚类分析中的数据集protein中，每一个样本中并没有自带其类簇信息。表5-1给出了分类分析和聚类分析的区别。

表5-1 分类分析和聚类分析的区别

	分类分析	聚类分析
命名方法	类别（Class）	类簇（Cluster）
算法类型	有监督学习	无监督学习
计算过程	分两个阶段进行	一个阶段直接完成
典型算法	决策树 贝叶斯分类 SVM	k-means DBScan 层次聚类

在聚类算法中，聚类后的划分称之为【cluster（类簇）】；在分类算法下中，叫做【class（类别）】。

5.1 应用场景

与回归分析和分类分析不同的是，聚类算法的返回结果为“分析要达到的目的或结果”，因此，聚类分析并非“以预测新样本”为目的来训练模型。

聚类算法的主要应用场景为将无标签的输入数据划分成若干个不相交的子集——“类簇（Clusters）”，然后发现数据集中的“结构（structure）”信息，如图 5-2 所示。例如，对数据集（见表 5-2）进行聚类分析，进而为每个样本找出所隶属的“类簇”（见表 5-3）。

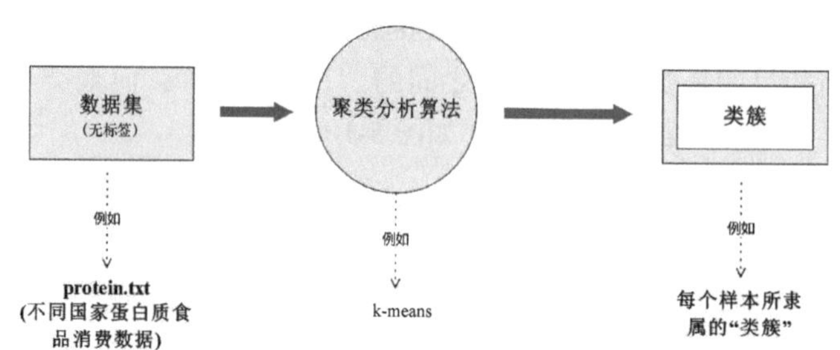

图 5-2　聚类算法的应用场景

数据集 Protein 为 Weber, A. 于 1973 年发布的数据集，主要估计了当时的欧洲 25 个国家的蛋白质平均消费数据。

表 5-2　数据集 Protein

Country	RedMeat	WhiteMeat	Eggs	Milk	Fish	Cereals	Starch	Nuts	Fr&Veg
Albania	10. 1	1. 4	0. 5	8. 9	0. 2	42. 3	0. 6	5. 5	1. 7
Austria	8. 9	14. 0	4. 3	19. 9	2. 1	28. 0	3. 6	1. 3	4. 3
Belgium	13. 5	9. 3	4. 1	17. 5	4. 5	26. 6	5. 7	2. 1	4. 0
Bulgaria	7. 8	6. 0	1. 6	8. 3	1. 2	56. 7	1. 1	3. 7	4. 2
Czechoslovakia	9. 7	11. 4	2. 8	12. 5	2. 0	34. 3	5. 0	1. 1	4. 0
Denmark	10. 6	10. 8	3. 7	25. 0	9. 9	21. 9	4. 8	0. 7	2. 4
E Germany	8. 4	11. 6	3. 7	11. 1	5. 4	24. 6	6. 5	0. 8	3. 6
Finland	9. 5	4. 9	2. 7	33. 7	5. 8	26. 3	5. 1	1. 0	1. 4
France	18. 0	9. 9	3. 3	19. 5	5. 7	28. 1	4. 8	2. 4	6. 5
Greece	10. 2	3. 0	2. 8	17. 6	5. 9	41. 7	2. 2	7. 8	6. 5
…	…	…	…	…	…	…	…	…	…

表 5-3　聚类结果

Country	RedMeat	WhiteMeat	Eggs	Milk	Fish	Cereals	Starch	Nuts	Fr&Veg	所隶属的类簇
Albania	10. 1	1. 4	0. 5	8. 9	0. 2	42. 3	0. 6	5. 5	1. 7	0
Austria	8. 9	14. 0	4. 3	19. 9	2. 1	28. 0	3. 6	1. 3	4. 3	4

（续）

Country	RedMeat	WhiteMeat	Eggs	Milk	Fish	Cereals	Starch	Nuts	Fr&Veg	所隶属的类簇
Belgium	13.5	9.3	4.1	17.5	4.5	26.6	5.7	2.1	4.0	4
Bulgaria	7.8	6.0	1.6	8.3	1.2	56.7	1.1	3.7	4.2	0
Czechoslovakia	9.7	11.4	2.8	12.5	2.0	34.3	5.0	1.1	4.0	0
Denmark	10.6	10.8	3.7	25.0	9.9	21.9	4.8	0.7	2.4	4
E Germany	8.4	11.6	3.7	11.1	5.4	24.6	6.5	0.8	3.6	4
Finland	9.5	4.9	2.7	33.7	5.8	26.3	5.1	1.0	1.4	3
France	18.0	9.9	3.3	19.5	5.7	28.1	4.8	2.4	6.5	4
Greece	10.2	3.0	2.8	17.6	5.9	41.7	2.2	7.8	6.5	0
…	…	…	…	…	…	…	…	…	…	…

5.2 算法原理

从实现原理看，聚类算法可以分为基于原型（prototype-based）聚类、基于密度（density-based）聚类和基于层次（Hierarchical）3种基本类型，如表5-4所示。

表5-4 聚类分析的3种基本类型

聚类策略	思路	常用算法
基于原型的聚类	以代表性样本作为划分“类簇”的依据	k-means和高斯混合聚类
基于密度的聚类	以样本集的密度特征作为划分“类簇”的依据	DBScan
基于层次的聚类	采取自底向上的“凝聚（Agglomerative）”或自顶向下的“裂（Divisive）”的聚类策略	AGNES（Agglomerative Nesting）

k-means和高斯混合聚类的主要区别在于后者引入了【概率】，计算每个样本归入每个类簇的概率。

1）基于原型的聚类：先找出若干个原型，每个原型代表一个“类簇”，其余样本按照某种策略（如“距离最短的原型”）归入特定的原型，以原型为“质心（centroid）”形成若干个类簇，并通过多次迭代上述过程，最终找出相对理想的聚类结果。常见的基于原型的聚类算法为k-means和高斯混合聚类算法。例如，k-means聚类中“k”的含义是该算法第1步中是随机的选取任意k个对象作为初始聚类的“原型”。随着算法的迭代，质心可能发生改变。

原型（prototype）是指在样本空间中具有代表性的样本。

在数学和物理学中，平面图形的“质心”或“几何中心”是图形中所有点的算术平均位置。

K是KNN算法第1步随机选取的原型的个数。

2）基于密度聚类：以样本之间的可连接性为前提，以找到可连接的样本为策略，不断扩展类簇的规模，最终找到一个相对“理想”的聚类结果。比较典型的基于密度的聚类算法为DBSCAN（Density-Based

在 DBSCAN 算法中，密度由半径 eps 和最小样本数 MinPts 决定，簇定义为密度相连的点的最大集合。

Spatial Clustering of Applications with Noise）。DBSCAN 采用密度作为划分簇的依据，即具有足够密度的区域将被划分为一簇，并可以在有噪声的空间数据中发现任意形状的簇。

分层聚类的关键在于选择合并点或者分类点，因为一旦一组对象被合并或者分裂，下一步的工作就是在“新形成的类”上进行。

3）基于层次的聚类：通过尝试“对给定数据集进行分层”的方式达到聚类的一种分析方法。根据分层分解采用的分解策略，分层聚类法又可以分为自底向上的“凝聚（Agglomerative）”的和自顶向下的“裂（Divisive）”的分层聚类。例如，AGNES（Agglomerative NESting）算法采用的是自底向上的“凝聚（Agglomerative）”策略，先将数据集中每一个样本视为一个初始类簇，然后通过多次迭代的方式将最近的两个类簇合并成更高层次的“类簇”，直至达到预设的类簇个数为止。

5.2.1　k-means 算法

k－means 算法是一种无监督学习的聚类算法，由 J B. MacQueen 于 1967 年提出。此图中的“聚类中心”是指“聚类质心”。

k-means 算法是一个经典的聚类算法，它接受输入量 k，然后将 n 个数据对象划分为 k 个聚类，使得所获得的聚类满足两个条件。

- 同一聚类中对象之间的相似度较高。
- 不同聚类中对象之间的相似度较小。

其中，“聚类相似度”是利用各聚类中对象的均值所获得一个“中心（质心）对象”的方式来计算的。k-means 算法的基本步骤如图 5-3 所示。

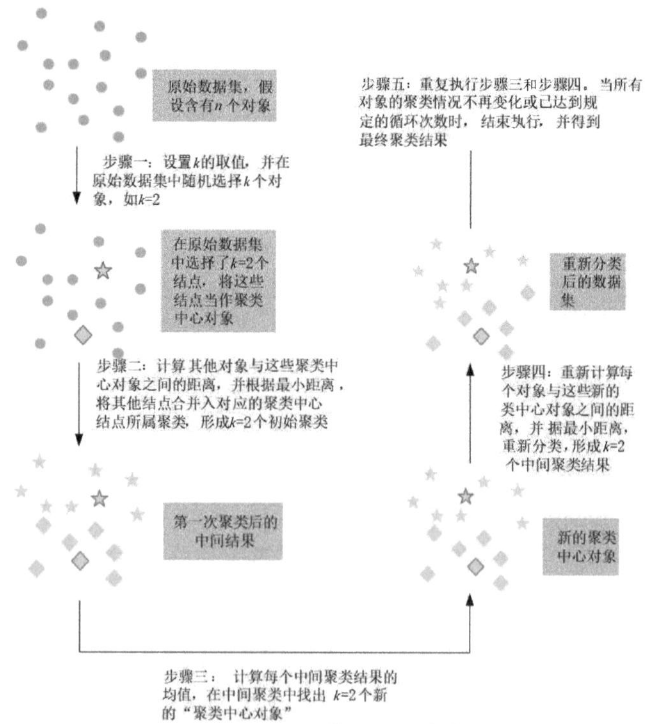

图 5-3　k-means 算法的基本步骤

5.2.2　聚类效果的评价

从一般意义上讲，**聚类分析**中的“聚类要求”有两个：一个是每个分组内部的数据具有比较高的相似性，即“簇内相似度高”；另一个是组间的数据具有较大的差异性，即“簇间相似度”低。因此，聚类效果的各种评价方法主要围绕上述两个要求展开。聚类效果的评价指标可以分为内部评价和外部评价两种，见表 5-5。

聚类分析的聚类要求：“簇内相似度”要高且“簇间相似度”要低。

表 5-5　聚类效果的评价方法

	内 部 评 价	外 部 评 价
思路	基于聚类后数据自身的特点进行评估，主要看“类间相似性”是否足够低，且“类内相似性”是否足够高	通过与训练集之外的“基准数据”进行对比分析，主要看与“基准数据”之间的相似度
举例	轮廓系数 Calinski-Harabaz 指数 SSE	Rand 指数 Jaccard 系数 标准化互信息（Normalized Mutual Information，NMI）

1）轮廓系数（Silhouette Coefficient）：样本 $\boldsymbol{i}$ 的轮廓系数的表示为：

$$S(\boldsymbol{i})=\frac{b(\boldsymbol{i})-a(\boldsymbol{i})}{\max(a(\boldsymbol{i}),b(\boldsymbol{i}))} \tag{5-1}$$

式中 $a(\boldsymbol{i})$ 代表“簇内不相似度”，即样本 $\boldsymbol{i}$ 到所属簇中其他数据点的平均距离；b($\boldsymbol{i}$)代表“簇间不相似度”，样本 **i** 到其他类簇的平均距离的最小值。

聚类结果的轮廓系数的取值在 [−1，1]，值越大，说明同类样本相距越近，不同样本相距越远，则聚类效果越好。

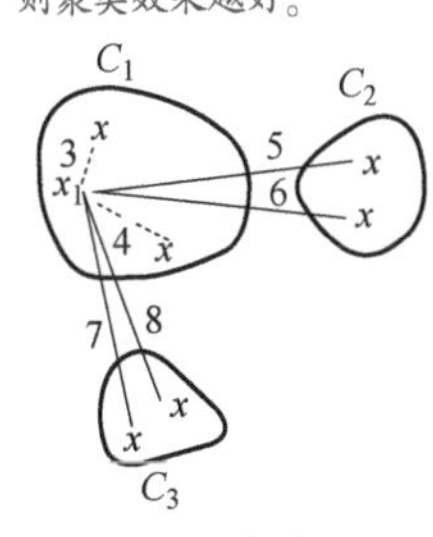

$a(x_1)=\frac{3+4}{2}=3.5$

$b(x_1)=\min\left(\frac{5+6}{2},\frac{7+8}{2}\right)=5.5$

$S(x_1)=\frac{5.5-3.5}{5.5}=\frac{2}{5.5}\approx 0.36$

轮廓系数的评价函数定义在 scikit-learn 包的 metrics 模块中，具体实现方式是调用 scikit-learn 包中的 silhouette_score( )，即可计算平均轮廓系数。

2）Rand 指数：Rand 指数（RI 指数，兰德指数）是一种外部评价方法，通过聚类结果与“基准数据”进行比较的方式，对聚类结果进行评价。

$$RI=\frac{2(a+d)}{m(m-1)} \tag{5-2}$$

式中，a 为在“聚类结果”中隶属于相同“类簇”，且“基准数据”中也“隶属”相同“类簇”的样本对的个数；d 为在“聚类结果”中并不隶属于相同“类簇”，且“基准数据”中也并不“隶属”相同“类簇”的样本对的个数；m 为训练集的大小。

通常，基准数据为另一个算法给出的预测值。

3）Jaccard 系数（JC 系数）：与 Rand 指数类似，JC 系数也是一种外部评价方法，区别在于将更多的对比因素纳入评价指标，但不考虑训练集的大小。

$$JC=\frac{a}{a+b+c+d} \tag{5-3}$$

式中，a 和 d 的含义与 Rand 指数一致；b 为在“聚类结果”中隶属于相同“类簇”，且“基准数据”中并不“隶属”相同“类簇”的样本对的个数；c 为在“聚类结果”中并不隶属于相同“类簇”，且“基准数据”中“隶属”相同“类簇”的样本对的个数。

在实际操作中，利用 silhouette_score( ) 方法函数实现的算法计算复杂度太高，运算速度较慢，而运用 calinski_harbasz_score( ) 方法的计算速度非常快。

4）Calinski-Harabasz 指数：定义了类内分散度和类间分散度的比率，该指数的实现方法是调用 scikit-learn 包中 metrics 模块的 calinski_harabaz_score( ) 方法。calinski_harbasz_score( ) 方法是通过评估不同类之间方差和类内方差来计算得分，其中 Calinski-Harabasz 得分的高低与聚类模型的好坏密切相关，得分越高，类簇的自身越紧密，类簇与类簇之间越分散，聚类结果则更优。

$$CH(k)=\frac{\mathrm{tr}(B_k)}{\mathrm{tr}(W_k)}\frac{n-k}{k-1} \tag{5-4}$$

式子中，k 为类簇个数，n 为训练集中的样本数，B_k 为类簇之间的协方差矩阵，W_k 为类簇内部样本的协方差矩阵，tr 为矩阵的迹。

5.3　核心术语

（1）类簇（Cluster）

设 $T>0$，若集合 G 中任意两个样本 x_i 和 x_j 之间的距离 $d(x_i,x_j)$ 满足：

$$d(x_i,x_j)\leqslant T \tag{5-5}$$

则成 G 为一个类簇（Cluster）。

在 k-means 算法中，根据给定的样本数据集划分 k 个聚类，其中每个聚类称为“类簇”，类簇中样本之间需要有一定的相似度。

在机器学习中常用的与类簇相关的统计量有类簇的中心（质心）和直径，如表 5-6 所示。

为了便于区分，本书将分类算法中 class 和聚类算法中 cluster 分别翻译成“类别”和“类簇”两个不同的中文。

表 5-6　类簇的常用统计量

统计量	含　义	公　式	参数解读
类簇的中心（质心）$\bar{x}$	类簇中所有样本的均值	$\bar{x}=\frac{1}{N}\sum_{i=1}^{N}x_i$	• G 为类簇 • N 为类簇 G 的样本个数 • x_i 为类簇 G 中的第 i 个样本 • $d(x_i,x_j)$ 为样本 x_i 和 x_j 之间的距离
类簇的直径 D	类簇中任意两个样本之间的最大距离	$D=\max_{x_i,x_j\in G}\cdot(x_i,x_j)$	

(2) 手肘法

手肘法是常用于聚类分析中的一种比较直观的调参策略，它的目的是找到手肘图（elbowplot）中的肘点（elbowpoint），如图 5-4 所示。

手肘法也可以用于聚类分析之外的其他分析活动，如 KNN 算法中 k 值的确定。

- 手肘图的横坐标为需要调节的参数，即要找到最优值的参数，如

k-means 算法中的 k。

- 手肘图的纵坐标为模型的评价指标（如损失函数）。
- 手肘图中的线条表示的是模型的损失函数跟着待调节的参数之间的变化情况。
- 通常，将手肘图的“肘点（elbowpoint）”所对应的横坐标值作为待调节参数的最优解，如图 5-4 中 $k=4$ 对应的点为“肘点”。

肘点，也叫拐点。

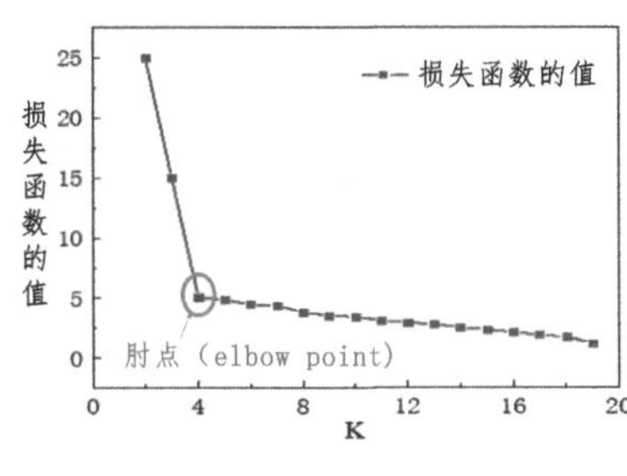

图 5-4 手肘图（elbowplot）

注意：不要与本书【4.3.2 学习曲线】中讲解的“学习曲线”混淆，两者横坐标的含义不同。

5.4 Python 编程实践——蛋白质消费特征分析

本例概述。

【数据及分析对象】 txt 文件——文件名为“protein. txt”，主要记录了 25 个国家的 9 个属性，主要属性如下。

该数据内容来自“欧洲各国蛋白质消耗量数据库”，见 https://github.com/levinyi/R_stuff/blob/master/ClusteringAnalysis/Practical-Machine-Learning-Cookbook/Chapter03/Data/Europenaprotein.csv

1）ID：国家的 ID。

2）Country（国家类别）：该数据集涉及 25 个欧洲国家肉类和其他食品之间的关系。

3）关于肉类和其他食品的 9 个数据包括 RedMeat（红肉）、WhiteMeat（白肉）、Eggs（蛋类）、Milk（牛奶），Fish（鱼类）、Cereals（谷类）、Starch（淀粉类）、Nuts（坚果类）、Fr&Veg（水果和蔬菜）。

【目的及分析任务】 理解机器学习方法在数据分析中的应用——采用 k-means 方法进行聚类分析。

1）将数据集导入后，在初始化阶段随机选择 k 个类簇进行聚类，确定初始聚类中心。

2）以初始化后的分类模型为基础，通过计算每一簇的中心点重新确定聚类中心。

通常，将一个类簇的中心点称之为“质心（centroid）”。

3）迭代重复“计算距离—确定聚类中心—聚类”的过程。

4）通过检验特定的指标来验证 k-means 模型聚类的正确性和合理性。

【方法及工具】 scikit-learn、pandas 和 matplotlib 等 Python 工具包。

5.4.1 业务理解

本例所涉及的业务为不同国家蛋白质消费结构分析，主要内容是从数据库中选取不同国家蛋白质食品的消费数据，在此基础上通过 k-means 算法模型对其进行迭代求解的聚类分析，最后评价聚类效果的优度。

5.4.2 数据读入

首先将该业务中文件名为“protein. txt”的数据内容读取出来，读取后的内容重新命名为 protein，实现方式为调用 pandas 包中 read_table( ) 方法，默认是由 Tab 分割的数据，并利用 head( )方法返回文件数据对象的前 5 行。

pandas 数据库对象的 head( ) 方法默认返回的是数据框的前 5 行。

sep='\ t'的含义为数据文件 protein. txt 中的分隔符为 Tab 符号（制表符）。

```
In[1]  protein = pd.read_table('protein.txt' ,sep='\t')
       protein.head()
```

对应输出结果如图 5-5 所示。

	Country	RedMeat	WhiteMeat	Eggs	...	Cereals	Starch	Nuts	Fr&Veg
0	Albania	10.1	1.4	0.5	...	42.3	0.6	5.5	1.7
1	Austria	8.9	14.0	4.3	...	28.0	3.6	1.3	4.3
2	Belgium	13.5	9.3	4.1	...	26.6	5.7	2.1	4.0
3	Bulgaria	7.8	6.0	1.6	...	56.7	1.1	3.7	4.2
4	Czechoslovakia	9.7	11.4	2.8	...	34.3	5.0	1.1	4.0

图 5-5　head( )方法的返回值（一）

5.4.3 数据理解

对数据框 protein 进行探索性分析，本例采用的实现方式为调用 pandas 包中数据框（DataFrame）的 describe( )方法。

```
In[2]  protein.describe()
```

对应输出结果如图 5-6 所示。

	RedMeat	WhiteMeat	Eggs	...	Starch	Nuts	Fr&Veg
count	25.000000	25.000000	25.000000	...	25.000000	25.000000	25.000000
mean	9.828000	7.896000	2.936000	...	4.276000	3.072000	4.136000
std	3.347078	3.694081	1.117617	...	1.634085	1.985682	1.803903
min	4.400000	1.400000	0.500000	...	0.600000	0.700000	1.400000
25%	7.800000	4.900000	2.700000	...	3.100000	1.500000	2.900000
50%	9.500000	7.800000	2.900000	...	4.700000	2.400000	3.800000
75%	10.600000	10.800000	3.700000	...	5.700000	4.700000	4.900000
max	18.000000	14.000000	4.700000	...	6.500000	7.800000	7.900000

图 5-6　describe( )方法的返回值（部分截图）

除了 describe( )方法，还可以调用 shape 属性和 pandas_profiling 包对数据框进行探索性分析。以 shape 属性为例：

```
In[3]  protein.shape
```

对应输出结果为：

```
(25, 10)
```

5.4.4　数据准备

在进行不同国家蛋白质消费结构分析时，要把对信息分析有用的数据提取出来，即关于肉类和其他食品的 9 列。具体实现方式为调用 pandas 包中数据框的 drop( )方法，删除列名为“Country”的数据。

```
In[4]  sprotein = protein.drop(['Country'], axis=1)
       sprotein.head()
```

对应输出结果如图 5-7 所示。

	RedMeat	WhiteMeat	Eggs	Milk	Fish	Cereals	Starch	Nuts	Fr&Veg
0	10.1	1.4	0.5	8.9	0.2	42.3	0.6	5.5	1.7
1	8.9	14.0	4.3	19.9	2.1	28.0	3.6	1.3	4.3
2	13.5	9.3	4.1	17.5	4.5	26.6	5.7	2.1	4.0
3	7.8	6.0	1.6	8.3	1.2	56.7	1.1	3.7	4.2
4	9.7	11.4	2.8	12.5	2.0	34.3	5.0	1.1	4.0

图 5-7　head( )方法的返回值（二）

将待聚类数据提取后，需要对该数据集进行以均值为中心的标准化处理，在此采用的是统计学中的 Z-Score 标准化方法。

关于 Z-Score 标准化方法，参见本书【3.5.2 Z-Score 标准化】。

```
In[5]  sprotein_scaled = preprocessing.scale(sprotein)
       sprotein_scaled
```

对应输出结果如图 5-8 所示。

由于篇幅原因，在此只显示前 7 个国家数据。

```
[[ 0.08294065 -1.79475017 -2.22458425 -1.1795703  -1.22503282  0.9348045
  -2.29596509  1.24796771 -1.37825141]
 [-0.28297397  1.68644628  1.24562107  0.40046785 -0.6551106  -0.39505069
  -0.42221774 -0.91079027  0.09278868]
 [ 1.11969872  0.38790475  1.06297868  0.05573225  0.06479116 -0.5252463
   0.88940541 -0.49959828 -0.07694671]
 [-0.6183957  -0.52383718 -1.22005113 -1.2657542  -0.92507375  2.27395937
  -1.98367386  0.32278572  0.03621022]
 [-0.03903089  0.96810416 -0.12419682 -0.6624669  -0.6851065   0.19082957
   0.45219769 -1.01358827 -0.07694671]
 [ 0.23540507  0.8023329   0.69769391  1.13303099  1.68457011 -0.96233157
   0.3272812  -1.21918427 -0.98220215]
 [-0.43543839  1.02336124  0.69769391 -0.86356267  0.33475432 -0.71124003
   1.38907137 -1.16778527 -0.30326057]
```

图 5-8　sprotein_scaled 的当前值

5.4.5　模型训练

在使用 k-means 算法对其数据集进行聚类之前，我们在初始阶段产生一个随机的 k 值作为类簇的个数。在 scikit-learn 框架中，使用“决定系数”作为性能评估的分数（score），该参数可以判断不同分类情况的统计模型对数据的拟合能力。本例具体的代码实现方式是调用 sklearn. cluster 模块的 k-means. fit( ). score( )方法。

In[6]
```
#K 值的选择
from sklearn.cluster import KMeans
NumberOfClusters = range(1, 20)
kmeans = [KMeans(n_clusters=i) for i in NumberOfClusters]
score = [kmeans[i].fit(sprotein_scaled).score(sprotein_scaled) for i in range(len(kmeans))]
score
```

对应输出结果为：

```
[-225.00000000000006, -139.50737044831814, -110.40242709032154,
-90.41954159596904, -75.85361543875909, -63.02676236915098, -57.30291144385039,
-47.23554230435727, -41.2179400303169, -36.27917692689471, -30.42916411649433,
-27.94615900641384, -22.53931765831427, -19.994779808483038, -16.721069352076587,
-14.456835924747311, -11.147469222103833, -8.545460381665688, -6.704106008601115]
```

上面的输出结果为每一个 kmeans（n_clusters=i）（1≤i≤19）的预测值，为更直观地观察每个值的变化情况，可绘制一个 ROC 曲线。具体实现方式是调用 matplotlib 包的 pyplot( )方法。

In[7]
```
import matplotlib.pyplot as plt
%matplotlib inline
plt.plot(NumberOfClusters,score)
plt.xlabel('Number of Clusters')
plt.ylabel('Score')
plt.title('Elbow Curve')
plt.show()
```

对应输出结果如图 5-9 所示。

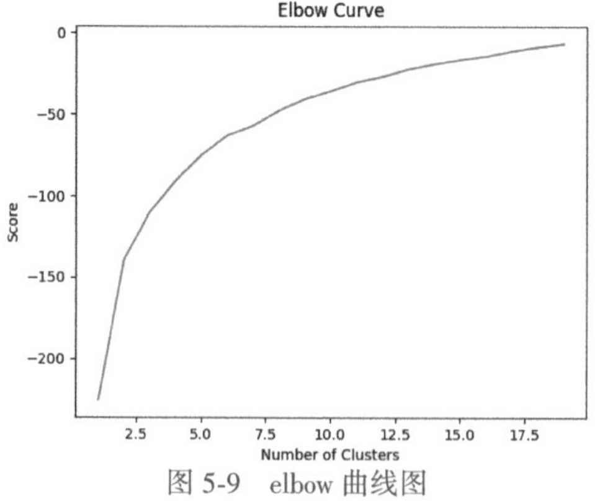

图 5-9　elbow 曲线图

接着，随机设定聚类的数量为 5，并以此为基础在数据矩阵上执行均值聚类，并查看模型预测结果，本例具体实现方式是调用 scikit-learn 包的 KMeans( )方法和 predict( )方法，其中 KMeans( )方法需要设置的主要参数如下。

通常，将这种寻找最优 k 值的方法称之为“elkan 方法”，参见本章【5.5.3 elkan 方法】。

1）algorithm 在本节使用默认值 “auto”，表示使用 k-means 中的 elkan 或 full 算法，由样本数据的稠密程度决定。

2）n_cluster 表示分类簇的数量。

n_cluster 即 k-means 的 k 值。

3）n_init 表示运行该算法的尝试初始化次数。

4）max_iter 表示最大的迭代次数。

5）verbose 表示日志信息，这里使用默认“0”值，不输出日志信息。

```
y_k-means =myKMeans.predict(sprotein)

myKmeans = KMeans(algorithm="auto"
                 ,n_clusters=5
                 ,n_init=10
                 ,max_iter=200
                 ,verbose=1)

myKmeans.fit(sprotein_scaled)
y_kmeans = myKmeans.predict(sprotein)
print(y_kmeans)
```

对应输出结果为：

```
kmeans(max_iter=200, n_clusters=5)
[1 2 2 1 0 3 2 3 2 1 1 2 1 2 3 0 4 1 4 3 2 2 1 2 1]
```

通过以上分析，由确定的 k=5，将数据集 protein 划分成了 5 个类簇，类簇编号为 0，1，2，3，4。接下来，显示每个样本所属的类簇编号。

n_clusters=5 的含义为 k=5。

```
In[9]  protein["所隶属的类簇"]=y_kmeans
       protein
```

对应输出结果如图 5-10 所示。

	Country	RedMeat	WhiteMeat	Eggs	Milk	Fish	Cereals	Starch	Nuts	Fr&Veg	所隶属的类簇
0	Albania	10.1	1.4	0.5	8.9	0.2	42.3	0.6	5.5	1.7	0
1	Austria	8.9	14.0	4.3	19.9	2.1	28.0	3.6	1.3	4.3	4
2	Belgium	13.5	9.3	4.1	17.5	4.5	26.6	5.7	2.1	4.0	4
3	Bulgaria	7.8	6.0	1.6	8.3	1.2	56.7	1.1	3.7	4.2	0
4	Czechoslovakia	9.7	11.4	2.8	12.5	2.0	34.3	5.0	1.1	4.0	0
5	Denmark	10.6	10.8	3.7	25.0	9.9	21.9	4.8	0.7	2.4	4
6	E Germany	8.4	11.6	3.7	11.1	5.4	24.6	6.5	0.8	3.6	4
7	Finland	9.5	4.9	2.7	33.7	5.8	26.3	5.1	1.0	1.4	3
8	France	18.0	9.9	3.3	19.5	5.7	28.1	4.8	2.4	6.5	4
9	Greece	10.2	3.0	2.8	17.6	5.9	41.7	2.2	7.8	6.5	0
10	Hungary	5.3	12.4	2.9	9.7	0.3	40.1	4.0	5.4	4.2	0

图 5-10 protein 的当前值

5.4.6 模型评价

可见，k-means 算法可以完成相对应的聚类输出。接下来，引入轮廓系数对算法聚类结果进行评价。本例采用的实现方式为调用 Bio 包中 Cluster 模块的 kcluster( )方法，并调用 silhouette_score( )方法返回所有样本的轮廓系数，取值范围为［-1，1］，轮廓系数值越大越好。

关于 silhouette_score( )方法参见本章【5.2.2 聚类效果的评价】

In[10]
```
clusterid, error, nfound = kcluster(protein1, clusters, dist='u', npass=100)
silhouette_avg = silhouette_score(protein1, clusterid, metric='cosine')
```

对应结果输出如图 5-11 所示。

输出结果如图 5-11 所示，可以看到当 k=4 时具有最大的轮廓系数。

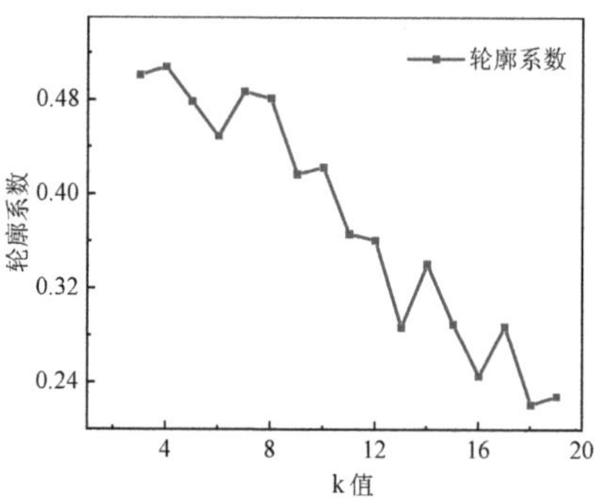

图 5-11　k 值及其轮廓系数

5.4.7 模型调参

模型调参是对模型的超参数进行优化，使得模型的偏差最小。在 k-means聚类算法中，调参方法可分为手肘法（依据斜率突变点）、轮廓系数法（依据点的最大值）和间隔统计量法（依据正负突变点）。在 5.4.6 节中得到了轮廓系数曲线，轮廓系数的最大值将是模型超参数 k 的最优值。

在此，选取“手肘法（elbowmethod）”，具体做法及步骤如下。

参见本章【5.3 核心术语】。

1）以迭代方式选取 k 的值（从 2~19），并逐个读入 KMeans( )方法，记录每次聚类的损失函数值。

2）以 k 值为 x 轴，以损失函数作为 y 轴绘制“手肘曲线（elbowplot）”。

3）在“手肘曲线”上，选取拐点作为 k 值的最优值。

由以上分析结果可知，进一步确定聚类中心的数量为 4，并以此为基础在样本数据集 protein 上执行聚类，具体实现方式是调用 scikit-learn 包的 KMeans( )方法。

In[11]
```
param_test= {'n_clusters':np.arange(2,19,1)}
gridsearch = GridSearchCV (estimator = KMeans (), param_
grid = param_test,cv=5)
print(gridsearch.fit(protein['RedMeat','WhiteMeat','Eggs']))
print_kmcluster(4)
```

对应输出结果如图 5-12 所示。

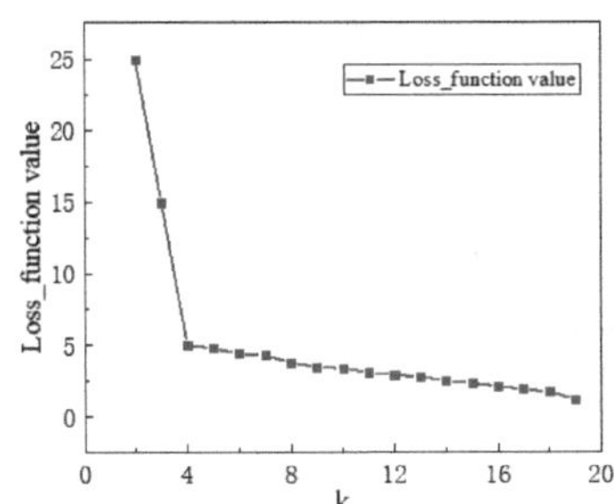

图 5-12　损失函数与 k 值关系

5.4.8　模型预测

为更直观地显示聚类之后的效果图，调用 scikit-learn 包的KMeans( )方法构造聚类数为 4 的聚类器，并利用 fit( )方法实现聚类过程，最后使用 matplotlib 包的 pyplot( )方法输出图形。

In[12]
```
estimator = KMeans (algorithm = "auto", n_clusters = 4, n_
init=10, max_iter=200, verbose=0)
estimator. fit(sprotein_scaled)
plt. plot([ sprotein_scaled[ j:j+1, 0]], [ sprotein_scaled
[j:j+1,1]], mark[i], markersize = 9)
plt. show()
```

对应输出结果如图 5-13 所示。

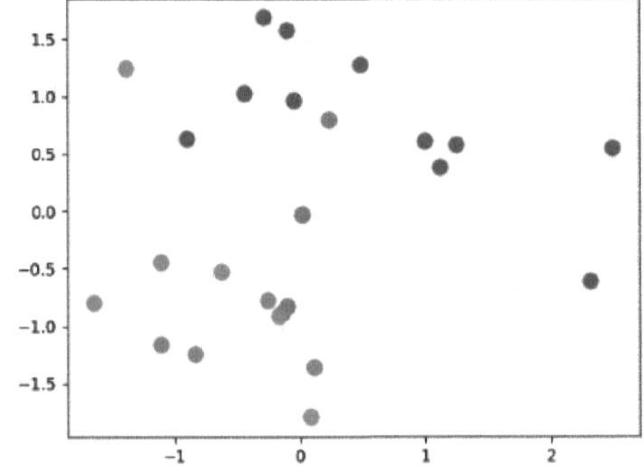

图 5-13　优化后的分类结果

5.5 重点与难点解读

聚类分析算法的重点和难点解读如下。

5.5.1 参数解读——k-means 算法

表 5-7 是对 k-means 算法参数的说明。

表 5-7 k-means 算法的参数及其解读

参数名称	参数含义	备注
n_clusters	分类簇的数量	即设定的 k 值，也是要产生中心点（质心）的数量
n_init	确定不同聚类中心后迭代算法的次数	最终结果是 n_init 连续运行的最佳输出，默认值为 10
max_iter	单次运行的最大迭代次数	默认值一般取 300
algorithm	使用的 k-means 算法类别	有“auto”“full”和“elkan”3 种选择，本算法选用“auto”
verbose	是否输出详细信息	默认为“0”，表示不输出信息；“1”表示每隔一段时间打印一次日志信息；大于 1 表示打印次数频繁

k-means 算法的一个设计缺陷在于其最终聚类结果对初始中心（质心）的选择极度敏感。初始中心点（质心）的选择不仅会影响聚类结果，也会影响聚类需要的迭代次数。因此，使用 k-means 算法的难点在于对初始中心节点的选择。

k-means++并非是 k-means 算法的改进版本。k-means++是由 Arthur, David 和 Sergei Vassilvitskii 提出的，首次发表于论文 Arthur, David, and Sergei Vassilvitskii. k-means++: The advantages of careful seeding. Stanford, 2006.

即与最近的质心距离最大的点最有可能被选为下一个质心。

5.5.2 k-means++方法

从 k-means 的算法原理可以看出，该算法对于初始中心点（质心）的选择是敏感的，选择不同的初值对于簇划分规则会产生一定的影响，因此，为了避免这种敏感性对结果带来的异常性，通常引入一种优化初始聚类中心的选择策略——k-means++算法。

k-means++是一种为 k-means 聚类算法选择初始值的算法，其基本思路为：当已经选择出 n（$1\leqslant n<k$）个初始聚类中心时，第 $n+1$ 个初始聚类中心（质心）更大概率将会从距离前 n 个聚类中心（质心）较远的数据点中确定。具体实现步骤如下：

1）从数据点（样本集）中随机选择第一个中心点（质心）。

2）对于每个数据点（样本），计算它与最近的、先前选择的中心点的距离。

3）从数据点中选择下一个中心点，使得选择一个点作为中心点的概率与其与最近的、先前选择的中心点的距离成正比。

4）重复步骤2）和3），直到采样到 k 个中心点（质心）。

5.5.3 elkan方法

从k-means的原理可以看出，如何减少相似度计算量是优化k-means算法的重要任务。因此，是否引入优化机制，跳过没有必要计算的部分距离，进而降低计算量是k-means算法在实际应用时需要考虑的第二个问题——k值的选择。

k-means算法设计的另一个缺陷是计算量过高，尤其是当样本量多或初始中心点（质心）的选择不理想时。

在scikit-learn机器学习包中，k-means算法参数algorithm的可选值有“auto”“full”“elkan”。

“full”就是一般意义上的k-means算法，在运行k-means算法时，如果数据较为稠密，就选择elkan k-means，否则就使用full算法。

elkan算法以减少多余的距离计算为目标，利用三角形两边之和大于等于第三边，以及两边之差小于第三边的三角定理来实现计算，提高了算法的迭代速率。该算法的实质是运用加法运算代替传统k-means算法大量迭代过程中不必要的距离计算，避免了对数据点到冗余聚类中心的距离计算。

elkan算法由Elkan和Charles提出，首次发表于论文 Elkan, Charles." Using the triangle inequality to accelerate k-means." Proceedings of the 20th international conference on Machine Learning (ICML-03). 2003.

elkan算法的三角判定原理可描述为：设样本数据集为 $X=\{x_1,x_2,\cdots,x_n\}$，聚类中心集为 $C=\{c_1,c_2,\cdots,c_k\}$，$d(,)$表示两点间的距离，若 x_i为数据集 X 的第 i 个数据点，c_m和 c_n是 C 中的两个质心，已知计算得到 x_i与其中一个质心 c_m的距离为 $d(x_i,c_m)$，c_m和 c_n两个质心之间的距离为 $d(c_m,c_n)$，如果有 $2d(x_i,c_m)\leqslant d(c_m,c_n)$，且由于 $d(x_i,c_m)+d(x_ic_n)>d(c_m,c_n)$，则可推导出 $d(X_i,c_m)<d(X_i,c_n)$，就可以得知 $d(x_i,c_m)\leqslant d(x_i,c_n)$，这样就省略了对数据点 x_i与 c_m的计算。

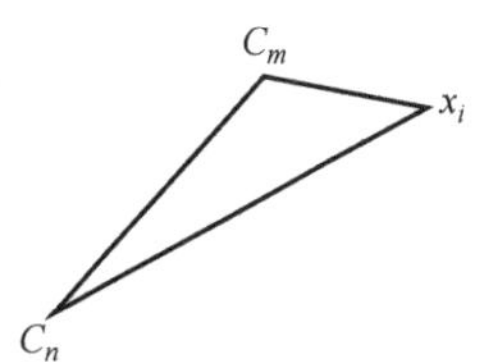

5.6 习题

1. k-means算法的 k 个初始聚类中心是(　　)确定的。

A. 取中心值　B. 随机选取　C. 按顺序取值　D. 依据权重大小

2. k-means算法参数algorithm可以设定为(　　)类别。

A. full　B. elkan　C. auto　D. k-means

3. 以下k-means算法实现聚类的过程正确的是(　　)。

(1) 将数据集中的每个点分配到最近一个类簇中

(2) 计算每个类簇所有点的平均值，将平均值作为对应簇新的质心

(3) 随机确定 k 个数据点作为初始聚类中心（簇）

(4) 循环以上步骤，直到质心不变或满足一定的迭代次数

A. 1234　B. 2134　C. 3214　D. 3124

4. 以下属于k-means算法优点的是(　　)。

A. K值容易确定　B. 原理简单，容易实现　C. 可解释性较强　D. 对异常点不敏感

5. 常见的聚类算法有(　　)。

A. k-means 聚类　B. 高斯混合聚类　C. 密度聚类　D. 层次聚类

6. 在 k-means 算法中，引入 k-means++算法是为了解决：(　　)。

A. 初始簇类中心的选取问题

B. 对初始节点选择的敏感性问题

C. 距离计算的公平性问题

D. 对孤立点的敏感性问题

7. 以下属于 k-means 算法评价方法的是(　　)。

A. SSE (簇内误方差)　B. 轮廓系数

C. 兰德系数　D. Calinski-Harabaz 指数

8. k-means 算法属于(　　)类别的聚类算法。

A. 层次聚类　B. 基于原型的聚类

C. 最大期望算法　D. 基于密度的聚类算法

9. 以下描述中正确的是(　　)。

A. k-means++是 k-means 算法的更新版本

B. k-means++是一种为 k-means 聚类算法选择初始值的算法

C. k-means++与 k-means 算法无关

D. k-means++不是算法

10. 在 scikit-learn 机器学习包中，k-means 算法参数 algorithm 的可选值有(　　)。

A. auto　B. full　C. elkan　D. brute

5.7 主要参考文献及推荐阅读书目

[1] MACQUEEN J. Some methods for classification and analysis of multivariate observation [C] //Proceedings of the 5th Berkeley Symposium on Mathematical Statistics and Probability. Berkeley: University of California Press, 1967: 281-297.

[2] MCKINNEY, W. Python for data analysis: Data wrangling with Pandas, NumPy, and IPython [M]. Cambridge: O'Reilly Media, Inc., 2012.

[3] WU T, SHAO J, GU X, et al. Two-stage image segmentation based onnonconvex 2 p approximation and thresholding [J]. Applied Mathematics and Computation, 2021, 403: 126168.

[4] VANDERPLAS J. Python data science handbook: Essential tools for working with data [M]. Cambridge: O'Reilly Media, Inc., 2016.

[5] ZSOMBOR P, ARPAD T, ZSOLT S. A survey of new orientations in the field of vehicularcybersecurity, applying artificial intelligence based methods [J]. Transactions On Emerging Telecommunications Technologies, 2021: e4325.

[6] 朝乐门. Python 编程：从数据分析到数据科学 [M]. 2 版. 北京：电子工业出版社，2021.

[7] 朝乐门. 数据科学——基于 Python 语言 [M]. 北京：人民邮电出版社，2020.

[8] 朝乐门. 数据科学理论与实践 [M]. 2 版. 北京：清华大学出版社，2020.

[9] 贾俊平，何晓群，金勇进. 统计学 [M]. 7 版. 北京：中国人民大学出版社，2018.

[10] 李航. 统计学习方法 [M]. 北京：清华大学出版社，2012.

[11] 周志华. 机器学习 [M]. 清华大学出版社，2016.

第6章　集成学习

集成学习是指运用多个“个体学习器（Individual Learner）”及其“集成策略”来完成学习任务的机器学习方法。因此，集成学习过程可大致分为两个阶段：个体学习阶段和合并（或集成）个体学习结果阶段，如图6-1所示。简单算法，如决策树、逻辑回归、SVM和KNN算法等均可以作为集成学习中的“个体学习器”。

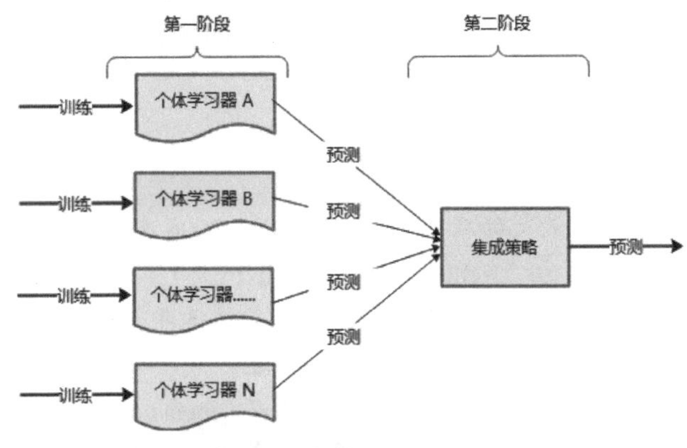

图6-1　集成学习的示意图

集成学习的主要动机在于克服单独使用“个体学习器”时产生的“过拟合”或“欠拟合”现象。同一个集成学习的多个“个体学习器”可以分为同质集成学习和异质集成学习，如表6-1所示。

1）同质或同一类型的算法，称之为“同质集成学习（homogeneous ensemble）”。例如，随机森林是由多个决策树组成的集成学习算法。

> 同质集成学习中，个体学习器称为“基学习器（Base Learner）”。

2）异质或不同类型的算法，称之为异质集成学习（heterogeneous ensemble）。例如，在一个数据分析项目中，数据分析师可以使用投票机制作“集成策略”，将决策树、SVM和逻辑回归作为“个体学习器”，自定义出一种异质集成学习方法。

> 异质集成学习中，个体学习器称为“组件学习器（Component Learner）”。

表6-1　同质集成学习和异质集成学习

	同质集成学习	异质集成学习
特征	个体学习器为同质或同一类型算法	个体学习器为异质或不同类型的算法

（续）

	同质集成学习	异质集成学习
举例	随机森林	使用投票机制结合决策树、SVM和逻辑回归来改进预测结果的用户自定义算法
个体学习器的名称	基学习器（Base Learner）	组件学习器（Component Learner）

6.1 应用场景

近年来，集成学习已成为数据分析类竞赛（如KDD Cup竞赛）获奖作品的首选策略。2009年9月，Nexflix公司将Netflix Prize的百万美元大奖颁发给BellKor's Pragmatic Chaos团队，并拒绝给另一个成绩更好的团队，这个团队的名字叫The Ensemble。

集成学习的主要应用场景为“个体学习器（Individual Learner）容易产生欠拟合或过拟合，无法胜任数据分析的任务”。通过集成学习，可以实现分类、回归、聚类等多个学习目的。

Netflix大奖

Netflix是美国最大的在线DVD租赁商。2006年10月，Netflix公司宣布启动一项名为“Netflix大奖（NetflixPrize）”的推荐系统算法竞赛。该奖的奖金高达100万美金，周期长达3年，吸引了超过5万名计算机科学家、专家、爱好者的激烈角逐。

Netflix大奖的主要要求很明确——“以Cinematch（当时的Netflix正在使用的推荐系统）为基准，并规定推荐效率至少提高10%才有资格获得100万美元的奖励”。竞赛刚开始，大家觉得‘这个10%的目的应该并不难’，于是纷纷加入参赛队伍。但是，后来才意识到‘这个10%，简直是无法逾越的瓶颈’。直至2009年6月26日，一个名叫BellKor's Pragmatic Chaos的团队第一次达到“获奖资格”，他们的成绩是“把推荐效率提高了10.06%”，他们的方案结合了因子模型、回归模型、玻尔兹曼机、矩阵分解、K-近邻等多种模型。之后，按照比赛规则，Netflix公司宣布进入最后30天的决赛。如果没有其他的队伍提交的算法超越BellKor's Pragmatic Chaos团队，那么他们无疑就是这场比赛的最大赢家。

但是，就在决赛第29天，另一个名叫The Ensemble的团队提交了自己的算法，并超过了BellKor's Pragmatic Chaos团队的成绩。更有戏剧性的是，Netflix将100万美金大奖授予给了BellKor's Pragmatic Chaos团队（见图6-2），Netflix的解释是这样的——The Ensemble虽然在性能上略有超过了BellKor's Pragmatic Chaos团队（见图6-3），但BellKor's Pragmatic Chaos团队提交的更早。

图 6-2 BellKors Pragmatic Chaos 团队获得 Netflix 奖

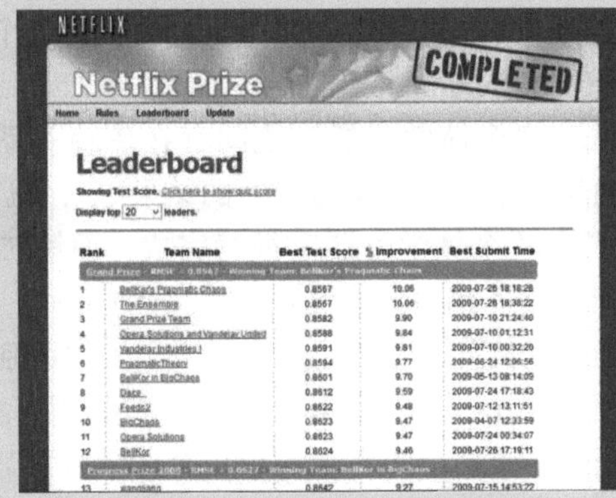

图 6-3 Netflix 奖公测结果

但是，人们后来发现了一个更“奇怪”的现象——获得这个高达100 万美元的 Netflix 大奖的算法一直没有被投入使用。Netflix 高管透露的主要原因是该算法过于复杂。

6.2 算法原理

从集成学习的定义可以看出，集成学习是通过“集成策略（或整合策略）”将多个“个体学习器”的结果“合并”成最终结果的一种学习方法。也就是说，集成学习有两个关键点：一个是如何构建具有差异性的基分类器；另一个是如何对基分类器的结果进行集成（或整合），即“集成策略（或整合策略）”的选择。根据“集成策略（或整合策略）”的不同，集成学习可以分为 3 种子类型，即 Bagging 法、Boosting 法和 Stacking 法，如图 6-4 所示。

集成学习的两个核心问题：一是个体学习器（基学习器或组件学习器）的差异性；二是集成策略（Bagging，Boosting 和 Stacking）的选择

图 6-4　集成学习算法的分类

类似三个臭皮匠，赛过诸葛亮。

1）Bagging 法：“个体学习器”之间不存在依赖关系，可以“并行”方式集成，对“个体学习”的结果进行“整合”处理后，得出最终结果。在 Bagging 法中，对个体学习的结果进行“整合方法”有投票、求平均值和求加权平均值等。以随机森林算法为例，其“个体学习器”为决策树，而“整合方法”为“投票法”。

类似愚公移山，需要一代又一代人共同为同一个目标努力。

2）Boosting 法：“个体学习器”之间存在依赖关系，一般以“串行”方式集成，对第一个“个体学习器”的结果中尚未解决（或解决错误）的问题由第二个“个体学习器”继续完成，而第二个“个体学习器”的结果中尚未解决（或解决错误）的问题由第三个“个体学习器”继续完成，以此类推。例如，AdaBoost 和 XGBoost 的区别在于前者的每一次迭代不断修改“（上一个）个体学习器”中错误分类的样本权重，而后者的每一次迭代不断缩小“（上一个）个体学习器”的残差。

类似人机协同或人机合作。

3）Stacking 法：通常，Stacking 法为一种分层模型集成框架。以两层为例，首先将数据集分成训练集和测试集，利用训练集训练得到多个初级学习器，然后用初级学习器对测试集进行预测，并将输出值作为下一阶段训练的输入值，最终的标签作为输出值，用于训练次级学习器。Stacking 法通过采用交叉验证法或留一法，每次所使用的训练数据不同，进而达到防止过拟合的目的。

集成学习既可以用来解决分类问题，也可以用来解决回归问题。因此，对于不同功能的集成学习有不同的评价方法。对分类模型的评估指标有：误分类矩阵、准确率、召回率、F1 分数、AUC、ROC；对回归模型的评估指标有：平均绝对误差、均方误差、均方根误差。

6.2.1　随机森林

随机森林算法是一种可应用于分类和回归的算法，由 LeoBreiman 于 2001 年提出。

随机森林是 Bagging 类集成学习的典型代表。随机森林是一种以决策树为“个体学习器”（或“基学习器”）的集成学习算法，如图 6-5 所示。决策树存在过拟合、不稳定、不能保证解是全局最佳等问题。决策树通过节点属性的拆分实现对样本的分类，为了尽可能地对样本进行正确的分类，节点拆分将不断重复，容易造成分支过多进而导致过拟合的问题。在对节点进行拆分时，选择的是当前节点下最优划分属性来对节点进行拆分，虽然每一步都做出了当前节点下的最优选择（局部最优），但由此得到的全局解却不一定是最优的。同时，输入数据的微小变化可能导致最优划分属性变化，进而导致树结构发生巨大变化，造成决策树的不稳定性。这些问题的存在限制了决策树的适用能力，泛化能力受限，而基于决策树的集成学习能够很好地解决上述问题。

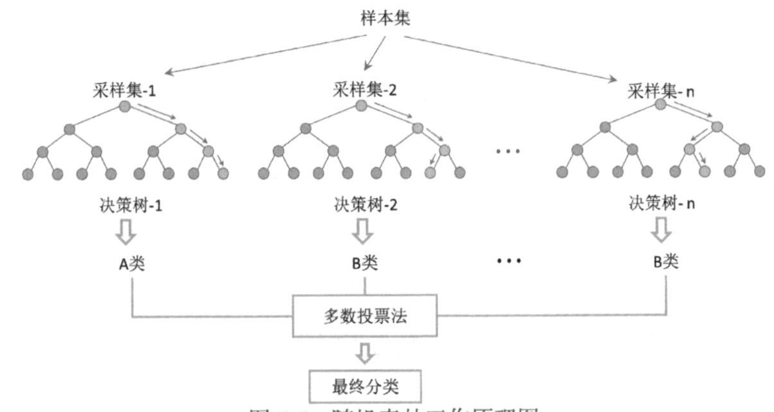

图 6-5 随机森林工作原理图

随机森林的第一步便是对样本进行随机选择，常用的方法是自助采样法（bootstrapping）。接着，在树的节点划分过程中，不同的数据类型需要不同的划分规则，同样不同的划分规则会有不同的结果。常用的划分规则有：基于基尼指数（Gini Index）、基于信息增益（Information Gain）和基于增益率（Gain Ratio）。在最后对基分类器的结果进行结合时，常见的结合策略有平均法、投票法和学习法。

自助法（Bootstrapping）：一种从给定训练集中有放回的均匀抽样。

随机森林算法的优缺点如表6-2所示。

表6-2 随机森林算法的优缺点

优　点	缺　点
• 相比其他算法，有较高的准确率； • 在大型数据库中运行效率高； • 不用降维也可以处理高维特征； • 能够给出特征重要性； • 建树过程中内部使用无偏估计； • 有很好的处理缺失值的算法； • 能够有效地评估缺失值，并在大量数据缺失时依然能够保持模型的准确度； • 对于类别不平衡数据能够平衡误差； • 产生的模型可以被应用到其他数据上； • 能够检测到特征之间的影响	• 无法控制模型内部的运行，可解释性差； • 对于低维数据模型训练效果较差； • 在某些噪声比较大的样本集上，容易陷入过拟合

6.2.2 XGBoost

XGBoost 算法（eXtreme Gradient Boosting）由陈天奇（Tianqi Chen）于 2014 年提出，是一种可扩展的基于决策树的集成学习算法，支持并行和分布式计算，并优化使用内存资源

XGBoost 是 Boosting 类集成学习的典型代表，其基本思路为“基于残差的 Boosting Tree”。相对于 AdaBoost 以权重作为每棵树的标签，XGBoost 使用梯度下降法，基于残差进行训练。在根据拥有的数据和目标变量训练出第一个决策树后，根据预测值和实际值之间的差值计算这棵树的残差。第二棵树使用残差作为目标进行训练，之后的决策树都在前一轮决策树残差的基础上进行训练，通过不断减少训练过程中产生的残差来达到数据回归的目的，最终的预测值是将第一棵树预测的目标值与所有其他树的学习率（learning rate）和残差的乘积相加。

对模型进行训练，需要定义目标函数并对其进行优化。XGBoost 的关键在于其目标函数的近似表示。XGBoost 目标函数的近似表示有两个关键技术：泰勒展开式、树结构的参数化。

如何定义目标函数是 XGBoost 的关键问题

（1）目标函数

XGBoost 的目标函数由损失函数与正则化两部分构成：

$$L(\phi) = \sum_{i} l(\hat{y}_i, y_i) + \sum_{k} \Omega(f_k) \tag{6-1}$$

$$\Omega(f) = \gamma T + \frac{1}{2}\lambda \|\omega\|^2 \tag{6-2}$$

式中，l 是一个可微的凸损失函数，它衡量预测值$\hat{y}_i$和观察值y_i之间的差异。Ω 是惩罚模型的复杂性（即回归树函数）。额外的正则化项有助于平滑最终学习的权重以避免过度拟合。当正则化参数设置为零时，目标回落到传统的梯度树提升。

$$\hat{y}_i = \phi(\hat{x}_i) = \sum_{k=1}^{k} f_k(x_i), f_k \in F \tag{6-3}$$

$$F = \{f(x) = \omega_{qx}\}(q: R^m \to T, \omega \in R^T) \tag{6-4}$$

式中，q 表示每棵树的结构，它将一个示例映射到相应的叶索引；T 是树的叶子数；ω 是叶子的输出分数；每个f_k对应一个独立的树结构 q 和叶子的权重 ω。

（2）损失函数的泰勒展开

关于【加性模型】，参见本书 P190 对加性模型的解读。

目标函数基于**“加性模型”（additive model）**进行训练。将步骤 t 的预测值写为$\hat{y}_i^{\,t}$，需要添加f_t以最小化目标。

$$L^{(t)} = \sum_{i=1}^{n} [l(y_i, \hat{y}_i^{(t-1)}) + f_t(x_i)] + \Omega(f_t) \tag{6-5}$$

二阶近似可用于在一般设置中快速优化目标。在一般形式下，把损失函数的**泰勒展开式**推广到二阶：

$$L^{(t)} = \sum_{i=1}^{n} [l(y_i, \hat{y}_i^{(t-1)}) + g_i f_t(x_i) + \frac{1}{2} h_i f_t^2(x_i)] + \Omega(f_t) + \text{constant} \tag{6-6}$$

式中，

$$g_i = \partial \hat{y}_i^{(t-1)} l(y_i, \hat{y}_i^{(t-1)}), h_i = \partial^2 \hat{y}_i^{(t-1)} l(y_i, \hat{y}_i^{(t-1)}) \tag{6-7}$$

删除所有常量后，步骤 t 的特定目标变为：

$$\widetilde{L}^{(t)} = \sum_{i=1}^{n} [g_i f_t(x_i) + \frac{1}{2} h_i f_t^2(x_i)] + \Omega(f_t) \tag{6-8}$$

这就是对新树的优化目标。这种定义方法的优点在于目标函数的值只取决于g_i和h_i。

(3) 树结构的参数化

定义$I_j = (i | q(x_i) = j)$为叶子j的实例集，通过扩展Ω来重写目标值，方法如下：

$$\begin{aligned}\widetilde{L}^{(t)} &= \sum_{i=1}^{n} [g_i f_t(x_i) + \frac{1}{2} h_i f_t^2(x_i)] + \gamma T + \frac{1}{2}\lambda \sum_{J=1}^{T} \omega_j^2 \\ &= \sum_{j=1}^{T} [(\sum_{i \in I_j} g_i) \omega_j + \frac{1}{2}(\sum_{i \in I_j} h_i + \lambda) \omega_j^2)] + \gamma T\end{aligned} \tag{6-9}$$

定义 $G_j = \sum_{i \in I_j} g_i$，$H_j = \sum_{i \in I_j} h_i$，则对于一个固定的结构$q(x)$，可以计算出叶子$j$的最佳权重$\omega_j^*$为

$$\omega_j^* = -\frac{G_j}{H_j + \lambda} \tag{6-10}$$

计算出相应的目标最优值：

$$\widetilde{L}^{(t)}(q) = -\frac{1}{2} \sum_{j=1}^{T} \frac{G_j^2}{H_j + \lambda} + \gamma T \tag{6-11}$$

方程$\widetilde{L}^{(t)}(q)$由更广泛的目标函数推导出来，作为评分函数**度量树结构q的质量**。

在实践中通常不可能列出所有可能的树结构。该损失函数可以集成到决策树的分割标准中，从而形成**剪枝策略**。

$$L_{\text{split}} = \frac{1}{2}\left[\frac{G_L^2}{H_L + \lambda} + \frac{G_R^2}{H_R + \lambda} - \frac{(G_L + G_R)^2}{H_L + H_R + \lambda}\right] - \gamma \tag{6-12}$$

由式（6-12）可以看出，γ 的值控制分裂内部节点所需的最小损失减少增益。如果增益小于 γ，则最好不要加那个分支。较高的 γ 值导致更简单的树。

(4) 最佳分割——块（block）

XGBoost 专注于降低寻找**最佳分割**的计算复杂度，这是决策树构建算法中最耗时的部分。为了避免在每个节点中对数据重复排序，XGBoost 使用特定的基于压缩列的结构，其中数据预先排序存储。将数据存储在称为块（block）的内存单元中，每个块中的数据以压缩列（CSC）格式存储，每个列按相应的特性值排序。

如图 6-6 所示，将整个数据集存储在单个块中，并通过对预先排序的条目进行线性扫描来运行拆分搜索算法，寻找最佳分割。这样，每个属性只需要排序一次。这种基于列的存储结构允许并行地为每个考虑的属性找到最佳分割。

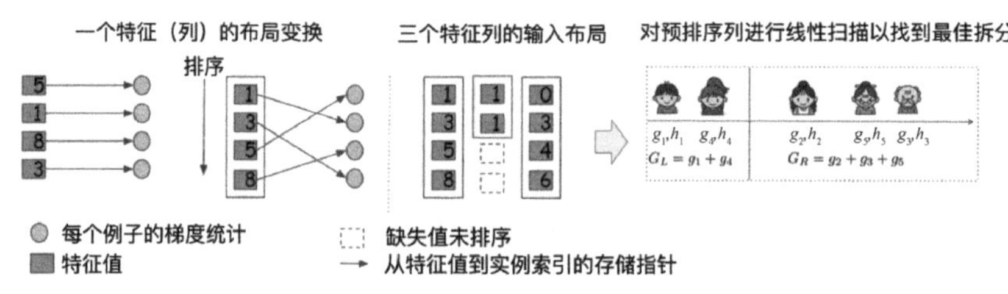

图 6-6　用于并行学习的块结构

（图片来源：Chen T 等，2016）

XGBoost 算法的优缺点如表 6-3 所示。

表 6-3　XGBoost 算法的优缺点

优　　点	缺　　点
• 快速高效的计算速度。XGBoost 实现了并行处理，XGBoost 的并行是在特征粒度上的而非在树的粒度上的，比 GBM 更快。 • 模型性能高。当涉及小型结构化数据时，XGBoost 的性能往往优于其他模型。 • 采取措施防止过拟合。XGBoost 提供了多个正则化参数，以帮助降低模型的复杂性，防止过拟合。 • 自定义损失函数。XGBoost 引入了二阶泰勒展开，同时用到了一阶和二阶导数，精度更高，扩展性、灵活性强。允许用户使用自定义的目标和评估标准来定义和优化梯度提升模型。 • 处理缺失值的能力。XGBoost 能够自动学习分裂方向，进行缺失值处理。 • 高效、灵活和可移植。XGBoost 支持所有主要的编程语言，包括 C++、Python、R、Java、Scala 和 Julia。支持 AWS、Azure 和 Yarn 集群，与 Flink、Spark 等生态系统配合良好	• 采用预排序的算法，需要保存数据的特征值，保存了特征排序的结果，数据量大或训练深度很大时，会大量占用内存。 • 在遍历每一个分割点时，都需要进行分裂增益的计算，时间消耗大。 • 需要调优的参数数量较多，使模型调参阶段的速度降低

6.3 核心术语

集成学习中常用的核心术语如下：

1）基学习器：如果集成学习的个体学习器是同质的（homogeneous），即个体学习器属于同种类型，那么称之为“基学习器”（Base Learner）。

2）组件学习器：如果集成学习的个体学习器是异质的（heterogeneous），即集成的个体学习器由不同类型的算法组成，那么称之为“组件学习器（Component Learner）”。

3）弱学习器：指泛化性能略优于随机猜测（random guessing）的学习器。例如，在二分类问题上精度略高于50%的分类器。

弱学习器的误差≤$\frac{1}{2}-\gamma$

4）NFL（No Free Lunch Theorems，没有免费午餐定理）：常用于机器学习和用于搜索/优化领域的定理，主要包含两条原则。

- 没有一个机器学习算法，在所有可能的函数中，能够比随机猜测的结果更好。
- 每个机器学习算法都必须包含一些数据之外的知识或者假设，才能够将数据一般化。

本书讲到了一些经典算法，并在介绍完每个算法后列举了其优缺点。那么，有没有可能设计出一种超强的“完美算法”，用一个算法搞定一切问题呢？不可能。NFL 理论描述的就是这一问题。

5）集成策略：集成学习方法将多个个体学习器的结果集成在一起需要采用一定的策略，常用的集成策略有平均法（Averaging）、投票法（Voting）和堆叠法（Stacking）。在随机森林的回归任务中，通常采用平均法结合基决策树的学习结果；在分类任务中，通常采用投票法。

6）袋外（Out of Bag）数据

在构建基决策树时，通常采用“自助法”进行抽样，有放回地从初始数据集中随机抽样 m 次得到采样集。样本每次被采中的概率为$\frac{1}{m}$，不被采中的概率为$1-\frac{1}{m}$，通过计算可知，样本在 m 次采样中始终不被采到的概率为：

自助法（Bootstrap Method，Bootstrapping）是一种从给定训练集中有放回的均匀抽样，也就是说，每当选中一个样本，它等可能地被再次选中并被再次添加到训练集中。

$$\lim_{m\to\infty}\left(1-\frac{1}{m}\right)^m=\frac{1}{e}\approx 0.368 \tag{6-13}$$

由此可知，初始数据集中约有 36.8%的数据在采样中始终未被采中，这些数据称为袋外数据（Out of Bag，OOB）。袋外数据未出现在采样集中，没有参与学习器的训练过程，因此可以用作测试集，用袋外数据测试的结果称为“袋外估计”（Out of Bag Estimate）。Breiman 于 1996 年实证表明，使用袋外估计与使用与训练集大小一致的测试集所得到的错误率一样精确，因此使用袋外误差（Out of Bag Error）估计可以不需

也就是说，当 m 趋于无穷大时，留在训练集中的样本占原来数据集的 63.2%。因此，这种方法也称之为“自助法的 .632 法则”或“.632 自助法（.632 bootstrap）”。

要再另外建立测试集，如图 6-7 所示。

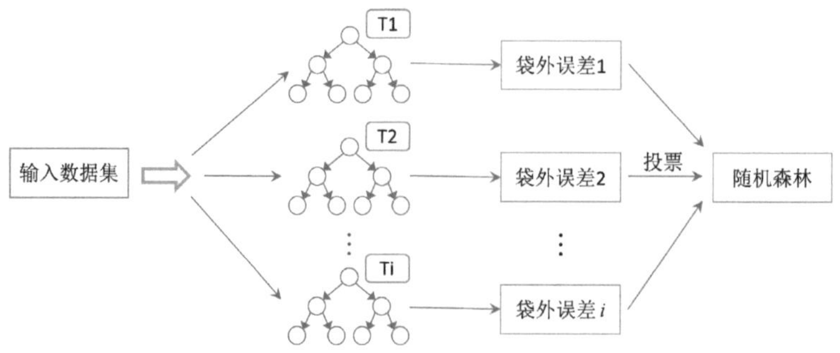

图 6-7 随机森林工作原理图

7） 梯度下降（Gradient Descent）：梯度下降法的基本思想如图 6-8 所示，通过反复调整步长（学习率）以使损失函数最小化。它测量给定参数组的损失（成本）函数的局部梯度（θ），并沿着下降梯度的方向采取步骤。一旦梯度为零，就达到了最小值。

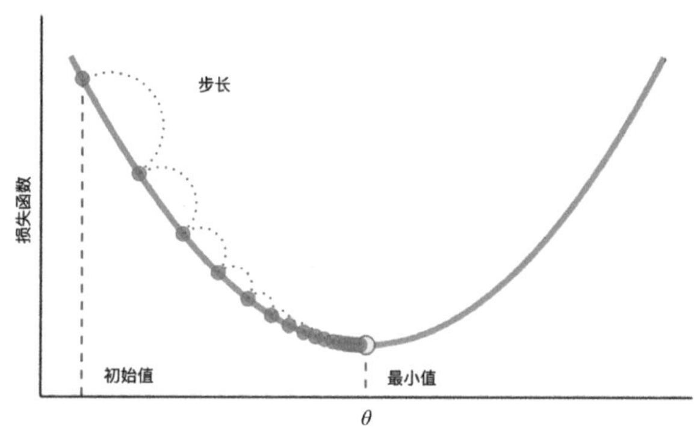

图 6-8 梯度下降法的基本思想
（图片来源：Boehmke B 等，2019）

6.4 Python 编程实践——房屋价格预测分析

本节 Python 编程实践将使用随机森林算法和 XGBosst 算法实现对房屋价格预测的分析。

随机森林算法的实现可以使用 Python 第三方工具包，如 scikit-learn、Spark MLlib、DolphinDB、Machine Learning Toolkit 等，比较常用的是 scikit-learn，本节采用的是 scikit-learn 包。

XGBosst 算法的实现可以采用 Python 第三方工具包 XGBoost 中的 XGBRegressor。

6.4.1　使用随机森林算法实现

本例概述如下。

【数据及分析对象】 CSV 文件——文件名为“housing. csv”，该数据集为 scikit-learn 的内置数据集——波士顿房价数据集（Boston House Prices Dataset），数据内容来自卡内基梅隆大学的 StatLib library 库。该数据集有 506 行，14 个属性（列），主要属性如下。

波士顿房价数据集下载地址为 https://archive. ics. uciHedu/ml/machine-learning-databases/housing/。

1）CRIM：城镇人均犯罪率（per capita crime rate by town）。

2）ZN：超过 25，000 平方英尺的住宅用地的比例（proportion of residential land zoned for lots over 25，000 sq. ft. ）。

3）INDUS：城镇中非住宅用地所占比例（proportion of non-retail business acres per town）。

4）CHAS：Charles River 虚拟变量（如果道路沿河而行，虚拟变量 CHAS=1；否则为 0）（Charles River dummy variable（= 1 if tract bounds river；0 otherwise））。

5）NOX：一氧化氮浓度（百万分之几）（nitric oxides concentration（parts per 10 million））。

6）RM：每栋住宅的平均房间数（average number of rooms per dwelling）。

7）AGE：1940 年以前建成的自住单位的比例（proportion of owner-occupied units built prior to 1940）。

8）DIS：距离 5 个波士顿就业中心的加权距离（weighted distances to five Boston employment centres）。

9）RAD：距离高速公路的便利指数（index of accessibility to radial highways）。

10）TAX：每一万美元的不动产税率（full-value property-tax rate per $10，000）。

11）PTRATIO：城镇中的教师学生比例（pupil-teacher ratio by town）。

12）B：城镇中的黑人比例（1000（Bk - 0. 63）^2 where Bk is the proportion of blacks by town）。

13）LSTAT：地区中有多少房东属于低收入人群（% lower status of the population）。

14）MEDV：自住房屋房价中位数（median value of owner-occupied homes in $1000's）。

【目的及分析任务】 理解机器学习方法在数据分析中的应用——采

用随机森林方法进行回归分析。

1）数据读入。

2）划分训练集与测试集，利用随机森林算法进行模型训练，回归分析。

3）根据随机森林模型预测测试集的“MEDV”值。

4）将随机森林模型给出的“MEDV”预测值与测试集自带的实际“MEDV”值进行对比分析，验证随机森林建模的有效性。

本例题需要导入的包为：

import pandas as pd
import numpy as np
from sklearn.ensemble import RandomForestRegressor
from sklearn.model_selection import train_test_split
import matplotlib.pyplot as plt
plt.rcParams['font.family']=['SimHei']
plt.rcParams['axes.unicode_minus'] = False

【方法及工具】 Python 语言、matplotlib 包及 scikit-learn 包。

（1）业务理解

本例题所涉及的业务为波士顿房价的回归分析，该业务的主要内容是根据住房的历史交易信息对波士顿房价进行预测。

（2）数据读入

调用 pandas 包的 read_csv( )方法读取文件名为“housing.csv”的数据集，并使用该包的 head( )方法（默认读取前五行数据）来观察数据情况。

```
In[2]  df_boston= pd.read_csv('housing.csv', header=0)
       df_boston.head()
```

header=0 的含义为：数据表 bc_data.csv 的第 0 行为列名，即数据框 df_bc 的列名（列的显式索引）为原数据表 bc_data.csv 的第 0 行。

对应的输出结果如图 6-9 所示。

	CRIM	ZN	INDUS	CHAS	NOX	RM	AGE	DIS	RAD	TAX	RTRATIO	B	LSTAT	MEDV
0	0.00632	18.00	2.31	0	0.538	6.575	65.20	4.0900	1	296.0	15.3	396.90	4.98	24.0
1	0.02731	0.00	7.07	0	0.469	6.421	78.90	4.9671	2	242.0	17.8	396.90	9.14	21.6
2	0.02729	0.00	7.07	0	0.469	7.185	61.10	4.9671	2	242.0	17.8	392.83	4.03	34.7
3	0.03237	0.00	2.18	0	0.458	6.998	45.80	6.0622	3	222.0	18.7	394.63	2.94	33.4
4	0.06905	0.00	2.18	0	0.458	7.147	54.20	6.0622	3	222.0	18.7	396.90	5.33	36.2

图 6-9　head( )方法的返回值

（3）数据理解

对数据框 df_boston 进行探索性分析，首先查看数据的规模大小，本例采用的实现方式为调用 pandas 包中数据框（DataFrame）的 shape 属性。

```
In[3]  df_boston.shape
```

对应输出结果为：

```
(506, 14)
```

该输出结果显示了数据框 df_boston 的行数和列数分别为 506 行和 14 列，与原始数据文件 housing.csv 的内容一致。

除了 shape 属性，还可以调用 df.describe( )方法和 pandas_profiling 包对数据框进行探索性分析。以调用 df.describe( )方法为例：

```
In[4]  df_boston.describe()
```

对应输出结果如图6-10所示。

	INDUS	CHAS	NOX	RM	RAD	TAX	RTRATIO	B	LSTAT	MEDV
count	506.00000	506.000000	506.000000	506.000000	506.000000	506.000000	506.000000	506.000000	506.000000	506.000000
mean	5.93915	0.069170	0.554695	6.284634	4.332016	408.237154	18.455534	356.674032	12.653063	22.532806
std	2.75991	0.253994	0.115878	0.702617	1.417166	168.537116	2.164946	91.294864	7.141062	9.197104
min	0.01000	0.000000	0.385000	3.561000	1.000000	187.000000	12.600000	0.320000	1.730000	5.000000
25%	3.66750	0.000000	0.449000	5.885500	4.000000	279.000000	17.400000	375.377500	6.950000	17.025000
50%	6.41000	0.000000	0.538000	6.208500	4.000000	330.000000	19.050000	391.440000	11.360000	21.200000
75%	8.10000	0.000000	0.624000	6.623500	5.000000	666.000000	20.200000	396.225000	16.955000	25.000000
max	9.90000	1.000000	0.871000	8.780000	8.000000	711.000000	22.000000	396.900000	37.970000	50.000000

图6-10 describe( )方法的返回值

用df. describe( )方法对数据进行了描述性统计分析，接着查看数据的完整性，是否存在缺失值等情况，调用df. isnull( )方法即可。df. isnull( )方法可以用来判断缺失值，但在数据量比较大时并不能很直观地反映缺失值信息，此时可以调用df. isnull( ). any( )方法，判断哪些列包含缺失值，该列存在缺失值则返回True，反之False。

```
In[5]  df_boston.isnull().any()
```

对应输出结果为：

```
CRIM       False
ZN         False
INDUS      False
CHAS       False
NOX        False
RM         False
AGE        False
DIS        False
RAD        False
TAX        False
RTRATIO    False
B          False
LSTAT      False
MEDV       False
dtype: bool
```

判断数据框的每一列是否有缺失值，也可以采用df_boston. info( )方法。

False代表该列不存在缺失值，由结果可以看出数据集中不存在缺失值，无需进行相应处理，可以直接进行分析。

用 df. info( )方法同样可以查看数据缺失值情况，返回的内容包括列名、缺失值情况和数据类型。

```
In[6]  df_boston.info()
```

对应输出结果为：

```
<class 'pandas.core.frame.DataFrame'>
RangeIndex: 506 entries, 0 to 505
Data columns (total 14 columns):
#  Column   Non-Null CountDtype
---  ------   -------------   -----
0  CRIM     506 non-null  float64
1  ZN       506 non-null  float64
2  INDUS    506 non-null  float64
3  CHAS     506 non-null   int64
4  NOX      506 non-null  float64
5  RM       506 non-null  float64
6  AGE      506 non-null  float64
7  DIS      506 non-null  float64
8  RAD      506 non-null   int64
9  TAX      506 non-null  float64
10  PTRATIO 506 non-null  float64
11  B       506 non-null  float64
12  LSTAT   506 non-null  float64
13  MEDV    506 non-null  float64
dtypes: float64(12), int64(2)
memory usage: 55.5 KB
```

In [5] 中，我们采用了另一种判断是否有缺失值的方法，即：

df_boston.isnull.any( )。In[6] 中采用的.info( )方法的优点在于：不仅判断是否有缺失值，而且给出了缺失值的数量。

从结果可以看出各属性名及其数值类型，同时验证 506 个样本均为非空值。

(4) 数据准备

在数据分析之前，通常需要进行数据标准化处理，避免数据量纲和取值范围差异太大的影响。但是随机森林作为树形模型的一种，主要关心变量的分布和变量之间的条件概率而非变量本身的取值，因此不需要进行数据标准化处理。

为防止机器学习模型过拟合，通常在模型训练前会先将数据集分割为训练集和测试集，训练集用于模型训练，测试集用于对训练得到的模型进行检验评价。通常，调用 scikit-learn 中 model_selection 子模块的 train_test_split( )方法可以很方便地对数据集进行训练集和测试集的分割，具体如下。

In[7]

```
from sklearn.model_selection import train_test_split

X = df_boston.drop(columns=['MEDV'])
y = df_boston['MEDV']

X_train, X_test, y_train, y_test =train_test_split (X, y,
test_ size=0.3, random_ state=42)

print (" X_ train_ shape:", X_ train. shape)
print (" X_ test_ shape:", X_ test. shape)
print (" y_ train_ shape:", y_ train. shape)
print (" y_ test_ shape:", y_ test. shape)
```

MEDV：自住房屋房价中位数（Median value of owner-occupied homes in ＄1000's）

参数 test_size 用于设置测试集的规模，可以为浮点数或整数。当输入浮点数时，表示测试集占总样本的比例，若输入整数，则表示测试集样本的数量，若为 None，则默认值为 0.75；random_state 用于设置随机数的种子，保证重复试验时结果一样。在此设定数据集中 70% 的数据作为训练数据，30% 的数据用于测试。

对应输出结果为：

```
X_train_shape: (354, 13)
X_test_shape: (152, 13)
y_train_shape: (354,)
y_test_shape: (152,)
```

该输出结果显示了生成的训练数据 X_train、y_train 和测试数据 X_test、y_test 的规模。

（5）模型训练

随机森林可以用于解决分类和回归问题，在 scikit-learn 包中也有对应的实现方法，分别为 sklearn. ensemble. RandomForestClassifier ( ) 和 sklearn. ensemble. RandomForestRegressor( )。本例要解决的是一个回归问题，因此采用 RandomForestRegressor( )方法。

随机森林既可以用于分类分析，也可以用于聚类分析。

In[8]

```
rf=RandomForestRegressor(n_estimators=20,max_depth=3,
random_state=42)
rf.fit(X_train,y_train)
print(rf.score(X_train,y_train))
print(rf.score(X_test,y_test))
```

在此，参数 n_estimators 的含义为随机森林算法中所采用的基学习器——决策树的个数。max_depth 指的是这些决策树的最大深度。

对应输出结果为：

```
0.8736721559042631
0.809758733647244
```

在训练模型前需要先对模型初始化，在此随机设定 n_estimators = 20，max_depth = 3，random_state = 42 构建初始随机森林模型。fit( )方法用于训练模型；score( )方法可以查看模型的训练效果，输出的是模型的回归系数 R^2。

（6）模型评价

除了通过 score( )方法查看随机森林回归模型的回归系数 R^2 （score）外，常用的回归模型评价指标还有平均绝对误差 MAE （Mean Absolute Error）、均方误差 MSE （Mean Square Error）、均方根误差 RMSE （Root Mean Square Error） 和平均绝对误差百分比 MAPE （Mean Absolute Percentage Error），这些评价指标可以用 scikit-learn 包中的 metrics 模块分别查看。具体如下：

关于 In [9] 中的评价指标，参见本书【第 3 章 回归分析】中的【3.3.1 回归分析中常用的统计量】（P45）。

In[9]

```
import numpy as np
from sklearn import metrics
y_pred=rf.predict(X_test)
print('Mean Absolute Error (MAE):', metrics.mean_absolute_error(y_test, y_pred))
print('Mean Squared Error (MSE):', metrics.mean_squared_error(y_test, y_pred))
print('Root Mean Squared Error (RMSE):', np.sqrt(metrics.mean_squared_error(y_test,y_pred)))
mape = np.mean(np.abs((y_test - y_pred) / np.abs(y_test)))
print('Mean Absolute Percentage Error (MAPE):', round(mape * 100, 2))
print('score:', rf.score(X_test,y_test))
```

对应输出结果为：

```
Mean Absolute Error (MAE): 2.7944432315790038
Mean Squared Error (MSE): 14.175465660694949
Root Mean Squared Error (RMSE): 3.7650319601160027
Mean Absolute Percentage Error (MAPE): 15.64
score: 0.809758733647244
```

该输出结果显示了模型的回归系数 R^2、平均绝对误差 MAE、均方误差 MSE、均方根误差 RMSE 和平均绝对误差百分比 MAPE。可以看到，初始设定得到的随机森林模型回归效果不佳，需要通过调参进一步优化。

（7）模型调参

Grid Search CV 的循环过程就像是在网格中遍历，最终能够返回得分最高的参数组合，所以叫网格搜索。

GridSearchCV 是一种常用的网格调参方法，它能够实现自动调参，只要把参数输进去，通过循环遍历将所有参数进行组合。其中，对随机森林模型进行网格搜索涉及的主要参数如下。

- 参数 param_grid 表示需要最优化的参数的取值，一般为列表或字典。
- 参数 bootstrap 表示建立决策树时，是否使用自助法。

- 参数 n_estimator 表示森林中决策树的个数。
- 参数 max_depth 表示树的最大深度，默认为 None。
- 参数 max_features 表示选择最适属性时划分的特征阈值。当其为整数时，即最大特征数；当其为小数时，表示所选特征数所占训练集特征总数的比例。
- 参数 min_samples_split 表示根据属性划分节点时，每个划分最少的样本数。
- 参数 min_samples_leaf 表示叶子节点最少的样本数。
- 参数 scoring 表示模型评价标准。
- 参数 cv 为交叉验证参数，默认为 None。
- 参数 n_jobs 为并行数，-1 表示跟 CPU 核数一致。

设置基学习器——决策树的 max_depth、min_sample_split 等参数的主要目的是防止过拟合。

在此以 bootstrap、n_estimators、max_depth、max_features、min_samples_split、min_samples_leaf 参数和值设置字典列表 param_grid 进行详尽搜索，得到最终的最优模型参数，指定 cv 参数值为 3 进行三折交叉验证。具体如下：

In[10]

```
from sklearn.ensemble import RandomForestRegressor
from sklearn.model_selection import GridSearchCV

param_grid={
    'bootstrap': [True],
    'n_estimators':[5,10,20,50,100,150,200],
    'max_depth':[3,5,7],
    'max_features':[0.6,0.7,0.8,1],
    'min_samples_leaf':[1, 2,],
    'min_samples_split':[2, 3,4]
}
rf=RandomForestRegressor(random_state=42)
grid=GridSearchCV(rf,param_grid=param_grid,cv=3)
grid.fit(X_train,y_train)
```

关于 GridSearchCV 的原理，参见本书【第 4 章 分类分析】中的【4.5.8 GridSearchCV 及其原理】(P129)。

对应输出结果：

```
GridSearchCV(cv=3, estimator=RandomForestRegressor(ran-
dom_state=42),
param_grid={'bootstrap': [True],'max_depth': [3, 5, 7],
             'max_features': [0.6, 0.7, 0.8, 1],
             'min_samples_leaf': [1, 2],
             'min_samples_split': [2, 3, 4],
             'n_estimators': [5, 10, 20, 50, 100, 150,
200]})
```

通过 best_params_属性，查看回归效果最好时的模型参数：

```
In[11]  grid.best_params_
```

对应输出的结果为：

```
{'bootstrap': True,
 'max_depth': 7,
 'max_features': 0.6,
 'min_samples_leaf': 1,
 'min_samples_split': 3,
 'n_estimators': 50}
```

可以看到，通过自动调参后找到回归效果最好的随机森林模型应有 50 棵决策树，最大树深为 7，划分时考虑的最大特征数应占特征总数的 0.6。基于以上参数建立随机森林回归模型，代码如下：

bootstrap = True 的含义为在生成随机森林的基学习器——决策树时，采用自助法（bootstrap）进行【有放回的抽样】。

```
In[12]
rf_reg=RandomForestRegressor(bootstrap=True,
                             n_estimators=50,
                             max_depth=7,
                             max_features=0.6,
                             min_samples_leaf=1,
                             min_samples_split=3,
                             random_state=42)
rf_reg.fit(X_train,y_train)
```

对应输出的结果为：

```
RandomForestRegressor(max_depth=7, max_features=0.6,
                      min_samples_split=3,n_estimators=50,
                      random_state=42)
```

该输出结果显示了优化后的模型参数。为评价调参后的模型效果，重新输出模型回归评价指标结果：

```
In[13]
import numpy as np
from sklearn import metrics

y_pred=rf_reg.predict(X_test)
print('Mean Absolute Error (MAE):', metrics.mean_absolute_
error(y_test, y_pred))
print('Mean Squared Error (MSE):', metrics.mean_squared_
error(y_test, y_pred))
print('Root Mean Squared Error (RMSE):', np.sqrt(metrics.
mean_squared_error(y_test,y_pred)))
```

```
mape = np.mean(np.abs((y_test - y_pred) / np.abs(y_test)))
print('Mean Absolute Percentage Error (MAPE):', round(mape * 100, 2))
print('score:', rf_reg.score(X_test,y_test))
```

对应的输出结果为：

```
Mean Absolute Error (MAE): 2.104786591392807
Mean Squared Error (MSE): 10.164999602920512
Root Mean Squared Error (RMSE): 3.188259651113835
Mean Absolute Percentage Error (MAPE): 10.89
score: 0.8635810319588433
```

与调参前的模型相比，该输出结果显示了调参后的模型平均绝对误差 MAE、均方误差 MSE、均方根误差 RMSE 和平均绝对误差百分比 MAPE 的值均降低了，回归系数 R^2（score）的值上升，表明回归效果显著提升。

除了模型准确性外，在许多商业背景下，对模型提供可解释性同样十分重要。在此以波士顿房价预测为例，进行特征重要度分析并以可视化的方式直观展现各变量在房价预测中的重要性。具体如下：

算法的可用性和可解释性之间的矛盾是数据分析的主要矛盾之一。

```
In[14]  rf_reg.feature_importances_
```

对应输出的结果为：

```
array([0.04660214, 0.0027302 , 0.02264696, 0.0019453 , 0.02841496,
       0.34504749, 0.01866779, 0.06096373, 0.00620565, 0.0173559 ,
       0.04882351, 0.01272253, 0.38787385])
```

查看各得分下对应特征名称：

```
In[15]  X.columns
```

对应输出的结果为：

```
Index(['CRIM', 'ZN', 'INDUS', 'CHAS', 'NOX', 'RM', 'AGE', 'DIS', 'RAD', 'TAX', 'PTRATIO', 'B', 'LSTAT'],dtype='object')
```

按照重要度递增对特征进行排序：

```
In[16]
print('特征排序:')
feature_names=X.columns
feature_importances=rf_reg.feature_importances_
indices=np.argsort(feature_importances)

for index in indices:
    print('feature %s (%f)' % (feature_names[index],feature_importances[index]))
```

np.argsort( )的功能为【返回排序后值在原容器（如列表、元组、Series 等）中的序号（隐式索引）】。读者可以通过代码 print（indices）查看其输出结果。

对应输出的结果为：

```
feature CHAS (0.001945)
feature ZN (0.002730)
feature RAD (0.006206)
feature B (0.012723)
feature TAX (0.017356)
feature AGE (0.018668)
feature INDUS (0.022647)
feature NOX (0.028415)
feature CRIM (0.046602)
feature PTRATIO (0.048824)
feature DIS (0.060964)
feature RM (0.345047)
feature LSTAT (0.387874)
```

该输出结果显示了各特征名称及其重要度得分，并按照重要性递增规则进行排序。

为对各特征重要性进行比较，将特征重要度分析结果以条形图的方式展现：

```
In[17]
plt.figure(figsize=(7,5))
plt.title('基于随机森林模型的波士顿房价回归中特征重要度')

plt.bar(range(len(feature_importances)),feature_importances[indices],color='green')
plt.xticks(range(len(feature_importances)),np.array(feature_names)[indices],color='black')
plt.show()
```

对应的输出结果如图 6-11 所示。

根据特征重要度分析可视化结果可以直观地看到，特征“RM（每栋住宅的平均房间数）”和“LSTAT（地区中有多少房东属于低收入人群）”对目标变量即房价的重要程度最大，显著超过其他特征对房价的影响力。

（8）模型预测

predict( )为模型提供了预测的方法，下面以此预测结果为例，将预测结果和实际结果组合进行对比，并通过可视化坐标输出查看预测效果。

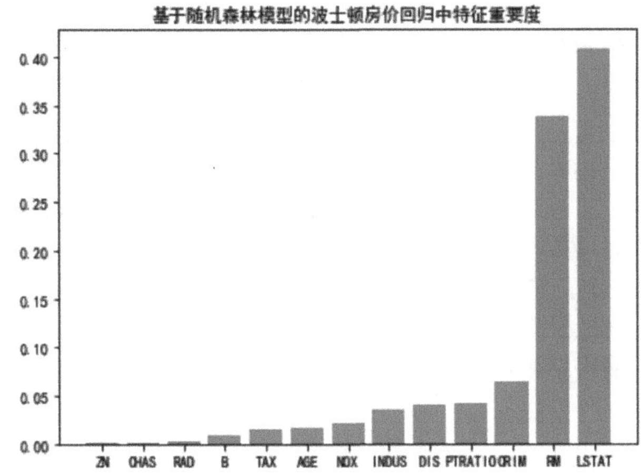

图 6-11　特征重要性比较

In[18]
```
prediction = pd.DataFrame(rf_reg.predict(X_test),columns
=['prediction'])
MEDV = pd.DataFrame(y_test, columns=['MEDV']).reset_
index()
result = pd.concat([prediction, MEDV], axis=1).drop('
index',axis=1)
result
```

对应的输出结果如图 6-12 所示。

	prediction	MEDV
0	22.755715	23.6
1	30.746324	32.4
2	16.176632	13.6
3	23.492757	22.8
4	17.518358	16.1
...	...	...
147	13.702340	17.1
148	15.276071	14.5
149	41.976955	50.0
150	15.988651	14.3
151	16.003644	12.6

152 rows × 2 columns

图 6-12　预测结果

该输出结果显示了模型在测试集 X_test 上的预测结果 prediction。直接查看预测结果并不能直观地反映回归效果，下面通过可视化散点图来查看预测效果。可视化散点图可以通过 matplotlib 包来实现。

在 In[19]的代码中，主要采用了 Pandas 的数据可视化功能函数。

In[19]
```
result['MEDV'].plot(style='k.',figsize=(15,5))
result['prediction'].plot(style='r.')
plt.legend(fontsize=15,markerscale=3)#设置图例字号以及标记大小
plt.tick_params(labelsize=15)#设置坐标数字大小
plt.grid()
```

对应的输出结果如图 6-13 所示。

在 In[19]中，参数 style='r.'的含义为点的颜色（r=red）和形状(.)。

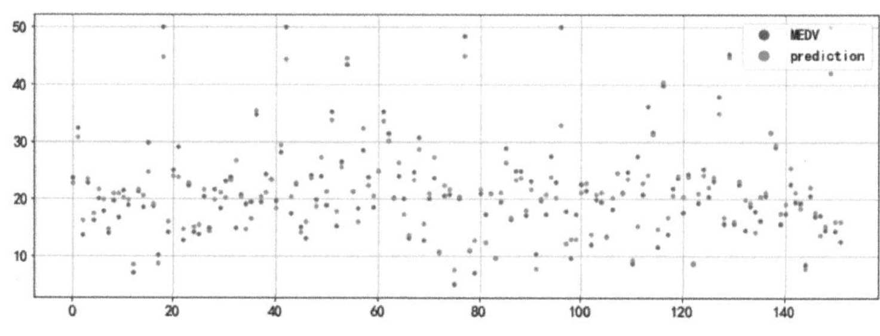

图 6-13　预测结果的显示

MEDV：自住房屋房价中位数（Median value of owner-occupied homes in $1000's）

散点图的横坐标代表用于测试的 152 个测试集样本，黑点代表实际“MEDV”值，红点代表随机森林回归模型预测值，可视化结果直观地反映了随机森林预测模型的效果及其在各预测样本上的偏离程度。

6.4.2　使用 XGBoost 实现

数据集 housing.csv 的详细解读，参见本书【6.4.1 使用随机森林方法实现】。

本例概述如下。

【数据及分析对象】 CSV 文件——文件名为“housing.csv”，该数据集为 scikit-learn 的内置数据集——波士顿房价数据集（Boston House Prices Dataset）。

【目的及分析任务】 理解机器学习方法在数据分析中的应用——采用 XGBoost 方法进行回归分析。

1）数据读入。

2）划分训练集与测试集，利用 XGBoost 算法进行模型训练，回归分析。

3）进行模型评价，调整模型参数。

4）将调参后的模型进行模型预测，得出的结果与测试集结果进行对比分析，验证 XGBoost 建模的有效性。

【方法及工具】 Python 语言、scikit-learn 包及 XGBoost 包。

(1) 业务理解

本例所涉及的业务为回归分析，该业务的主要内容是使用 XGBoost 算法对波士顿房价数据（Boston House Prices Dataset）进行回归分析。

首先，导入所需的工具包 pandas，NumPy、XGBoost 和 scikit-leran。

在 Anaconda 中运行本程序代码之前，需要采用 pip 命令安装 XGBoost 包，安装命令如下：

pip install xgboost

In[1]

```
import pandas as pd
import numpy as np
from XGBoost import XGBRegressor
from sklearn import metrics
from sklearn.model_selection import GridSearchCV
```

(2) 数据读入

调用 sklearn. datasets 中的 load_boston( )方法，将 scikit-learn 包自带的数据集——波士顿房价数据集（Boston House Prices Dataset）读入内存 Python 对象 df_boston。

sci-kit learn 1.2 开始，不再提供该数据集，读者可以采用本章【6.4.1 使用随机森林实现】中的数据集"housing.csv"。另 sci-kit learn 1.0 开始提供了一个替代数据集——加州住房数据集（the California housing dataset）。查看 sci-kit learn 包的版本方法：

import sklearn

sklearn.__version__

In[2]

```
#读入数据
from sklearn.datasets import load_boston
df_boston = load_boston()
```

读入后的波士顿房价数据集是字典数据，显示其字典的键为：

In[2]

```
#显示数据集字典的键
print(df_boston.keys())
```

对应输出结果为：

```
dict_keys(['data', 'target', 'feature_names', 'DESCR', '
filename'])
```

其中，'target'为回归目标，'feature_names'为特征名称，'DESCR'为数据集的完整描述，'filename'为波士顿 csv 数据集的存放位置。

显示数据集的完整描述：

In[5]

```
#数据集的完整描述
print(df_boston.DESCR)
```

对应输出结果为：

```
.._boston_dataset:

Boston house prices dataset
---------------------------

**Data Set Characteristics:**
```

该数据集的描述性说明，如样本个数、字段（属性）名及其含义、数据下载 URL 及其他参考文献等。

读者也可以通过输入代码【help(load_boston)】查看该数据集的帮助信息。

```
    :Number of Instances: 506

    : Number of Attributes: 13 numeric/categorical predic-
tive. Median Value (attribute 14) is usually the target.

    : Attribute Information (in order):
        - CRIM     per capita crime rate by town
        - ZN       proportion of residential land zoned for
lots over 25, 000 sq. ft.
        - INDUS    proportion of non-retail business acres
per town
        - CHAS     Charles River dummy variable (= 1 if tract
bounds river; 0 otherwise)
        - NOX      nitricoxides concentration (parts per 10
million)
        - RM       average number of rooms per dwelling
        - AGE      proportion of owner-occupied units built
prior to 1940
        - DIS      weighted distances to five Boston employ-
ment centres
        - RAD      index of accessibility to radial highways
        - TAX      full-value property-tax rate per $10, 000
        - PTRATIO  pupil-teacher ratio by town
        - B        1000(Bk - 0. 63) ^2 where Bk is the pro-
portion of blacks by town
        - LSTAT    % lower status of the population
        - MEDV     Median value of owner-occupied homes in
$1000's

    : Missing Attribute Values: None

    : Creator: Harrison, D. andRubinfeld, D. L.

This is a copy of UCI ML housing dataset.
https: //archive. ics. uci. edu/ml/machine-learning-da-
tabases/housing/



This dataset was taken from the StatLib library which is
maintained at Carnegie Mellon University.
```

```
The Boston house-price data of Harrison, D.and Rubinfeld,
D.L.'Hedonic
prices and the demand for clean air', J.Environ.Economics &
Management,
vol.5, 81-102, 1978.  Used inBelsley, Kuh&Welsch, 'Regres-
sion diagnostics
... ', Wiley, 1980.   N. B. Various transformations are
used in the table on
pages 244-261 of the latter.

The Boston house-price data has been used in many machine
learning papers that address regression
problems.

.. topic:: References

  -Belsley, Kuh&Welsch, 'Regression diagnostics: Identif-
ying Influential Data and Sources of Collinearity', Wiley,
1980. 244-261.
  -Quinlan, R.    (1993). Combining Instance-Based and
Model-Based Learning. In Proceedings on the Tenth Interna-
tional Conference of Machine Learning, 236-243, University
of Massachusetts, Amherst. Morgan Kaufmann.
```

读者也可以通过输入代码【help(load_boston)】查看该数据集的调用方法。

显示数据集的特征名称：

```
In[6]
#显示特征名称
print(df_boston.feature_names)
```

对应输出结果为：

```
['CRIM''ZN''INDUS''CHAS''NOX''RM''AGE''DIS''RAD''TAX''
PTRATIO''B''LSTAT']
```

该输出结果显示了特征名称。

显示数据内容的形状：

```
In[7]
#数据形状
print(df_boston.data.shape)
```

对应输出结果为：

```
(506, 13)
```

该输出结果显示了数据框 df_boston 的行数和列数分别为 506 行和 13 列。

调用 pandas 包中的 DataFrame()方法，分别将数据内容部分（data）与回归目标（target）转化为数据框类型。

MEDV：自住房屋房价中位数（Median value of owner-occupied homes in $1000's）

In[8]
```
#转化为数据框类型
X= pd. DataFrame (df _boston. data, columns = df _boston.
feature_names)
y= pd.DataFrame(df_boston.target, columns=['MEDV'])
```

将 X，y 数据框合并后，生成数据集 df。

In[9]
```
#合并数据框
df= pd.concat([X, y], axis=1)
df
```

该输出结果显示了完整的 df 数据集有 506 行，14 列。

对应的输出结果如图 6-14 所示。

	CRIM	ZN	INDUS	CHAS	NOX	RM	AGE	DIS	RAD	TAX	PTRATIO	B	LSTAT	MEDV
0	0.00632	18.0	2.31	0.0	0.538	6.575	65.2	4.0900	1.0	296.0	15.3	396.90	4.98	24.0
1	0.02731	0.0	7.07	0.0	0.469	6.421	78.9	4.9671	2.0	242.0	17.8	396.90	9.14	21.6
2	0.02729	0.0	7.07	0.0	0.469	7.185	61.1	4.9671	2.0	242.0	17.8	392.83	4.03	34.7
3	0.03237	0.0	2.18	0.0	0.458	6.998	45.8	6.0622	3.0	222.0	18.7	394.63	2.94	33.4
4	0.06905	0.0	2.18	0.0	0.458	7.147	54.2	6.0622	3.0	222.0	18.7	396.90	5.33	36.2
...	...	...	...	...	...	...	...	...	...	...	...	...	...	...
501	0.06263	0.0	11.93	0.0	0.573	6.593	69.1	2.4786	1.0	273.0	21.0	391.99	9.67	22.4
502	0.04527	0.0	11.93	0.0	0.573	6.120	76.7	2.2875	1.0	273.0	21.0	396.90	9.08	20.6
503	0.06076	0.0	11.93	0.0	0.573	6.976	91.0	2.1675	1.0	273.0	21.0	396.90	5.64	23.9
504	0.10959	0.0	11.93	0.0	0.573	6.794	89.3	2.3889	1.0	273.0	21.0	393.45	6.48	22.0
505	0.04741	0.0	11.93	0.0	0.573	6.030	80.8	2.5050	1.0	273.0	21.0	396.90	7.88	11.9

506 rows × 14 columns

图 6-14　df 的当前值

(3) 数据理解

查看数据基本信息：

In[10]
```
#查看数据基本信息
df.info()
```

该输出结果显示了各列数据的类型为 float64。

对应输出结果为：

```
<class 'pandas.core.frame.DataFrame'>
RangeIndex: 506 entries, 0 to 505
Data columns (total 14 columns):
#  Column  Non-Null Count    Dtype
---  ------     --------------     -----
0  CRIM         506 non-null   float64
1  ZN           506 non-null   float64
2  INDUS        506 non-null   float64
3  CHAS         506 non-null   float64
4  NOX          506 non-null   float64
```

```
5  RM        506 non-null    float64
6  AGE       506 non-null    float64
7  DIS       506 non-null    float64
8  RAD       506 non-null    float64
9  TAX       506 non-null    float64
10  PTRATIO 506 non-null    float64
11  B        506 non-null    float64
12  LSTAT    506 non-null    float64
13  MEDV     506 non-null    float64
dtypes: float64(14)
memory usage: 55.5 KB
```

查看描述性统计信息：

In[11]
```
#查看描述性统计信息
df.describe()
```

对应的输出结果如图 6-15 所示。

	CRIM	ZN	INDUS	CHAS	NOX	RM	AGE	DIS
count	506.000000	506.000000	506.000000	506.000000	506.000000	506.000000	506.000000	506.000000
mean	3.613524	11.363636	11.136779	0.069170	0.554695	6.284634	68.574901	3.795043
std	8.601545	23.322453	6.860353	0.253994	0.115878	0.702617	28.148861	2.105710
min	0.006320	0.000000	0.460000	0.000000	0.385000	3.561000	2.900000	1.129600
25%	0.082045	0.000000	5.190000	0.000000	0.449000	5.885500	45.025000	2.100175
50%	0.256510	0.000000	9.690000	0.000000	0.538000	6.208500	77.500000	3.207450
75%	3.677083	12.500000	18.100000	0.000000	0.624000	6.623500	94.075000	5.188425
max	88.976200	100.000000	27.740000	1.000000	0.871000	8.780000	100.000000	12.126500

图 6-15 describe( )方法的返回值

（4）数据准备

调用 sklearn. model_selection 的 train_test_split( )方法划分训练集与测试集，设置 random_state 为 42，用 30%的数据测试，70%的数据训练。

In[12]
```
#划分训练集与测试集
from sklearn.model_selection import train_test_split
X_train, X_test, y_train, y_test = train_test_split(X, y,
test_size=0.3,random_state=42)
X_test
```

对应的输出结果如图 6-16 所示。

该输出结果显示了生成的测试数据 X_test。

（5）模型训练

调用默认参数的 XGBRegressor 在训练集上进行模型训练。

	CRIM	ZN	INDUS	CHAS	NOX	RM	AGE	DIS	RAD	TAX	PTRATIO	B	LSTAT
173	0.09178	0.0	4.05	0.0	0.510	6.416	84.1	2.6463	5.0	296.0	16.6	395.50	9.04
274	0.05644	40.0	6.41	1.0	0.447	6.758	32.9	4.0776	4.0	254.0	17.6	396.90	3.53
491	0.10574	0.0	27.74	0.0	0.609	5.983	98.8	1.8681	4.0	711.0	20.1	390.11	18.07
72	0.09164	0.0	10.81	0.0	0.413	6.065	7.8	5.2873	4.0	305.0	19.2	390.91	5.52
452	5.09017	0.0	18.10	0.0	0.713	6.297	91.8	2.3682	24.0	666.0	20.2	385.09	17.27
...	...	...	...	...	...	...	...	...	...	...	...	...	...
441	9.72418	0.0	18.10	0.0	0.740	6.406	97.2	2.0651	24.0	666.0	20.2	385.96	19.52
23	0.98843	0.0	8.14	0.0	0.538	5.813	100.0	4.0952	4.0	307.0	21.0	394.54	19.88
225	0.52693	0.0	6.20	0.0	0.504	8.725	83.0	2.8944	8.0	307.0	17.4	382.00	4.63
433	5.58107	0.0	18.10	0.0	0.713	6.436	87.9	2.3158	24.0	666.0	20.2	100.19	16.22
447	9.92485	0.0	18.10	0.0	0.740	6.251	96.6	2.1980	24.0	666.0	20.2	388.52	16.44

152 rows × 13 columns

图 6-16 X_test 的当前值

In[13]

```
#模型训练
model=XGBRegressor()
model.fit(X_train, y_train)
```

XGBoost 不仅可以用于回归，也可以用户分类。在 sklearn 中提供的对应实现类名分别为 XGBRegressor 和 XGBClassifier。

对应输出结果为：

```
XGBRegressor(base_score=0.5, booster='gbtree', colsample
_bylevel=1, colsample_bynode=1, colsample_bytree=1,
gamma=0, gpu_id=-1,importance_type='gain', interaction_
constraints='',learning_rate=0.300000012, max_delta_step
=0, max_depth=6, min_child_weight=1, missing=nan,
monotone_constraints='()',n_estimators=100, n_jobs=0,
num_parallel_tree=1, random_state=0,reg_alpha=0, reg_
lambda=1, scale_pos_weight=1, subsample=1,tree_method='
exact', validate_parameters=1, verbosity=None)
```

读者可以通过输入代码【help(XGBRegressor)】查看 In[13]的输出结果中的个参数含义。

此处，超参 subsample 和 colsample_bytree 含义分别为基于相同的训练集产生不同基学习器——决策树时，训练每个树所需要的样本比例和特征比例。

该输出结果显示了模型的训练结果。这里采用默认参数进行训练，默认采用 gbtree 基于树模型的助推器。learning_rate、max_depth、min_child_weight 这 3 个参数为控制过拟合的重要参数，例如，增加 max_depth 会使模型更复杂，更容易过拟合。n_estimators 作提升树的数量（等同于提升的迭代次数），n_estimators 太小，容易欠拟合，n_estimators 太大，又容易过拟合。在实际调参的过程中，常将 n_estimators 和参数 learning_rate 一起考虑。除了 n_estimators 外，colsample_bytree、subsample 也是控制速度的重要参数。reg_alpha、reg_lambda 分别表示 L1、L2 正则化项的影响。

显示预测结果：

```
In[14]  #默认参数模型预测结果 y_pred
        y_pred=model.predict(X_test)
        y_pred
```

对应输出结果为：

该输出结果显示了模型在测试集上的预测结果 y_pred。

```
array([24.778605 , 33.81824  , 16.406372 , 21.919922 , 16.906565 ,
       22.777987 , 17.356476 , 13.187293 , 20.986588 , 21.142221 ,
       20.54319  , 17.121996 ,  9.536354 , 21.091463 , 19.060402 ,
       25.708874 , 20.233723 , 10.601594 , 47.86842  , 15.67546  ,
       24.634136 , 24.914402 , 13.297937 , 23.103683 , 17.29109  ,
       14.3942995, 21.942911 , 12.735511 , 19.092672 , 20.922606 ,
       20.738443 , 23.78592  , 23.2116   , 21.518799 , 13.740487 ,
       16.88793  , 31.67158  , 18.544281 , 22.393078 , 24.590498 ,
       14.612399 , 27.65536  , 48.32444  , 18.866236 , 22.937452 ,
       13.490369 , 15.246323 , 24.50742  , 19.210526 , 28.331783 ,
       22.187742 , 34.691166 , 16.465988 , 27.75426  , 48.369026 ,
       21.04288  , 16.283424 , 32.370743 , 22.358805 , 18.022444 ,
       22.479692 , 34.404564 , 30.451216 , 17.837831 , 24.42846  ,
       15.181897 , 13.548869 , 22.872335 , 29.11238  , 14.93678  ,
       20.495413 , 29.009253 , 10.46218  , 19.606798 , 21.016764 ,
        6.3216386, 19.382124 , 48.193783 , 12.529642 , 12.637359 ,
       21.716196 , 13.153505 , 19.731611 ,  9.639965 , 19.839895 ,
       26.910765 , 15.207633 , 23.79186  , 23.760365 , 16.785551 ,
       22.563946 ,  6.0364614, 20.06593  , 18.818481 , 21.23965  ,
       20.136358 , 38.165085 , 14.082957 , 13.211542 , 12.796476 ,
       19.882042 , 24.067139 , 12.3613615, 20.309319 , 19.584806 ,
       13.509992 , 19.148417 , 23.937788 , 19.664902 , 24.751404 ,
        8.849189 , 14.36905  , 21.745792 , 24.0242   , 35.71102  ,
       15.534048 , 40.57538  , 12.820582 , 21.222338 , 24.212372 ,
       19.074104 , 22.826931 ,  6.2479396, 20.151781 , 22.150446 ,
       21.898823 , 23.191238 , 42.06873  , 19.587133 , 45.691677 ,
       15.803028 , 23.78663  , 19.260101 , 18.045813 , 13.751815 ,
       21.397385 , 19.502073 , 30.071861 , 29.207659 , 16.595743 ,
       18.815277 , 24.796328 , 19.390623 , 15.118903 ,  5.17022  ,
       21.148966 , 18.291183 , 14.59484  , 15.441049 , 41.34686  ,
       14.055554 , 15.716433 ],dtype=float32)
```

(6) 模型评价

利用平均绝对误差（MAE）、均方根误差（RMSE）、R_squared（决定系数）这三项回归指标进行模型的回归效果评价。

```
In[15]
#回归指标——平均绝对误差(MAE)、均方根误差(RMSE)、R_squared(决定系数)
print(" MAE:", metrics.mean_absolute_error(y_test, y_pred))
print(" RMSE:", metrics.mean_squared_error(y_test, y_pred, squared = False))
print(" R_squared:", metrics.r2_score(y_test, y_pred))
```

如果 squared = True，则函数 metrics.mean_squared_error()返回的是 MSE 值，如果 squared = False，则返回 RMSE 值。

对应输出结果为：

```
MAE: 2.0913459162963064
RMSE: 3.0395580436951612
R_squared: 0.876009538584032
```

该输出结果显示了模型的平均绝对误差（MAE）、均方根误差（RMSE）、决定系数（R_squared）的值。

（7）模型调参

设置 GridSearchCV 函数的 param_grid、cv 参数值。XGBoost 目标函数近似表示的关键技术之一为树结构的参数化，损失函数可以集成到决策树的分割标准中，从而形成剪枝策略。参数 max_depth 表示一棵树的最大深度，是树结构之一。梯度下降法的基本思想是通过反复调整学习率（learning_rate）以使损失函数最小化。通常，将 n_estimators 和参数 learning_rate 一起考虑来防止过拟合。subsample、colsample_bytree 是控制速度的重要参数。

以 n_estimators、max_depth、subsample、colsample_bytree、learning_rate 参数和值设置字典列表 param_grid。设置 cv 参数值为 5。

```
In[16]
param_grid={'n_estimators':[50,100,150,200,250,300],'max_depth':[3,4,5,6],'subsample':[0.8,0.9,1],'colsample_bytree':[0.8,0.9,1],
'learning_rate':[0.05,0.1,0.15,0.2,0.25,0.3]}
n_folds=5
```

调用 GridSearchCV 函数，进行 5 折交叉验证，得出模型最优参数：

关于 GridSearchCV 的原理，参见本书【第 4 章 分类分析】中的【4.5.8 GridSearchCV 及其原理】（P129）。

```
In[17]
estimator=GridSearchCV(model,param_grid,cv=n_folds)
estimator.fit(X_train,y_train)
```

对应输出结果为：

```
GridSearchCV(cv=5,
             estimator = XGBRegressor (base_score = 0.5, booster='gbtree',
                     colsample_bylevel=1, colsample_bynode=1,
                     colsample_bytree=1, gamma=0, gpu_id=-1,
                     importance_type='gain',
                     interaction_constraints='',
                     learning_rate=0.300000012, max_delta_step=0,
                     max_depth=6, min_child_weight=1,
```

该输出结果显示了调用 GridSearchCV 函数对估计器的指定参数值进行详尽搜索。

```
              missing=nan, monotone_constraints='()',
              n_estimators=100, n_jobs=0,
              num_parallel_tree=1, random_state=0,
              reg_alpha=0, reg_lambda=1,
              scale_pos_weight=1, subsample=1,
              tree_method='exact', validate_parameters=1,
              verbosity=None),
param_grid={'subsample': [0.8, 0.9, 1],
            'colsample_bytree': [0.8, 0.9, 1],
            'learning_rate': [0.05, 0.1, 0.15, 0.2, 0.25, 0.3],
            'max_depth': [3, 4, 5, 6],
            'n_estimators': [50, 100, 150, 200, 250, 300]})
```

读者可以通过输入代码【help(XGBRegressor)】查看In[13]的输出结果中的个参数含义。

通过best_estimator_属性，得出通过搜索选择的最高分（或最小损失）的估计量。

此处，best_estimator_为GridSearchCV类提供的属性，用于显示最佳估计器。除了，还提供了best_score_和cv_results_等属性，详见sklearn官网中对GridSearchCV的解读。

In[18]
```
#通过best_estimator_属性,得出通过搜索选择的最高分(或最小损失)的估计量。
estimator.best_estimator_
```

对应输出结果为：

```
XGBRegressor(subsample=0.8, base_score=0.5, booster='
gbtree',colsample_bylevel=1, colsample_bynode=1, colsam-
ple_bytree=0.9, gamma=0,gpu_id=-1, importance_type='gain',
interaction_constraints='', learning_rate=0.2, max_delta_
step=0,max_depth=4, min_child_weight=1, missing=nan,
monotone_constraints='()', n_estimators=150, n_jobs=0,
num_parallel_tree=1, random_state=0, reg_alpha=0, reg_
lambda=1,scale_pos_weight=1, subsample=1, tree_method='
exact',validate_parameters=1, verbosity=None)
```

该输出结果显示了最优的模型参数为n_estimators=150，max_depth=4，subsample=0.8，colsample_bytree=0.9，learning_rate=0.2。该模型参数为损失函数最小化时的模型参数。

（8）模型预测

调参后的重新训练模型：

In[19]
```
#调参后的模型训练
model1=XGBRegressor(n_estimators=150,max_depth=4,sub-
sample=0.8,colsample_bytree=0.9,learning_rate=0.2)
model1.fit(X_train,y_train)
```

对应输出结果为：

该输出结果显示调参后的模型训练结果。

```
XGBRegressor(base_score=0.5, booster='gbtree', colsample
_bylevel=1,colsample_bynode=1, colsample_bytree=0.9,
gamma=0, gpu_id=-1,importance_type='gain', interaction_
constraints='',learning_rate=0.2, max_delta_step=0, max_
depth=4,min_child_weight=1, missing=nan, monotone_con-
straints='()',n_estimators=150, n_jobs=0, num_parallel_
tree=1, random_state=0,reg_alpha=0, reg_lambda=1, scale
_pos_weight=1,subsample=0.8,tree_method='exact', vali-
date_parameters=1, verbosity=None)
```

调参后的模型预测：

```
In[20]  #调参后的模型预测结果 y_pred1
        y_pred1=model1.predict(X_test)
        y_pred1
```

该输出结果显示了调参后的模型预测结果 y_pred1。

对应输出结果为：

```
array([24.421812 , 30.907122 , 15.660979 , 21.813583 , 17.651957 ,
       21.81803 , 18.679811 , 15.159318 , 21.050043 , 21.13544 ,
       23.48247 , 21.629803 , 7.92943 , 20.519287 , 19.580126 ,
       24.472893 , 18.84391 , 8.834823 , 47.86417 , 15.74696 ,
       25.407196 , 25.884571 , 13.318868 , 20.520376 , 14.8955 ,
       16.026102 , 22.303404 , 13.904794 , 20.752337 , 22.087376 ,
       21.666084 , 23.85108 , 21.315794 , 19.886778 , 15.198606 ,
       16.956358 , 32.468323 , 18.330118 , 22.648546 , 21.919376 ,
       19.06519 , 28.883013 , 47.912014 , 20.973774 , 22.869509 ,
       14.223925 , 15.475627 , 22.912157 , 19.631586 , 27.092134 ,
       23.011465 , 35.692905 , 18.598154 , 24.930481 , 45.069317 ,
       21.408623 , 15.673539 , 32.36966 , 22.794327 , 19.164837 ,
       24.501116 , 36.767498 , 32.256027 , 18.994408 , 24.898897 ,
       18.705812 , 14.239978 , 23.829935 , 28.92492 , 15.4351 ,
       21.081749 , 26.946339 , 10.191815 , 21.47136 , 21.885471 ,
        7.1122994, 19.668554 , 48.86335 , 11.150411 , 12.221657 ,
       23.076893 , 11.733845 , 19.803259 , 9.634905 , 19.018333 ,
       28.938118 , 17.323774 , 23.670183 , 24.081377 , 17.737402 ,
       22.567692 , 6.973529 , 19.402569 , 18.516537 , 25.897556 ,
       19.124931 , 42.722614 , 11.182932 , 12.67243 , 11.78873 ,
       18.640793 , 23.80897 , 12.97934 , 19.930109 , 19.609982 ,
       12.682703 , 18.360188 , 24.11839 , 19.431864 , 23.09033 ,
        9.143029 , 14.196259 , 22.000689 , 26.829859 , 32.30768 ,
       15.171512 , 37.245308 , 13.753265 , 20.549282 , 23.628149 ,
       19.343653 , 24.24057 , 6.660691 , 19.94755 , 22.270864 ,
       21.927647 , 22.156206 , 39.526638 , 19.300585 , 47.98656 ,
```

```
16.246664 , 22.696638 , 18.395798 , 19.755198 , 12.813526 ,
20.270487 , 20.17999 , 34.266865 , 27.812876 , 16.786465 ,
19.075983 , 25.167416 , 17.156807 , 18.180296 , 6.3524604,
19.862333 , 18.72027 , 13.423952 , 15.370119 , 43.340515 ,
16.05148 , 16.049332 ],dtype=float32)
```

调参后的模型回归指标评价结果：

```
In[21]
#调参后的模型回归指标评价结果
print("MAE1:",metrics.mean_absolute_error(y_test, y_pred1))
print("RMSE1:",metrics.mean_squared_error(y_test, y_pred1,
squared = False))
print("R_squared1:",metrics.r2_score(y_test, y_pred1))
```

关于 In［9］中的评价指标，参见本书【第 3 章 回归分析】中的【3.3.1 回归分析中常用的统计量】（P45）。

对应输出结果为：

```
MAE1: 1.932846398730027
RMSE1: 2.686166341817144
R_squared1: 0.9031648120250302
```

该输出结果显示了调参后的模型回归指标平均绝对误差（MAE）、均方根误差（RMSE）、R_squared（决定系数）的值。通过与之前未调参模型的回归效果进行对比，可以发现平均绝对误差（MAE）、均方根误差（RMSE）值降低，R_squared（决定系数）值上升，回归效果显著提升。

6.5　重点与难点解读

随机森林和 XGBoost 的重点与难点解读如下。

6.5.1　参数解读——随机森林和 XGBoost

（1）随机森林的参数解读

表 6-4 和图 6-17 所示为随机森林分类器 RandomForestClassifier( ) 的参数及其解读。

表 6-4　RandomForestClassifier( ) 的参数及其解读

参数名称	参数含义	备　注
n_estimators	随机森林中树的数量	default = 10，默认 10 个基决策树
criterion	树分裂的规则	可选“gini”和“entropy”两种方式，default =“gini”

（续）

参数名称	参数含义	备　注
max_depth	树的最大深度	default = None，默认树一直增长至所有的叶子节点都是同一类样本，或者达到最小样本划分（min_samples_split）的数目
min_samples_split	最小样本划分的数目	如果当前样本小于这个值则停止划分当前节点，default = 2
min_samples_leaf	叶子节点最小样本数	如果某叶子节点数目小于这个值，就会和兄弟节点一起被剪枝，default = 1
min_weight_fraction_leaf	叶子节点最小的权重	default = 0.0，默认为 0，样本的权重相等
max_features	查找最佳分裂所需考虑的特征数	n_features 为全部的特征数，"auto""sqrt""log2""None" 4 种模式分别表示 max_features = sqrt（n_features） max_features = sqrt（n_features） max_features = log2（n_features） max_features = n_features.
max_leaf_nodes	最大叶子节点数	default = None，即不限制最大的叶子节点数
min_impurity_split	节点划分的最小不纯度	结束树增长的一个阈值，如果不纯度大于这个阈值，那么该节点就会继续划分，否则不划分，成为一个叶子节点
bootstrap	是否使用 bootstrap 方法采样	default = True，默认选择自助采样法
oob_score	是否使用袋外样本作为验证集估计模型准确度	default = False，默认不采用
n_jobs	并行 job 个数	default = 1，1：不并行；-1：跟 CPU 核数一致；n：n 个并行，
random_state	随机数种子	default = None，默认由 np. numpy 生成

（2）XGBoost 的参数解读

表 6-5 所示为 XGBoost 的超参数及其解读。

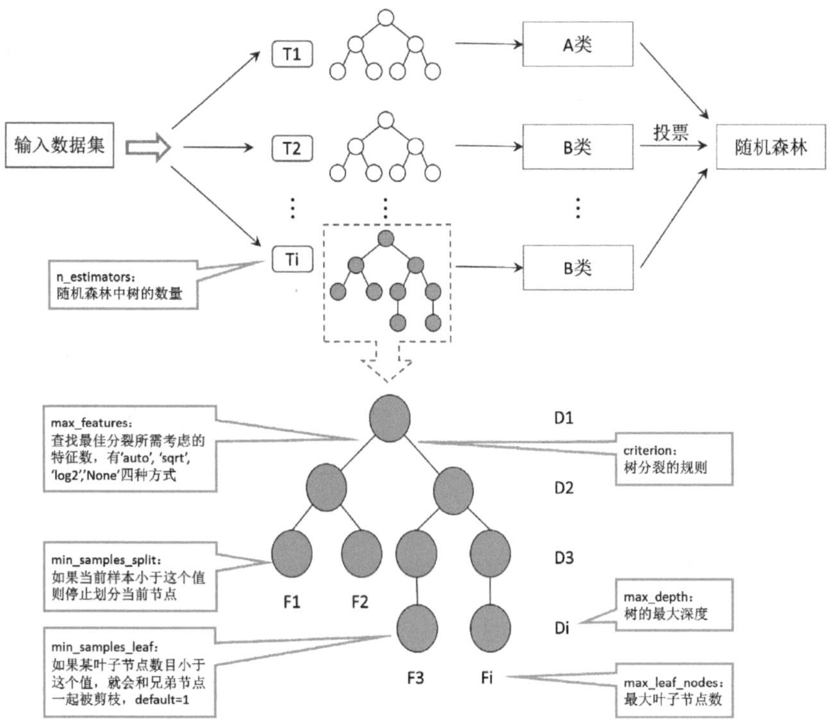

图 6-17 随机森林超级参数图解

表 6-5 XGBoost 的超参数及其解读

参数名称	参数含义	备注
max_depth	一棵树的最大深度。增加这个值会使模型更复杂，更容易过拟合	默认值=6，范围：[0，∞]。 XGBoost 在训练深度树时会积极消耗内存
sub_sample	训练实例的子样本比	默认值=1，范围：（0，1]，典型值为0.8~1.0，将其设置为0.5意味着XGBoost将在种植树木之前随机采样一半的训练数据，这将防止过度拟合。子采样将在每次提升迭代中发生一次
colsample_bytree	是构建每棵树时，列的子样本比率，对构建的每棵树进行一次子采样	默认值=1，范围：（0，1]，典型值为0.5~1.0

（续）

参数名称	参数含义	备　注
n_estimators	弱学习器的最大迭代次数，或者说最大弱学习器的个数	默认值=100，弱学习器的个数增多会影响速度。一般来说 n_estimators 太小，容易欠拟合，n_estimators 太大，又容易过拟合，宜选择一个适中的数值。在实际调参的过程中，常将 n_estimators 和参数 learning_rate 一起考虑
eta	更新中使用步长收缩以防止过度拟合	默认值=0.3，范围：［0，1］，别名 learning rate，在每一步 boosting 之后，可以直接得到新特征的权重，并且 learning rate 缩小特征权重，使 boosting 过程更加保守

此外，还有 lambda、alpha 等正则化参数，具体参数及其含义参见 XGBoost 官网。

6.5.2 纯度最大化

构建决策树的关键在于"如何找到最优划分属性"，将样本分为若干类，并确保每个类中的"纯度最大化"。

纯度是代表的是一个样本集中所包含的类别（标签）数量，类别数量越少，纯度越高。

在决策树及其演化算法中，节点依据当前最优划分属性来进行拆分，而最优划分属性的选择标准是能让拆分后分支的纯度达到最高，也就是让每个分支的样本尽可能的属于同一类，消除事件的不确定性。

常用的最优划分属性的选择方法有：信息增益、信息增益率和基尼指数，如表 6-6 所示。

序号	最优划分属性的选择方法	应用场景
1	信息增益（Information Gain）	ID3
2	信息增益率（Information Gain Ratio）	C4.5
3	Gini 指数	CART 和随机森林等

1. 信息增益

在信息论中，"熵（Entropy）"是衡量信息的不确定度的指标，消除"熵"可以增加事件的确定性。在决策树中，样本的纯度越高，不确定性越低，即信息熵越低，所以只需要计算节点拆分前后熵的变化就能反映划分属性的优劣性。因此，信息熵及其增减程度（信息增益）与增减率（信息增益率）成为以决策树类学习算法（如 ID3、C4.5 等）选择"最优划分属性"的主要依据。

决策树中的"熵"是信息论中的"熵"在机器学习中的应用，二者的内涵是一致的。

（1）信息熵

在机器学习中，计算样本集 D 的熵（Entropy）的方法为：

$$Entropy(D) = -\sum_{k=1}^{n} p_k \log 2^{p_k} \qquad (6\text{-}14)$$

在公式 6-14 中，D 为样本集，n 为样本集中的类别总数，k 为第 k 个类别，p_k为由样本集 D 中第 k 类样本的占比属于第 k 类别的样本在样本集 D 中的占比。

(2) 信息增益

令 Entropy（D）表示当前样本集的熵，Entropy(D,a) 表示按照属性 a 划分后再次对样本集 D 计算的熵，则 Entropy(D)-Entropy（D,a)就是划分之后熵的变化量，即信息增益（Information Gain)，用公式表示为：

$$Gain(D,a) = Entropy(D) - Entropy(D,a) \qquad (6\text{-}15)$$

如果用于划分依据的属性 a 有 V 个可能的取值，那么基于属性 a 可以将样本集 D 划分成 V 个分支，第 v 个分支包含的样本集为 D^v，我们可以将信息增益 $Gain(D,a)$ 的公式进一步具体化为：

$$Gain(D,a) = Entropy(D) - \sum_{v=1}^{V} \frac{|D^v|}{|D|} Entropy(D^v) \qquad (6\text{-}16)$$

从公式 6-16 可以看出，信息增益 $Gain(D,a)$越大，说明用属性 a 划分获得的纯度提升越大，划分效果越好。因此，信息增益可以作为决策树中最优划分属性的选择依据。例如，ID3 算法采用的最优划分属性的依据就是信息增益(Information Gain)。

ID3 是一种经典的决策树算法，它的特点是选择当前样本集 D 中具有最大信息增益值的属性作为“最优划分属性”。

2. 信息增益率

信息增益(Information Gain)的缺点在于只考虑了样本集的划分前后的纯度变化，而忽视了划分的子集个数——分支数量。但是，在实际应用需要综合考虑纯度变化和分支数量——在最有划分属性的选择时，应遵循的理念为“纯度变化要大的同时，分支数量要小”。为此，决策树类算法中引入了“信息增益率”的概念。例如，C4.5 算法选用信息增益率(Information Gain Ratio)来选择最优划分属性。

信息增益容易选择“取值个数多的属性”，导致分叉个数太多，加大决策树的过拟合的可能，弱化决策树的泛化能力。

信息增益率(Information Gain Ratio)的计算公式为：

$$GainRatio(D, a) = \frac{Gain(D, a)}{IV(a)} \qquad (6\text{-}17)$$

其中：

$$IV(a) = -\sum_{v=1}^{V} \frac{|D^V|}{|D|} \log 2^{\frac{|D^v|}{|D|}} \qquad (6\text{-}18)$$

IV(intrinsic value)表示属性的固定值。

D：样本集

a：属性

V：属性 a 的可能取值的个数

$Gain(D, a)$：用属性 a 划分样本集 D 时的信息增益

Dv：当属性 $a=v$ 时，对应的样本子集，即第 v 个分支所包含的样本集

从公式 6-18 可以看出，当属性的取值个数 V 越多，其固定值越大，即信息增益率的分母越大，对信息增益偏好取值个数多的属性进行正则化处理。

当属性 a 的可能取值的个数越大，用该属性划分出的类别数目 V 越多，则 $IV(a)$ 的计算结果也会越大。

从公式 6-16 ~ 6-18 可以看出，

信息增益(Information Gain)：倾向于选择取值个数较大的属性

信息增益率(Information Gain Ratio)：倾向于选择取值个数较小的的属性

与信息增益(Information Gain)不同的是，信息增益率(Information Gain Ratio)的缺点是偏向于取值个数较少的属性。因此，在"最有划分属性"的选择中，如何权衡信息增益和信息增益率是一个难题。通常采用的方法是先控制增益，然后再控制信息增益率。例如，C4.5 算法并不是直接使用信息增益率，而是先用信息增益选出一些高于平均水平的属性，再从中选出信息增益率最高的属性作为最优划分属性。

3. 基尼指数

Gini Index 与 Gini Coefficient 是两个概念。

基尼指数(Gini Coefficient)是意大利经济学家基尼于 1912 年提出的，用以定量测定收入分配差异程度，是国际上用来综合考察居民内部收入分配差异状况的一个重要分析指标。

信息增益和信息增益率主要从属性的角度，引入信息论的"信息熵"概念，度量样本集的"(不)纯度"，选择属性划分带来的信息熵的变化，进而选择最优属性。我们也可以换个思路，通过对样本集 D 直接随机抽样的方式计算其纯度——如果从样本集 D 随机抽取 2 个样本，其标签不一样的概率。这就是基尼指数(Gini Index)的提出背景和核心思想。

(1)样本集的纯度——基尼指数

基尼指数(Gini Index)可以度量样本集 D 的纯度，其计算公式为：

$$Gini(D) = \sum_{j=1}^{|y|} p_j(1 - p_j) = 1 - \sum_{j=1}^{|y|} p_j^2 \qquad (6\text{-}19)$$

从功能上，基尼指数与信息熵类似，都可以用来刻画样本集的"不纯度"

其中，$|y|$ 表示样本集 D 中标签的取值个数，p_j表示样本属于第 j 类的概率。

对于样本集 D 而言，基尼指数：

越大，表明其不纯度越高

越小，表明其不纯度越低

从公式 6-19 可以看出，基尼指数越小表明数据集 D 中同一类样本的数量越多，其纯度越高。

因此，样本集基尼指数的变化可以用于决策树的"最有属性选择"，通常选择"划分后的基尼指数降低幅度最大的属性"作为最优划分属性。

(2)属性的优度——属性划分前后的基尼指数变化程度

V 为用属性 a 对样本集 D 划分后得到的分支子集的个数

$D=D^1 \cup \dots \cup D^V$

样本集 D 及其基于属性 a 划分后得到的分支子集 D^1，$\cdots D^V$，可以计算该属性 a 的基尼指数 $Gini(D,a)$：

$$Gini(D, a) = \sum_{v=1}^{V} \frac{|D^v|}{|D|} Gini(D^v) \qquad (6\text{-}20)$$

从公式 6-20 可以看出，属性 a 对样本集 D 的 $Gini$ 指数的计算过程是：先计算每个分支子集 $D^v(v=1,\cdots,V)$ 的基尼指数 $Gini(D^v)$，然后以该分支子集在整个样本集 D 中的占比($\frac{|D^v|}{|D|}$)为权重，进行加权求和。

在最优划分属性的选择中，需要选择对样本集 D 的不纯度变化最大的属性——划分后基尼指数最小的属性。

6.5.3 泰勒展开式

为 $f(x)$ 按 $x-x_0$ 的幂展开的 n 次近似多项式

如果函数$f(x)$在含有x_0点的开区间 (a,b) 内具有直到 $n+1$ 阶导数，则它可以表示为 $(x-x_n)$ 的 n 次多项式与余项R_n之和，即

$$f(x)=\sum_{k=0}^{n}\frac{f^{(k)}(x_0)}{k!}(x-x_0)^k+R_n \tag{6-19}$$

式（6-19）为函数$f(x)$在x_0点的n阶泰勒展开式。式中，$\sum_{k=0}^{n}\frac{f^{(k)}(x_0)}{k!}(x-x_0)^k$为泰勒多项式；$\frac{f^{(k)}(x_0)}{k!}$为泰勒系数；$R_n$为余项。通过泰勒展开，将函数$f(x)$展开成（$x-x_0$）的幂级数。

6.5.4 集成学习中几个注意事项

（1）基于随机森林的分类和回归的区别

1）最优划分属性的选取原则不同：在分类问题上，基于CART分类树的随机森林采用Gini系数作为最优划分属性原则；在回归问题上，CART回归树采用最小均方差的原则。

2）基学习器学习结果的结合策略不同：在分类问题上，随机森林采用投票法决定最终分类；在回归问题上，采用平均法。

（2）随机森林算法的使用前提

1）在处理非平衡数据时，随机森林算法不能很好地对少数类做出预测，导致最终分类结果与实际结果存在较大误差。

2）算法参数的选取直接影响最终的分类结果，因此寻找合适的参数组合对随机森林模型非常重要。

3）随机森林包含许多决策树，用户很难理解和比较所有决策树的结构和属性，同时因为特征选择和数据的随机性，该模型可解释性较差。

4）随机森林已经被证明在某些噪声较大的分类或回归问题上会过拟合。

5）对于有不同取值的属性的数据，取值划分较多的属性会对随机森林产生更大的影响，所以随机森林在这种数据上产出的属性权值是不可信的。

（3）Boosting类集成算法的演变

图6-18显示了Boosting算法的演变。

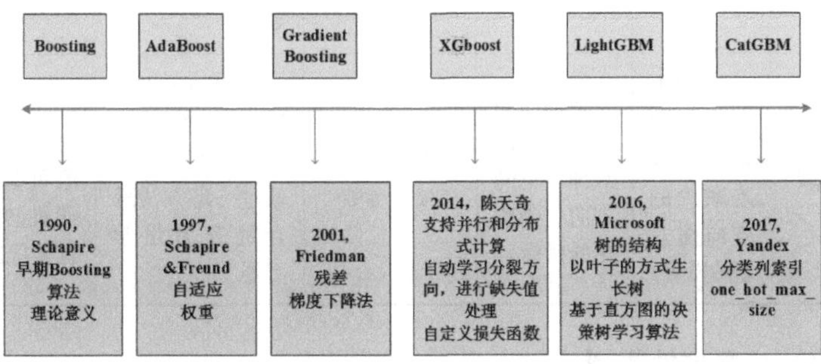

图6-18 Boosting算法的演变

1）早期的 Boosting 算法是证明 Boosting 思想的理论结构，而不是适合实际使用的算法，仅有理论意义，但为第一个具体的、至今仍然是最著名的算法 AdaBoost 做了铺垫。

2）1997 年由 Schapire 和 Freund 提出的 AdaBoost 算法，是第一个自适应提升算法，根据当前迭代中的实际性能自动调整数据的参数，重新计算用于重新加权数据的权重。

3）2001 年 Friedman 开发了 Gradient Boosting 算法。相较于 AdaBoost 以权重作为每棵树的标签，Gradient Boosting 算法使用梯度下降法，基于残差进行训练。

4）2014 年陈天奇提出 XGBoost 算法。与 Gradient Boosting 算法相比，XGBoost 支持并行和分布式计算，能够自动学习分裂方向，进行缺失值处理，可以自定义损失函数。

5）2016 年 Microsoft 发布了 LightGBM 算法，与 XGBoost 算法相比，两者的区别主要在于树的结构，其以叶子的方式生长树木（leaf-wise tree growth），实现了一种高度优化的基于直方图的决策树学习算法（histogram-based decision tree learning algorithm）。

6）2017 年 Yandex 公司发布了 CatGBM 算法，该算法提供分类列索引的灵活性，因此可以使用 one_hot_max_size 将其编码为独热编码。

AdaBoost 与 XGBoost 都属于 Boosting 类集成算法，两者的主要区别如表 6-7 所示。

表 6-7 AdaBoost 与 XGBoost 的区别

算法	目的	思想	目标函数	集成思想体现	运算方式
AdaBoost	减少错误分类的样本数	强调自适应（不断修改样本权重）	指数损失函数	为每个弱学习器赋予不同权值，将所有弱学习器的权重和作为预测的结果，达到强学习器的效果	只能进行串行运算
XGBoost	减少上一次的残差（在残差减少的方向建立新的模型）	强调回归（将损失函数梯度下降方向作为优化的目标）	可以自定义损失函数	属于 Gradient Boosting 实现方法，将弱学习器通过一定方法融合提升为强学习器	串行生成弱学习器，但可以在特征维度上进行并行运算

（4）广义加性模型

广义加性模型（Generalized Additive Model ，GAM））是加性模型

的扩展（Additive Model，AM）。GAM是通过对多重线性模型进行扩展而来的。假如多重线性模型：

$$y=\beta_0+\beta_1 x_1+\beta_2 x_2+\cdots++\beta_p x_p+\varepsilon \tag{6-20}$$

为了表现出自变量的非线性效应，广义加性模型将多重线性模型中的每个线性组成部分（$\beta_i x_i$）替换成一个光滑非线性函数$f_i(x_j)$。

因此，我们可以将公式6-20的多重线性模型改写为广义加性模型，具体如下：

$$y=\beta_0+f_1(x_1)+f_2(x_2)+\cdots+f_p(x_p)+\varepsilon \tag{6-21}$$

在此，之所以称之为加性模型（AM）是因为先估计了每一个光滑非线性函数$f_j(x_j)$，$j=1$，…，p，然后将其加到一起。

多重线性回归（multiple linear regression）是研究一个连续型因变量和多个自变量之间线性关系的统计学分析方法

光滑函数（smooth function）是指在其定义域内无穷阶数连续可导的函数。

本章讨论的XGBoost算法的目标函数基于加性模型（AM）训练，详见P156【（2）损失函数的泰勒展开】。

（5）逻辑回归和XGBoost的目标函数优化方法的区别

XGBoost使用梯度下降方法来寻找问题的最佳解决方案，引入了二阶泰勒展开，允许用户自定义损失函数；逻辑回归模型通过极大似然估计的方法，以对数函数作为损失函数，通过梯度下降法来求解模型参数。

（6）个体学习器的多样性

个体学习器的多样性是集成学习的前提，因此，如何度量和提升个体学习器是集成学习的重点之一。

1）常用于度量个体学习器多样性的指标有：相关系数、不一致性测量（disagreement measure）、Q-统计量和k-统计量。

2）常用于增强个体学习器多样性的方法是对数据样本进行抽样（如自助法）、对属性集进行抽样（如random subspace算法）、对算法参数进行调整（如Negative Correlation算法）、对训练结果进行随机修改（如Flipping Output算法）进行扰动处理。

6.6 习题

1. 随机森林的基学习器由（ ）构成。

A. 决策树　　B. K近邻　　C. 支持向量机　　D. 贝叶斯分类器

2. CART分类树算法采用（ ）原则选择最优划分属性。

A. 信息增益　　B. 信息增益率　　C. Gini指数　　D. 最小均方差

3. 关于随机森林描述不正确的是（ ）。

A. 随机森林采用的是Bagging的思想

B. 随机森林算法对部分特征缺失不敏感

C. 随机森林预测时根据单决策树分类误差进行加权投票

D. 随机森林的随机性主要体现在训练单决策树时，对样本和特征同时进行采样

4. （ ）不是对分类模型的评价指标。

A. 均方误差　　B. 准确率　　C. 召回率　　D. F1-score

5. 下面关于随机森林的说法描述正确的是(　　)。

A. 随机森林训练后只选择泛化误差最小的树作为预测模型

B. 每棵基决策树只从属性集中随机抽取一部分的属性作为候选特征

C. 决策树之间的相关性越高，随机森林模型的分类效果越好

D. 随机森林不会出现过拟合问题

6. 下列算法中，不属于集成学习的是(　　)。

A. 随机森林　　B. GBDT　　C. XGBoost　　D. 支持向量机

7. XGBoost 的主要应用场景是(　　)。

A. 分类　　B. 回归　　C. 聚类　　D. 降维

8. XGBoost 支持快速高效的计算速度的原因包括(　　)。

A. XGBoost 可以在特征维度上进行并行运算

B. XGBoost 的每个特征采用常数个分位点作为候选分割点

C. XGBoost 使用缓存预取的方法，对每个线程分配一个连续的 buffer

D. XGBoost 训练前每个特征按特征值进行排序并存储为 Block 结构，Block 预先放入内存，处理优化

9. AdaBoost 与 XGBoost 的关系是(　　)。

A. AdaBoost 只能进行串行运算，XGBoost 可以在特征维度上进行并行运算

B. AdaBoost 减少错误分类的样本数，XGBoost 减少上一次的残差

C. AdaBoost 是指数损失函数，XGBoost 可以自定义损失函数

D. 两者都属于 Boosting 类集成算法

10. 关于 XGBoost，下列说法正确的是(　　)。

A. XGBoost 支持时间序列　　B. XGBoost 在特征维度上并行

C. XGBoost 对缺失值不敏感　　D. XGBoost 使用泰勒二阶展开

6.7　主要参考文献及推荐阅读书目

[1] BISWAS A，WENNEKES E，HONG T P，et al. Advances in Speech and Music Technology [M]. Berlin：Springer，2020.

[2] DAS S，UMIT M C. Hands-On Automated Machine Learning：A beginner's guide to building automated machine learning systems using AutoML and Python [M]. Birmingham：Packt Publishing Ltd，2018.

[3] Introduction to Boosted Trees [EB/OL]. [2021-08-22]. https：//XGBoost. readthedocs. io/en/latest/tutorials/model. html.

[4] BREIMAN L，CUTLER A. Random Forests [EB/OL]. [2021-07-02]. https：//www. stat. berkeley. edu/~breiman/RandomForests/cc_home. htm#inter.

[5] LOUPPE G. Understanding Random Forests：From Theory to Practice [J]. Eprint Arxiv，2014.

[6] Khan，Muhammad Salman. Machine Learning and Cognitive Science Applications in Cyber Security [M]. IGI Global，2019.

[7] 李航 . 统计学习方法 [M]. 北京：清华大学出版社 . 2012.

[8] 周志华 . 机器学习 [M]. 北京：清华大学出版社 . 2017.

第 7 章　自然语言处理

自然语言处理（Natural Language Processing，NLP）是人工智能、计算机科学与语言学的交叉研究领域，产生于 20 世纪 50 年代，旨在自动化处理人类使用的自然语言。

7.1　应用场景

自然语言处理主要应用于分词、信息检索、命名实体识别、文本分类、词义消歧、词性标记、情绪分析、问答系统、自动语音识别、机器翻译等多个领域。自然语言处理的输入通常是文本、口语或键盘，形式可以是句子、段落或文章，任务包括翻译成另一种语言、理解文本内容、建立数据库、生成摘要、在计算机界面与用户对话等，输出内容根据待处理任务有不同的形式。常见的自然语言处理任务及具体划分如表 7-1 所示。

表 7-1　自然语言处理的任务及具体划分

任务	输入（Input）	处理过程（P）	输出（Output）
分词	一段连续文本	（1）去除停用词 （2）文本分割	独立的单词
语音识别	一段连续语音	（1）构建语音特征矢量模板库 （2）语音信号预处理 （3）语音特征提取 （4）模式匹配	与语音相匹配的句子或关键词
命名实体识别	一段连续文本	（1）识别实体边界 （2）标注实体类别，明确文本中具有特定意义的实体名称，例如，人名、地名、机构名、专有名词等	带有实体类别标记的文本或者实体及其类别列表
情感分析	基于词典的方法： （1）情感词典 （2）计算规则 （3）待预测文本 基于机器学习的方法： （1）人工标注的训练文本 （2）待预测文本	基于词典的方法： （1）构建词典和规则 （2）将文本拆解为句子，再将句子拆分为词语 （3）根据词典和规则计算句子情感得分 基于机器学习的方法： （1）文本预处理（构建词袋模型或词嵌入） （2）模型训练 （3）预测	基于词典的方法： 情感得分 基于机器学习的方法： 情感倾向的概率

（续）

任务	输入（Input）	处理过程（P）	输出（Output）
文本摘要	一段连续文本	抽取文本摘要： （1）将段落文本拆解为句子 （2）文本预处理 （3）计算句子权重 （4）排序并重组相关句子以生成摘要 自动生成文本摘要： （1）文本分析 （2）语义转述 （3）生成摘要	一段近似于自然语言的连续文本
语言翻译	一种语言的单词、句子或段落	基于规则的方法： （1）制定翻译规则 （2）语言转换 基于统计的方法： （1）分析语料库 （2）构建训练模型 （3）利用模型预测翻译结果出现概率	另一种语言的单词、句子或段落
问答系统	用自然语言做出的提问	（1）构建数据库 （2）问句处理 （3）问题抽象 （4）问题分类 （5）问句还原 （6）答案检索 （7）答案生成	近似于自然语言的回答
主题分类	（1）已被标注的训练文本集合 （2）多段连续文本	（1）文本预处理 （2）特征抽取 （3）模型训练 （4）模型评价 （5）预测	文本属于各分类的概率

7.2　算法原理

自然语言生成（Natural Language Generation，NLG）和自然语言理解（Natural Language Understanding，NLU）都是自然语言处理（Natural Language Processing，NLP）的分支。两者的区别在于 NLU 主要关注以自然语言作为输入，处理后输出为机器可读的语义表示，主要涉及对词汇歧义、句法歧义和参照歧义的处理；而 NLG 则是将语义信息以人类可读的自然语言形式进行表达，利用计算机选择并执行一定的语法和语义规则生成自然语言文本，涉及句子规划、话语规划和文本实现。

传统的自然语言处理的基本流程包括：数据预处理（词干化、分词等）、特征工程、学习和预测。传统的自然语言处理技术对人工的要求较高且容易丢失潜在有用信息，基于深度学习的自然语言处理方法逐渐被广泛应用。自然语言处理的深度学习流程包括：分词、将句子用数值表示、输入到深层模型并训练模型、优化深层模型、预测。

7.2.1　中文分词

中文分词是将中文汉字序列拆分为单个的字或词语。由于中文语句没有空格等可被用来分隔词语的标记，且双字词和多字词较多，使得中文分词难度较大。目前使用较多的中文分词工具有 jieba、SnowNLP、HanLP、NLPIR、THULAC 等。

中文分词技术中需要解决的关键问题是歧义切分和新词识别。

1）歧义切分是指形式相同的一段文本根据不同的语境切分为正确的词语集合。例如，一个中文语句“他今日出门了”，可以切分为“他/今日/出门/了”，也可以切分为“他/今/日出/门/了”，在不同的语境下会给出不同的切分方式，而根据句意第一种切分方式是正确的。

2）新词识别是指一些人名、地名、机构名、专业术语、新词语等未被收录进分词词典中的词，若这些词无法被识别出来，则可能影响分词效果。例如，一个中文语句“李大地正在吃饭”，其中“李大地”是一个人名，正确的分词结果为“李大地/正在/吃饭”，但如果计算机无法识别出“李大地”这个人名的话，则会把这句话切分为“李/大地/正在/吃饭”，从而得到错误的分词结果。

7.2.2　词袋模型

词袋模型（Bag of Words，BoW）是指将文本看作无序的词或词组的集合，从而将文本用向量表示，通常根据每个单词或词组出现的次数将向量元素标记为 1、2、3 等，如果文本中的单词或词组在语料库词汇表中没有出现，则标记为 0。BoW 被广泛应用于计算机视觉、自然语言处理、贝叶斯垃圾邮件过滤以及通过机器学习进行文档分类和信息检索等领域。

例如，一个包含三句话的文本文档：“the cat sat，the cat sat in the hat，the cat with the hat”，首先定义语料库词汇表为：the，cat，sat，in，the，hat 和 with，计算每个单词出现的次数并将其映射到词汇表中（表 7-2），则该文本文档可用向量表示为：[[1，1，1，0，0，0]，[2，1，1，1，1，0]，[2，1，0，0，1，1]]。

表 7-2 词袋模型示例

	the	cat	sat	in	hat	with
the cat sat	1	1	1	0	0	0
the cat sat in the hat	2	1	1	1	1	0
the cat with the hat	2	1	0	0	1	1

（来源：Victor Zhou 2019）

7.2.3 N-grams 模型

N-gram 模型被广泛应用于拼写和语法验证、语音识别、机器翻译、字符识别等领域，集合中的元素可以是字母、单词、音素、音节等。

在自然语言处理中，N-gram 模型（N-grams）是指从不少于 N 个字符的文本中提取出长度为 N 的字符串的集合，各个字符之间有前后顺序。

1）当 N=1 时，它被称为 Unigram。

2）当 N=2 时，它被称为 Bigram。

3）当 N=3 时，它被称为 Trigram。

4）当 N=n 时，它被称为 n-gram，从而根据 n 个字符同时出现的概率来推断语句的结构。

例如，对于“This is a sentence”这个句子，当 N=1 时，一次只取 1 个单词，分解得出的 Unigram 集合为｛this，is，a，sentence｝；当 N=2 时，一次取 2 个单词，分解得出的 Bigram 集合为｛this is，is a，a sentence｝；当 N=3 时，一次取 3 个单词，分解得出的 Trigram 集合为｛this is a，is a sentence｝，如图 7-1 所示。

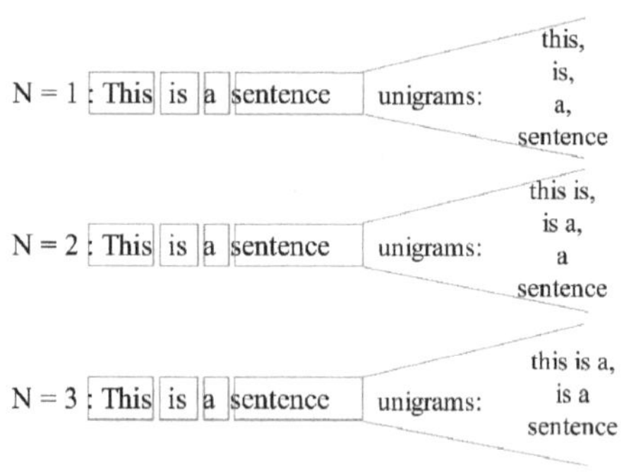

图 7-1 N-grams 模型示例

（来源：JoydeepBhattacharjee，2021）

7.2.4 TF-IDF 算法

TF-IDF 是一种计算某词项在一组文档中权重的方法，反映一个词对一个集合或语料库中文档的重要性程度，通常作为权重因子被应用于信息检索和文本挖掘领域中。

1）TF（Term Frequency）表示词项频率，即词项在文档中出现的频率，记为 $tf_{i,j}$，其中 i 对应词项，j 对应文档。

2）IDF（Inverse Document Frequency）表示逆文档频率，即总文档数目除以包含词项 i 的文档数目，再对结果进行以 10 为底的对数计算，记为 idf_i，可以表示词项在文档中的普遍重要性。

对于每篇文档中的每个词项，将其 tf 和 idf 相乘形成的最终权重为 TF-IDF 权重，具体计算公式如公式 7-1 所示：

$$w_{i,j}=tf_{i,j}\times\log\left(\frac{N}{idf_i}\right) \tag{7-1}$$

N 为文档的总数量，$tf_{i,j}$ 为词项 i 在文档 j 中出现的频率；df_i 为含有词项 i 的文档数量。

可见，当词项在少数几篇文档中出现多次时，可计算得出该词项在文档中所占权重最大，即能够对这些文档提供最强的区分能力。

7.2.5　文本规范化

文本规范化（Text Normalization）是自然语言处理中的一项预处理技术，通常是文本到语音系统的一个重要步骤，它将书面文本转换为口语形式，以便于语音识别、自然语言理解和文本到语音合成。文本规范化将表示相同含义的单词的各种变化形式统一为一种通用形式，它的主要任务包括：分词（Tokenization）、词干提取（Stemming）、词形还原（Lemmatization）、句子拆分（Sentence Segmentation）、拼写校正（Spelling Correction）等。

以原始文本 “i am chinese.” “I AM CHINESE.” “I AM Chinese.” “i am Chinese.” 为例，经过文本规范化处理后将代词和动词的大写和小写字母都统一为 “I am Chinese.”，如图 7-2 所示。除了普通单词和名称外，还有数字、缩写、日期、货币金额和首字母缩写等非标准词形式，文本规范化技术也要对这种非标准词进行统一。

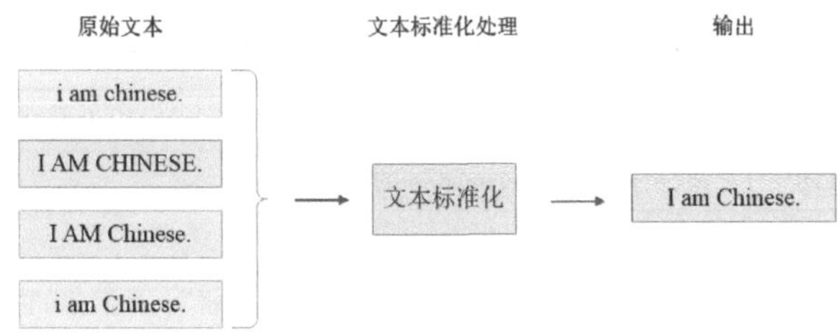

图 7-2　文本规范化技术示例

7.2.6　词性标注

词性标注（Part of Speech Tagging，POS Tagging）是根据词的含义和语境，将语料库中的词语分配给特定词性的技术。目前，词性标注技术广泛应用于机器翻译、自然语言文本处理与摘要、多语言和跨语言信息检索、语音识别、句法分析和专家系统中。

以“The world is one big data problem”为例，分别将句子中的 5 个词拆分和进行词性标注后，得到 5 个词的词性为名词（NN）、动词（VB）、冠词（DT）、形容词（JJ）和数词（NUM），如图 7-3 所示。

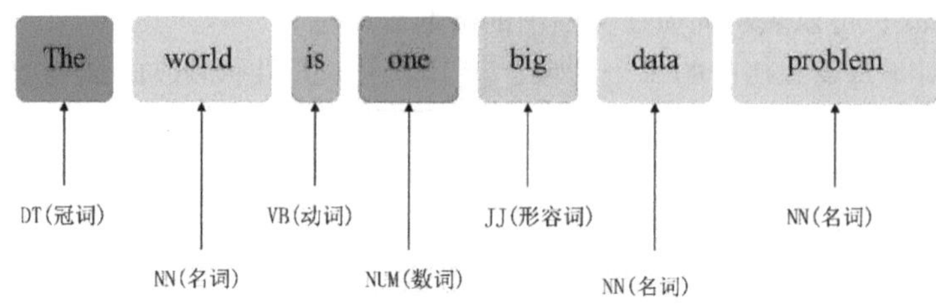

图 7-3　词性标注示例

目前已有多个工具可提供词性标注功能，不同工具的词性标注方式也不相同。jieba 中的词性标签如表 7-3 所示。

表 7-3　jieba 词性标签

词性英文名称	词性中文名称	含　义
ag	形语素	形容词性语素。形容词代码为 a，语素代码 g 前面置以 a
a	形容词	取英语形容词 adjective 的第 1 个字母
ad	副形词	直接作状语的形容词。形容词代码 a 和副词代码 d 并在一起
an	名形词	具有名词功能的形容词。形容词代码 a 和名词代码 n 并在一起
b	区别词	取汉字“别”的声母
c	连词	取英语连词 conjunction 的第 1 个字母
dg	副语素	副词性语素。副词代码为 d，语素代码 g 前面置以 d
d	副词	取 adverb 的第 2 个字母，因其第 1 个字母已用于形容词
e	叹词	取英语叹词 exclamation 的第 1 个字母
f	方位词	取汉字“方”
g	语素	绝大多数语素都能作为合成词的“词根”，取汉字“根”的声母
h	前接成分	取英语 head 的第 1 个字母
i	成语	取英语成语 idiom 的第 1 个字母
j	简称略语	取汉字“简”的声母
l	习用语	习用语尚未成为成语，有点“临时性”，取“临”的声母

（续）

词性英文名称	词性中文名称	含　义
m	数词	取英语 numeral 的第 3 个字母，n，u 已有他用
ng	名语素	名词性语素。名词代码为 n，语素代码 g 前面置以 n
n	名词	取英语名词 noun 的第 1 个字母
nr	人名	名词代码 n 和“人（ren）”的声母并在一起
ns	地名	名词代码 n 和处所词代码 s 并在一起
nt	机构团体	“团”的声母为 t，名词代码 n 和 t 并在一起
nz	其他专名	“专”的声母的第 1 个字母为 z，名词代码 n 和 z 并在一起
o	拟声词	取英语拟声词 onomatopoeia 的第 1 个字母
p	介词	取英语介词 prepositional 的第 1 个字母
q	量词	取英语 quantity 的第 1 个字母
r	代词	取英语代词 pronoun 的第 2 个字母，因 p 已用于介词
s	处所词	取英语 space 的第 1 个字母
tg	时语素	时间词性语素。时间词代码为 t，在语素的代码 g 前面置以 t
t	时间词	取英语 time 的第 1 个字母
u	助词	取英语助词 auxiliary
vg	动语素	动词性语素。动词代码为 v，在语素的代码 g 前面置以 v
v	动词	取英语动词 verb 的第一个字母
vd	副动词	直接作状语的动词。动词和副词的代码并在一起
vn	名动词	指具有名词功能的动词。动词和名词的代码并在一起
w	标点符号	常用标点符号
x	非语素字	非语素字只是一个符号，字母 x 通常用于代表未知数、符号
y	语气词	取汉字“语”的声母
z	状态词	取汉字“状”的声母的前一个字母
un	未知词	不可识别词及用户自定义词组。取英文 Unknown 首两个字母（非北大标准，CSW 分词中定义）

7.3　核心术语

自然语言处理所涉及的术语及其定义如下：

1）**自然语言（Natural Language）**：人类日常中所使用的语言。

2）**分词（Tokenization）**：指将较长的文本字符串拆分为较小的标

记，例如，将较大的文本块拆分为多个句子，句子拆分为单词。

3）词干提取（Stemming）：从一个词中去除词缀（后缀、前缀、中缀、外缀）以获得词干的过程，从而实现关键词归一化，如将“dogs”简化为“dog”。

4）规范化（Normalization）：指将所有文本规范化，即将单词转换为相同的大小写（大写或小写）、删除标点符号、统一将数字转换为对应的单词等。

5）词形还原（Lemmatization）：指将单词还原为一般形式以实现关键词归一化，如根据词典将单词转换为单词原本的形式，例如，将“saw”转换为“see”。

6）词性标注（Part Of Speech）：在句子中根据每个词的词性分配类别标签，例如，将单词识别为名词、动词、形容词等。

7）语料库（Corpus or Corpora）：文本的集合，可用于推断和验证语言规则，以及进行统计分析和假设检验。

8）停用词（Stop Words）：对整体文本的贡献很小，可以被过滤掉而不影响整体含义的词，通常是语言中最常见的词。

9）词袋模型（Bag of Words）：省略了语法和词序，将文本转换成包含文本中单词出现的次数的特征向量。

10）N-grams 模型（N-grams）：表示给定文本的 n 个标记的连续序列，这些标记可以是字母、单词、字节等。

7.4 Python 编程实践——2021 年政府工作报告分析

由于中英文的差异性，Python 自然语言处理中采用的自然语言处理包有所不同。英文自然语言处理中常用的包为 NLTK（Natural Language Toolkit）、TextBlob 和 spaCy（Industrial-Strength Natural Language Processing），中文自然语言处理中常用的包有 pynlpir（NLPIR 汉语分词系统）和 jieba（“结巴”中文分词工具）。

Python 自然语言处理中，英文处理常用的包是 NLTK 和 spaCy，中文处理常用的包是 jieba（中文分词工具）和 pynlpir（NLPIR 汉语分词系统），本节采用的是 jieba。

jieba（“结巴”中文分词工具）是目前较为常用的中文文本处理系统。在 jieba 包中，分词处理用到的函数为 jieba. posseg. cut( )，自定义词汇用到的函数为 jieba. add_word( )，停用词处理建议自行编写代码，获得关键词用到的函数为 jieba. analyse. extract_tags( )。jieba 支持精确模式、全模式、搜索引擎模式和 paddle 模式 4 种分词模式，能够完成分词、添加自定义词典、关键词抽取、词性标注、返回词的位置等任务。本例采用 jieba 进行文本数据分析，本例概述如下。

【数据及分析对象】 2021 年 3 月 5 日在第十三届全国人民代表大会第四次会议上国务院总理李克强所做的政府工作报告。

【目的及分析任务】 分析 2021 年政府工作报告的关键内容。

【方法及工具】 Python 语言及 jieba 包。

7.4.1　业务理解

本例题所涉及的业务为：对第十三届全国人民代表大会第四次会议上的《政府工作报告》的文本内容进行自然语言处理和分析。

该业务所涉及的业务术语有分词、词性标注、停用词等。

本案例旨在利用 jieba 进行文本分析以对自然语言处理有初步的认识和掌握。

7.4.2　数据读入

导入本案例所需要的 Python 包。

In[1]
```
import numpy as np
import pandas as pd
import matplotlib as mpl
import matplotlib.pyplot as plt
import jieba
import jieba.posseg as pseg
```

jieba 包的官网 https://github.com/fxsjy/jieba，建议读者参考官网提供的更多资料。

读入已保存的政府工作报告 . txt 文件：

In[2]
```
text=open('data\政府工作报告.txt',
'r',encoding='utf-8').read().replace('\n','')
```

显示前 500 个字符的方式为：

In[3]
```
text[:500]
```

对应输出结果为政府工作报告的前 500 个字符。

7.4.3　分词处理

本案例采用精确模式分词，精确模式试图将句子最精确地切开，适合文本分析，并输出词对应的词性。

In[5]
```
words =pseg.cut(text[:20])

for word, flag in words:
    print(F'{word}  {flag}')
```

对应输出结果为：

```
各位  r
代表  n
：  x
现在  t
```

```
，  x
我  r
代表  n
国务院  nt
，  x
向  p
大会  n
报告  n
```

可以看出，分词的效果尚可，但通读政府工作报告全文，可以看到里面有较多专业术语，因此需要添加自定义词汇后重新分词。

7.4.4 添加自定义词汇

将“不平凡”“以保促稳”“稳中求进”“助企纾困”“量大面广”“中小微”“小微”“落实”“普惠”“稳岗”“线上”“放管服”“一带一路”“天问一号”“嫦娥五号”“因城施策”“线上”“不忘初心”“牢记使命”“探月”“可持续”“中国梦”添加到分词词典中，并为每个词标注对应的词性。

In[6]

```python
jieba.add_word('不平凡', tag='a')
jieba.add_word('以保促稳', tag='v')
jieba.add_word('稳中求进', tag='v')
jieba.add_word('助企纾困', tag='v')
jieba.add_word('量大面广', tag='a')
jieba.add_word('中小微', tag='a')
jieba.add_word('小微', tag='a')
jieba.add_word('落实', tag='v')
jieba.add_word('普惠', tag='a')
jieba.add_word('稳岗', tag='v')
jieba.add_word('线上', tag='a')
jieba.add_word('放管服', tag='v')
jieba.add_word('一带一路', tag='n')
jieba.add_word('天问一号', tag='n')
jieba.add_word('嫦娥五号', tag='n')
jieba.add_word('因城施策', tag='v')
jieba.add_word('线上', tag='a')
jieba.add_word('不忘初心', tag='v')
jieba.add_word('牢记使命', tag='v')
jieba.add_word('探月', tag='n')
jieba.add_word('可持续', tag='a')
jieba.add_word('中国梦', tag='n')
```

再次采用精确模式分词，并查看最后 20 个字的分词结果：

In[7]
```
words =pseg.cut(text[-20:])

for word, flag in words:
    print(F'{word}  {flag}')
```

对应输出结果为：

```
、 x
实现  v
中华民族  nz
伟大  a
复兴  a
的  uj
中国梦  n
不懈  a
奋斗  v
!  x
```

7.4.5　词性标注

jieba 的分词结果中包含了各个词的词性，将词、词性和数据年份存为列表，并查看前 10 条记录。

In[7]
```
words = []

year = 2021
year_words = []

year_words.extend(pseg.cut(text))

for j in range(len(year_words)):
    ls_year_words = list(year_words[j])
    ls_year_words.append(year)
    words.append(ls_year_words)

words[0:10]
```

对应输出结果为：

```
[['各位', 'r', 2021],
['代表', 'n', 2021],
[':', 'x', 2021],
['现在', 't', 2021],
[',', 'x', 2021],
```

```
['我', 'r', 2021],
['代表', 'n', 2021],
['国务院', 'nt', 2021],
[',', 'x', 2021],
['向', 'p', 2021]]
```

将列表转换为数据框对象，并设置列名依次为“词汇”“词性”和“年份”。

```
In[7]  df_words = pd.DataFrame(words,columns=["词汇","词性","年份"])
       df_words
```

对应输出结果为：

	词汇	词性	年份
0	各位	r	2021
1	代表	n	2021
2	:	x	2021
3	现在	t	2021
4	,	x	2021
...	...	...	...
9189	中国	ns	2021
9190	梦	n	2021
9191	不懈	a	2021
9192	奋斗	v	2021
9193	!	x	2021

查看数据的行数：

```
In[7]  df_words.index.size
```

对应输出结果为：

```
9194
```

根据已有的词性中英文对照表，增加词性的中文名称：

```
In[7]  jiebapos = pd.read_excel("data\jiebaPOS.xlsx",header=0)
       df_words_renamed = df_words.join(jiebapos.set_index('词性英文名称'), on='词性')
       df_words_renamed
```

对应输出结果为：

	词汇	词性	年份	词性中文名称
0	各位	r	2021	代词
1	代表	n	2021	名词
2	：	x	2021	非语素词
3	现在	t	2021	时间词
4	，	x	2021	非语素词
...	...	...	...	...
9189	中国	ns	2021	地名
9190	梦	n	2021	名词
9191	不懈	a	2021	形容词
9192	奋斗	v	2021	动词
9193	！	x	2021	非语素词

查看“词性中文名称”一列中是否存在缺失值。

```
In[7]  df_words_renamed[df_words_renamed.词性中文名称.isnull()]
```

对应输出结果为：

	词汇	词性	年份	词性中文名称

可以看出，“词性中文名称”一列中不存在缺失值，每个词的词性都已经做好中文和英文的标注。

7.4.6　停用词处理

切分后的词表中存在大量无意义的字词和标点符号，因此需要进行停用词处理。首先，读入停用词表 stopwords.txt，并查看前 10 个停用词字符：

```
In[7]  stopwords = open(r'data\stopwords.txt').read()
       lst_StopWords = stopwords.split("\n")
       lst_StopWords[:10]
```

对应输出结果为：

['等', '都', '是', '而', '我', '这', '上', '就', '但', '给']

根据已导入的停用词表过滤数据框中的停用词：

In[7]
```
df_words = df_words_renamed[df_words_renamed.apply(lambda x: x.loc["词汇"] not in lst_StopWords,axis=1)]

df_words[:10]
```

对应输出结果为:

	词汇	词性	年份	词性中文名称
0	各位	r	2021	代词
1	代表	n	2021	名词
3	现在	t	2021	时间词
6	代表	n	2021	名词
7	国务院	nt	2021	机构团体
9	向	p	2021	介词
10	大会	n	2021	名词
11	报告	n	2021	名词
12	政府	n	2021	名词
13	工作	vn	2021	名动词

查看停用词处理后的词数:

In[7]
```
df_words.shape[0]
```

对应输出结果为:

```
7006
```

经过停用词处理的数据由原来的 9194 条记录变为了 7006 条记录。目前的数据已做完处理，可进行下一步的词性及词频分析。

7.4.7 词性分布分析

根据词性的中文名称统计词性出现的频数，查看出现频数最高的 10 个词性:

In[7]
```
df_WordSpeechDistribution = pd.DataFrame(df_words['词性中文名称'].value_counts(ascending=False))

df_WordSpeechDistribution.head(10)
```

对应输出结果为:

	词性中文名称
名词	2596
动词	1790
名动词	718
形容词	388
副词	204
数词	197
习语词	126
介词	113
人名	108
地名	95

修改列名，将原“词性中文名称”列的名称改为“频数”：

In[7]
```
df_WordSpeechDistribution.rename(columns={'词性中文名称':'
频数'},inplace=True)

df_WordSpeechDistribution.head()
```

对应输出结果为：

	频数
名词	2596
动词	1790
名动词	718
形容词	388
副词	204
数词	197
习语词	126
介词	113
人名	108
地名	95

绘制频数出现最高的前 10 个词性类别分布的条形图，使结果可视化呈现：

In[7]
```
plt.rcParams["font.family"] ='simHei'
plt.subplots(figsize=(7,5))
plt.rcParams["font.family"] ='STFangsong'
df_WordSpeechDistribution.iloc[:10]['频数'].plot(kind='
barh',color='darkred')
plt.yticks(size=10)
plt.xlabel('频数',size=10)
plt.ylabel('词性',size=10)
plt.title('【政府工作报告】词性分布分析')
```

对应输出结果如图 7-4 所示。

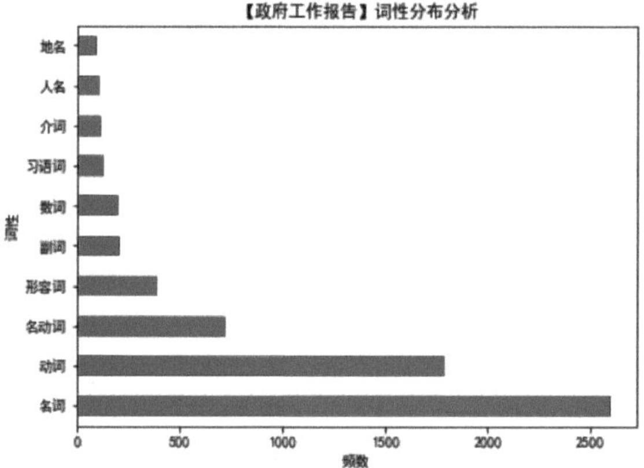

图 7-4　词性频数条形图

7.4.8　高频词分析

首先查看停用词处理后的前 20 条数据：

In[7]
```
df_words[:20]
```

对应输出结果为：

	词汇	词性	年份	词性中文名称
0	各位	r	2021	代词
1	代表	n	2021	名词
3	现在	t	2021	时间词
6	代表	n	2021	名词
7	国务院	nt	2021	机构团体
9	向	p	2021	介词
10	大会	n	2021	名词

（续）

	词汇	词性	年份	词性中文名称
11	报告	n	2021	名词
12	政府	n	2021	名词
13	工作	vn	2021	名动词
15	请予	v	2021	动词
16	审议	v	2021	动词
18	并	c	2021	连词
19	请	v	2021	动词
20	全国政协	nt	2021	机构团体
21	委员	n	2021	名词
22	提出	v	2021	动词
23	意见	n	2021	名词
27	2020	m	2021	数词
28	年	m	2021	数词

将名词、动词、数词、代词、副词和形容词定义为六大词性，统计这六大词性类型中各个词性出现频数最高的 10 个词语：

In[7]

```
columns_slected=['名词','名词计数','动词','动词计数','数词','数词计数','代词','代词计数','副词','副词计数','形容词','形容词计数']

df_Top6 = pd.DataFrame(columns=columns_slected)

for i in range(0,12,2):
    df_Top6[columns_slected[i]] = df_words.loc[df_words['词性中文名称']==columns_slected[i]]['词汇'].value_counts().reset_index()['index']
    df_Top6[columns_slected[i+1]] = df_words.loc[df_words['词性中文名称']==columns_slected[i]]['词汇'].value_counts().reset_index()['词汇']

df_Top6.head(10)
```

对应输出结果为：

	名词	名词计数	动词	动词计数	数词	数词计数	代词	代词计数	副词	副词计数	形容词	形容词计数
0	经济	43	推进	61.0	多	11.0	我们	16.0	更	30.0	新	41.0
1	企业	41	加强	53.0	万亿元	8.0	各	13.0	不	14.0	稳定	28.0

（续）

	名词	名词计数	动词	动词计数	数词	数词计数	代词	代词计数	副词	副词计数	形容词	形容词计数
2	体系	34	实施	42.0	万	7.0	我国	9.0	进一步	11.0	健全	21.0
3	社会	33	完善	41.0	一年	7.0	各类	7.0	更好	10.0	重大	17.0
4	国家	30	创新	40.0	年	7.0	各位	6.0	更加	8.0	好	14.0
5	政策	29	促进	38.0	一批	6.0	一切	3.0	稳步	7.0	大	12。0
6	全面	28	推动	38.0	100	5.0	各种	3.0	再	7.0	健康	12.0
7	基本	25	支持	37.0	十四五	5.0	各级	3.0	共同	6.0	有效	11.0
8	机制	25	就业	34.0	全年	4.0	各国	3.0	不断	6.0	稳	9.0
9	战略	22	坚持	34.0	左右	4.0	其中	2.0	特别	5.0	小微	9.0

可以看出，在 2021 年《政府工作报告》中，名词词性的“经济”出现频数最高，为 43 次，动词、数词、代词、副词和形容词出现频次最高的词分别为“推进”“多”“我们”“更”和“新”。

7.4.9 关键词抽取

jieba 的 . analyse. extract_tags( ) 方法可以基于 TF-IDF 算法抽取关键词，默认返回 20 个 TF/IDF 权重最大的关键词。

In[7]
```
importjieba.analyse as analyse

df_annual_keywords = pd.DataFrame(columns=[2021])

df_annual_keywords[2021] = analyse.extract_tags(''.join
(df_AnnualTopWords[2021].astype('str')))

df_annual_keywords
```

建议读者进一步优化本例题的分词方案，深入学习政府工作报告。

对应输出结果为：

	2021
0	提质
1	万亿斤
2	排污口
3	产权保护
4	统收统支
5	自立自强
6	互联网内容

（续）

	2021
7	九二
8	领悟力
9	涉企
10	便民措施
11	外防
12	港人治港
13	公民道德
14	返贫
15	开好局
16	城市更新
17	绿水青山
18	光网
19	一方水土

7.4.10　绘制词云图

将文本内容转换为由空格分隔的词语集合字符串，并显示前 200 个词：

```
In[7]
myText=' '.join(df_words.词汇)
myText[:200]
```

对应输出结果为前 200 个词。

画出词云图：

```
In[7]
font_wc= r'C:\Windows\Fonts\msyhbd.ttc'
word_cloud =WordCloud(font_path=font_wc,
                      background_color='white')
word_cloud.generate(myText)
plt.subplots(figsize=(8,5))
plt.imshow(word_cloud)
plt.axis('off')
plt.title('政府工作报告的词云图')
```

对应输出结果如图 7-5 所示。

可以看到，发展、建设、推进、加强、经济等是 2021 年政府工作报告的高频词，在词云图中突出显示。

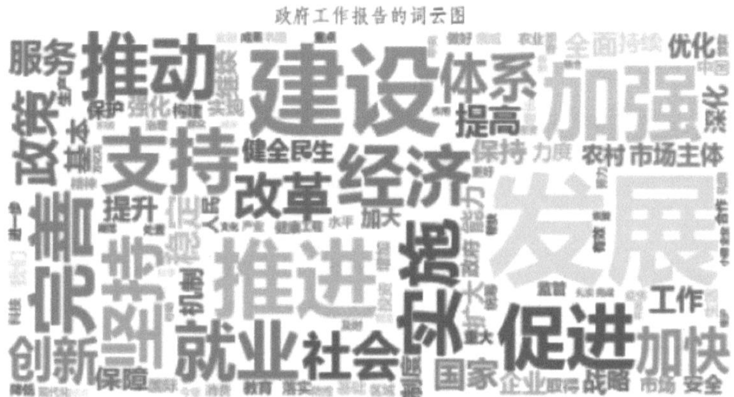

图 7-5　政府工作报告的词云图

7.5　重点与难点解读

本案例主要采用的是 jieba 包进行自然语言处理工作，而处理英文的一个常用包是 NLTK，它是 Python 中规模最大的一个自然语言处理工具包，由宾夕法尼亚大学的 Steven Bird 和 Edward Loper 开发，能够完成分词、词干提取、规范化、词性标注等文本预处理工作，进而完成文本分类、情感分析等任务，其使用方法与 jieba 包略有差异。

7.5.1　NLTK 的词性标注

NLTK 中的词性标签如表 7-4 所示。

表 7-4　NLTK 词性标签

词性英文名称	词性中文名称	举　例
CC	连词	&, ‘n, and, both etc.
CD	数词	mid-1890, nine-thirty, zero, two etc.
DT	限定词	all, an, another, any, both etc.
EX	存在量词	there
FW	外来词	gemeinschaft, quibusdam, fille etc.
IN	介词连词	on, of, at, astride, among, uppon, whether etc.
JJ	形容词	battery-powered, pre-war, multi-disciplinary etc.
JJR	形容词比较级	braver, cleaner, brighter etc.

（续）

词性英文名称	词性中文名称	举　例
JJS	形容词最高级	cheapest，closest，darkest etc.
LS	列表项标记	SP-44002，SP-4005 etc.
MD	情态动词	can，cannot，could，couldn't，shouldn't etc.
NN	名词	cabbage，home，time etc.
NNP	专有名词	Ranzer，Shannon，CTCA，Light etc.
NNPS	专有名词复数	Americans，Indians，Australians etc.
NNS	名词复数	undergraduates，scotches，bodyguards etc.
PDT	前限定词	all，many，quite，such etc.
POS	所有格标记	‘，s etc.
PRP	人称代词	hers，herself，him，himself etc.
PRP $	物主代词	her，his，mine，my etc.
RB	副词	occasionally，adventurously，professedly etc.
RBR	副词比较级	further，longer，louder etc.
RBS	副词最高级	best，biggest，largest etc.
RP	虚词	about，along，apart etc.
SYM	标记符号	%，&，‘，”，*，+ etc.
TO	介词或不定式标记 to	to
UH	感叹词	Goodbye，Gosh，Wow etc.
VB	动词	ask，assemble，assign etc.
VBD	动词过去式	dipped，halted，registered etc.
VBG	动词现在分词	telegraphing，judging，erasing etc.
VBN	动词过去分词	used，unsettled，dubbed etc.
VBP	动词现在式非第三人称时态	glisten，obtain，comprise etc.
VBZ	动词现在式第三人称时态	marks，mixes，seals etc.
WDT	Wh 限定词	that，what，whatever，which and whichever
WP	WH 代词	that，what，whatever，whatsoever，which，who，whom and whosoever
WP $	WH 代词所有格	whose
WRB	WH 副词	how，however，whence，whenever，where，whereby，wherever，wherein，whereof and why

（来源：AnindyaNaskar.，2021）

7.5.2 NLTK 的功能模块

NLTK 是自然语言处理领域中最常用的一个 Python 包，它是由许多包构成的，它所对应的模块以及具体的功能如表 7-5 所示。

表 7-5 基于 NLTK 的自然语言处理任务和相应的 NLTK 模块及功能示例

自然语言处理任务	NLTK 模块	功　能
访问语料库（Accessing Corpora）	corpus	Corpus
字符串处理（String Processing）	tokenize，stem	tokenizers，sentence tokenizers，stemmers
搭配发现（Collocation Discovery）	collocations	t-test，chi-squared，point-wise mutual information
词性标注（Part-of-speech Tagging）	tag	n-gram，backoff，Brill，HMM，TnT
机器学习（Machine Learning）	classify，cluster，tbl	decision tree，maximum entropy，naive Bayes，EM，k-means
分块（Chunking）	chunk	regular expression，n-gram，named-entity
解析（Parsing）	parse，ccg	chart，feature-based，unification，probabilistic，dependency
语义解释（Semantic Interpretation）	sem，inference	lambda calculus，first-order logic，model checking
评价指标（Evaluation Metrics）	metrics	precision，recall，agreement coefficients
概率与估计（Probability and Estimation）	probability	frequency distributions，smoothed probability distributions
应用（Applications）	app，chat	graphicalconcordancer，parsers，WordNet browser，chatbots
语言调查（Linguistic Fieldwork）	toolbox	manipulate data in SIL Toolboxformat

7.6 习题

1. 以下属于自然语言处理任务的是（　　）。

A. 机器翻译　B. 图像识别　C. 情感倾向分析　D. 文本分类

2. 以下哪些属于自然语言处理技术（　　）。

A. 信息抽取　B. 词法分析　C. 句法分析　D. 词向量表示

3. 将单词“washing”“washes”“washed”转换为“wash”的技术叫作（　　）。

A. 词干提取　B. 词形还原　C. 去除停用词　D. 词性标注

4. 将单词“am”“is”“are”转换为“be”的技术叫作（　　）。

A. 词干提取　B. 词形还原　C. 去除停用词　D. 词性标注

5. 将单词“drink”标记为“v”、将“milk”标记为“n”的技术叫作（　　）。

A. 词干提取　B. 词形还原　C. 去除停用词　D. 词性标注

6. 将单词“a”“the”“to”从句子中删除的技术叫作（　　）。

A. 词干提取　B. 词形还原　C. 去除停用词　D. 词性标注

7. 以下属于关键词归一化技术的是（　　）。

A. 词干提取　B. 词形还原　C. 命名实体识别　D. 词性标注

8. 将句子“我去上学了”拆分为［“我”“去”“上学”“了”］的技术叫作（　　）。

A. 词性标注　B. 词向量表示　C. 分词　D. 命名实体识别

9. 以下 Python 包中专门用来做自然语言处理的是（　　）。

A. matplotlib　B. NLTK　C. Seaborn　D. SciPy

7.7 主要参考文献及推荐阅读书目

[1] ALLEN J F. Natural language processing [J]. Encyclopedia of computer science. 2003 (1) .

[2] ANINDYA N. Extract Custom Keywords using NLTK POS tagger in python [EB/OL]. https: //thinkinfi. com/extract-custom-keywords-using-nltk-pos-tagger-in-python/.

[3] BIRD S, KLEIN E, LOPER E. Natural language processing with Python: analyzing text with the natural language toolkit [M]. Cambridge: O'Reilly Media, Inc. , 2009.

[4] CHOWDHURY G G. Natural language processing [J]. Annual review of information science and technology, 2003, 37 (1): 51-89.

[5] DENG L, LIU Y. Deep learning in natural language processing [M]. Berlin: Springer, 2018.

[6] EISENSTEIN J. Introduction to natural language processing [M]. Cambridge: MIT press, 2019.

[7] HARDENIYA N, PERKINS J, CHOPRA D, et al. Natural language processing: python and NLTK [M]. Birmingham: Packt Publishing Ltd, 2016.

[8] INDURKHYA N, DAMERAU F J. Handbook of natural language processing [M]. Boca Raton: CRC Press, 2010.

[9] BHATTACHARJEE J. fastText Quick Start Guide: Get started with Facebook ' s library for text representation and classification [M]. Birmingham: Packt Publishing Ltd, 2018.

[10] KAO A, POTEET S. R. Natural language processing and text mining [M]. Berlin: Springer Science & Business Media, 2007.

[11] MARON M E, KUHNS J L. On relevance, probabilistic indexing and information retrieval [J]. Journal of the ACM (JACM), 1960, 7 (3): 216-244.

[12] NADKARNI P M, OHNO-MACHADO L, CHAPMAN W W. Natural language processing: an introduction [J]. Journal of the American Medical Informatics Association, 2011, 18 (5): 544-551.

[13] ZHOU V. A Simple Explanation of the Bag-of-Words Model [EB/OL]. https://towardsdatascience. com/a-simple-explanation-of-the-bag-of-words-model-b88fc4f4971.

[14] 朝乐门. Python 编程：从数据分析到数据科学 [M]. 2 版. 北京：电子工业出版社，2021.

[15] 朝乐门. 数据科学——基于 Python 语言 [M]. 北京：人民邮电出版社，2020.

第8章 图像处理

目前，图像处理领域使用的技术主要分为两类：传统图像处理技术和深度学习，本章重点讲解传统图像处理技术的典型技术——OpenCV（Open Source Computer Vision Library）。

OpenCV是由Intel公司于1999年发起并参与研发的一种跨平台性较强、支持多语言编程接口的机器视觉处理工具库，其主要模块及其功能如表8-1所示。

OpenCV官网：https://opencv.org/OpenCV 可以在Windows，Android，Maemo，FreeBSD，OpenBSD，iOS，Linux和Mac OS等平台上运行。

虽然OpenCV工具本身是用C++语言开发的，但是它提供了包括Python，Java、C、C++等多种语言的编程接口。

表8-1 OpenCV的主要模块及其功能

序号	模块简称	模块全称	模块功能
1	core	Core Functionality（核心功能模块）	定义了基本数据结构，包括密集的多维数组和所有其他模块使用的基本函数
2	imgproc	Image Processing（图像处理）	包括线性和非线性图像滤波，几何图像变换（调整大小，仿射和透视变形，基于通用表的重新映射），颜色空间转换，直方图等
3	objdetect	Object Detection（目标检测）	检测目标和预定分类的实例（例如，人脸、眼睛、杯子、人、汽车等）
4	ml	Machine Learning（机器学习）	分类、回归和聚类分析
5	calib3d	Camera Calibration and 3D Reconstruction（相机校准和3D重建）	立体对应算法和3D重建元素
6	features2d	2D Features Framework（2D特征框架）	显著特征检测器、描述符和描述符匹配器
7	viz	3D Visualizer（3D可视化）	Widgets的显示与交互
8	highgui	High-level GUI（高层GUI）	易用的用户界面
9	video	Video Analysis（视频分析）	运动估计与目标跟踪
10	videoio	Video I/O（视频I/O）	视频捕获和视频编解码器接口

8.1　应用场景

OpenCV 的主要应用场景有人脸检测、增强现实、手势识别、人机交互、动作识别、运动跟踪、物体识别、图像分割和机器人，如图 8-1 所示。本章以人脸检测为例，讲解 OpenCV 的原理及其应用。

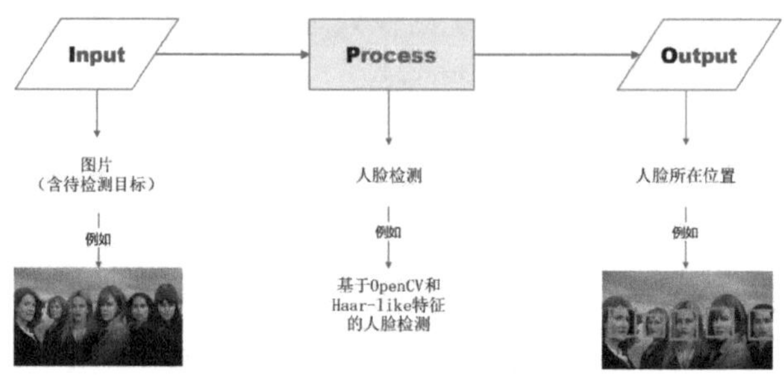

图 8-1　OpenCV 的主要应用场景（以人脸检测为例）

8.2　算法原理

OpenCV 的目标检测过程可以分为建模（训练）和检测两个主要阶段，如图 8-2 所示。

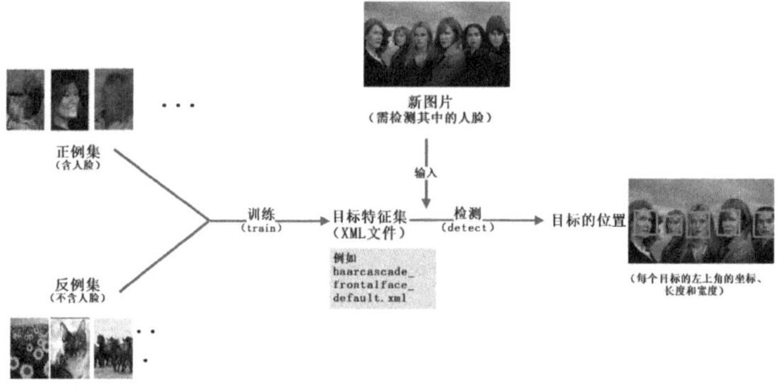

图 8-2　OpenCV 目标检测过程

以人脸检测为例，正例包含人脸，而反例不包含。

OpenCV 可提取的特征有 haar、LBP 和 HOG 等，本章主要讲解 Haar 特征。

8.2.1　建模阶段

OpenCV 的建模阶段以含有特定目标（如人脸）的正例和反例数据集为训练集，训练出对应的 Cascade 级联分类器，并以 XML 文件形式记录所提取的特征。为了方便用户使用，OpenCV 中已经训练好了一些常用目标的特征，并以 XML 文件的格式提供，如表 8-2 所示。用户根据检测目标的特征，直接调用 OpenCV 提供的 XML 文件。当待检测目标在 OpenCV 提供的 XML 文件中不存在时，用户需要自己训练。用户可使用命令行工具（如 opencv_createsamples 等）或图形界面工具（如 Cascade-Trainer-GUI 等）针对某一种目标（如自行车等）训练其分类器 XML 文件。

每一种物体对应一个 XML 文件，如人脸对应的 XML 文件为 haarcascade_frontalcatface. xml

表 8-2　常用 Cascade 级联分类器 XML 文件及其检测目标

XML 文件名	检 测 目 标
haarcascade_frontalcatface. xml	人脸
haarcascade_eye. xml	眼睛
haarcascade_fullbody. xml	全身
haarcascade_smile. xml	微笑

表 8-2 列出的常用 XML 文件。更多的 Haar-cascades 文件可以参见 OpenCV 的 GitHub 网站 https: //github. com/opencv/opencv/tree/master/data/haarcascades

8. 2. 2　检测阶段

OpenCV 的检测阶段以特定目标分类器的 XML 文件（如 haarcascade_frontalcatface. xml）中记录的 Haar-like 特征为依据，对目标图片进行多次扫描，并找出符合特征的区域。第一轮扫描以给定大小（长和宽）为检测窗口，对输入图片进行扫描，找出所有符合目标特征的区域，如图 8-3 所示。第二轮将检测窗口进行缩放之后，重新扫描输入图片，并找出所有符合目标特征的区域；迭代上一轮操作，直至达到预设迭代次数或最大/最小检测窗口尺寸，如图 8-4 所示；最后，根据预设阈值，超过阈值多次且被检测为目标对象的区域认定为所检测的目标（如人脸），并返回检测到目标的位置，包括每个目标左上角的坐标（横坐标和纵坐标）、长度和宽度。如果待检测图片上发现有多个目标，将返回全部目标的位置

在本章【8.4.4 人脸检测与矩阵标识】中，detectMultiScale( ) 方法分别用 scaleFactor，minSize，minNeighbors 代表每一轮检测窗口的缩放比例、最后一轮检测窗口大小和认定是否为检测目标的最少数量。

图 8-3　第一轮检测后发现的目标（人脸）

横坐标、纵坐标、长度和宽度对应【8.4.4 人脸检测与矩阵标识】代码第一轮检测的结果可能误判或漏判。

图 8-4　第 N 轮检测后发现的目标（人脸）

第 N 轮检测后，有些区域多次被认定为目标（人脸），而有些区域只有一次或极少次被认定。根据设定的阈值（如 minNeighbors = 3）可以排除部分目标。

通常，基于 OpenCV 的目标检测可以使用 OpenCV 提供的 Cascade 分类器 XML 文件，**不需要用户自行训练。因此，对于多数用户而言，基于 OpenCV 的目标检测可以跳过训练阶段，直接进入检测阶段即可。**表 8-3 所示为 OpenCV 目标检测两个阶段的比较。

表 8-3　OpenCV 目标检测两个阶段的比较

		训练阶段	检测阶段
输入		含有大量正例和反例的训练集	待检测目标的新样本
处理	活动	训练	预测
	方法	AdaBoost 算法	AdaBoost 算法
输出		XML 文件（Cascade 分类器）	位置（每个目标的左上角的坐标、长度和宽度）
用户使用方法		用户根据检测目标的特征，直接调用 OpenCV 提供的 XML 文件。当待检测目标在 OpenCV 提供的 XML 文件中不存在时，用户需要自己训练	用户需要自行编写代码

如成功检测到，将返回目标的位置，即左上角的坐标、长度和宽度。

维奥拉-琼斯目标检测框架（Viola-Jones object detection framework）是一种可以实时处理并给出很好的物体检出率的物体检测的方法，由保罗·维奥拉和迈克尔·琼斯于 2001 年提出，该框架于 2011 年荣获龙格-希金斯奖。该框架的主要应用场景为人脸检测方面。这个框架在 OpenCV 中的具体实现为 cvHaarDetectObjects()。

以人脸检测算法为例，OpenCV 的人脸检测功能主要采用了**维奥拉-琼斯**目标检测框架（Viola-Jones object detection framework），其原理可以概括为：

$$\text{Haar 分类器}=\text{Haar-like 特征}+\text{积分图法}+\text{AdaBoost 算法}+\text{级联} \tag{8-1}$$

1）以 Haar-like 为特征，检测目标。

2）为了加速 Haar-like 特征值的计算，引入积分图（Integral Image）法。

3）使用 AdaBoost 算法训练分类器，用于判断是否为检测目标（如人脸等）。

4）为了提高检测目标的准确率，引入级联分类器（Cascading Classifiers）。

8.3　核心术语

基于 OpenCV 的图像处理中常用的核心术语如下。

（1）Haar-like 特征

Haar-like 特征是由 Viola and Jones 于 2001 年提出一种广泛应用于目标检测的视觉特征。根据灰度变化的规律，OpenCV 提供了边界（Edge）、线条（Line）和中心（Center Surround）三大类共 14 种 Haar-like 特征原型（模板），如图 8-5 所示。

例如，所有边界（在灰度图中）的特征为一面是黑色（黑色矩形），另一面是白色（白色矩形），区别在于黑白面的位置不同，可以抽象为以下 4 种：

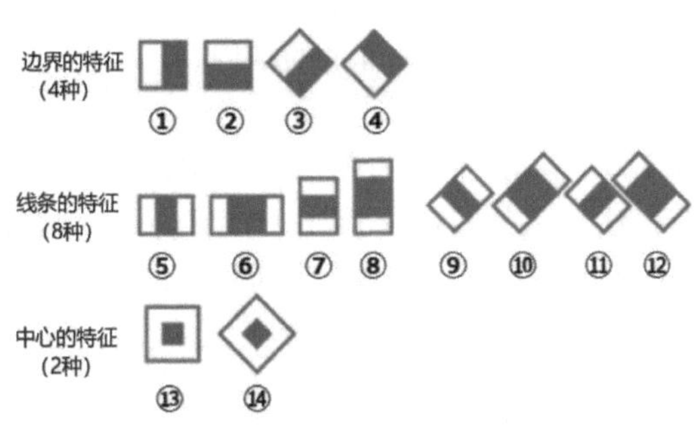

图 8-5　Haar-like 特征原型

OpenCV 是通过不断移动和缩放这些 Haar-like 特征原型的方法提取目标特征和检测目标，如图 8-6 所示。移动和缩放 Haar-like 特征原型的

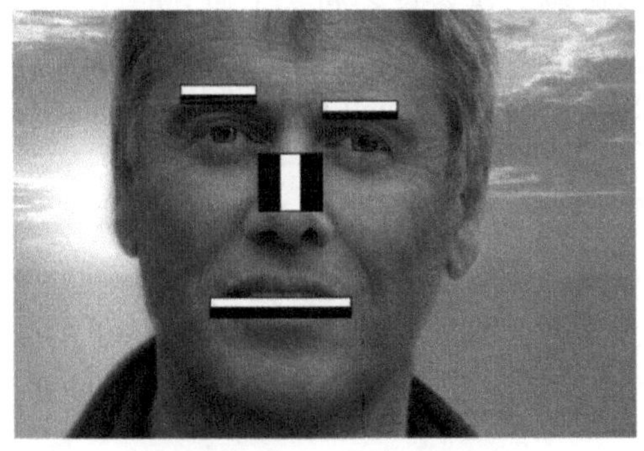

图 8-6　Haar-like 特征的应用

（图片来源：Mahyar Ali，2021）

例如，图 8-5 中，第 1 个 Haar-like 特征的黑色区域和白色区域面积（像素和）之比始终为 1 : 1。

特征原型、特征矩形和特征值是 3 个重要的概念。

（1）图 8-5 中的 14 种特征模板称为“特征原型”，特征原型在图像子窗口中平移伸缩得到的特征称为“矩形特征”，矩形特征的值称为“特征值”。

（2）矩形特征可位于图像任意位置，大小也可以任意缩放，但其黑色区域和白色区域的比例关系不变，相对位置也不变。

（3）移动和放大后的矩形特征值可能与 Haar-like 特征原型的特征值不同，具体值由矩形模版类别、矩形位置和矩形大小 3 个因素决定。

通常，一张图像的像素是比较高的，因此如果将一个很小的像素区域作为矩形特征，一张图像就会有上万个 Haar-like 特征值。

引入积分图法之前。

矩形区域称之为“Haar-like 特征矩形（亦称矩形特征）”。可见，缩放 Haar-like 特征原型为最小的“Haar-like 特征矩形”。对同一个 Haar-like 特征原型进行移动和缩放操作后，不仅其黑色区域和白色区域像素之和的比例不会发生变化，黑色和白色区域的相对位置关系也不会被破坏。

为了记录 Haar-like 特征原型及 Haar-like 特征矩形，OpenCV 中引入了“Haar-like 特征值（Feature Value）”的概念。Haar-like 特征值的计算方法为“整个 Haar 区域内的像素和×权重+黑色区域内的像素和×权重”，具体如下：

$$\text{featureValue}(x) = \sum_{\text{Pixel} \in \text{all}} \text{Pixel} * \text{weight}_{\text{all}} + \sum_{\text{Pixel} \in \text{balck}} \text{Pixel} * \text{weight}_{\text{black}} \tag{8-2}$$

式中，x 为 Haar-like 特征原型，featureValue（x）为 x 的特征值；$\text{weight}_{\text{all}}$和 $\text{weight}_{\text{black}}$分别为整个 Haar 区域和黑色区域的权重。

可见，Haar 特征值的变化反映了图像的灰度变化情况，可以较好地描述特定走向（水平、垂直、对角）的结构。

（2）积分图法

为了快速计算矩形特征的特征值，OpenCV 中引入了积分图（Integral Image）法。积分图法是指在计算 Haar-like 特征的过程中，将图像从起点（通常是左上角）到各个点所形成的矩形区域的像素之和计算出来并保存，之后计算其他任意矩形区域的特征值时只需调用即可，这样便大大节省了计算时间和计算量。

基于积分图法快速计算 Haar-like 特征值的方法如图 8-7 所示。当需要计算矩形 $ABCD$ 所包围的所有点的像素值之和（记做 Sum）时，如果从 A 点遍历（扫描）到 C 点后再求像素值之和，则计算量大，导致计算速度很慢；引入积分图法后，只需要通过积分图的方式计算出原点到 A 点所形成的矩形区域的像素点之和（记做 Sum(A)），以及 Sum(B)、Sum(C)、Sum(D)。那么：

$$\text{Sum} = \text{Sum}(C) - \text{Sum}(D) - \text{Sum}(B) + \text{Sum}(A) \tag{8-3}$$

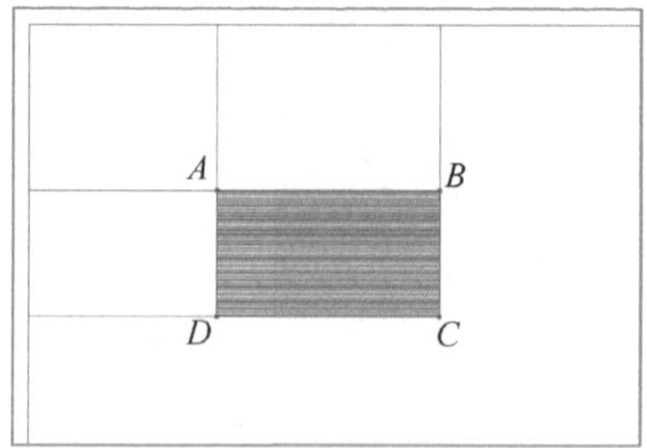

图 8-7　基于积分图法快速计算 Haar-like 特征值的示意图

（3）AdaBoost 算法

此处，A/B/C/D 分别代表的所对应矩阵的右下角。

为了训练分类器，OpenCV 引入了 AdaBoost 算法。AdaBoost 算法的基本思路如图 8-8 所示。该算法属于 Boosting 类集成学习的一种，以多轮迭代方式进行；每一轮以带权重的样本组成的训练集为依据，训练出若干个弱分类器，并选择对样本分类错误率最小的阈值以及特征作为其最佳弱分类器；对上一轮中误判的样本，下一轮提高其权重后进行与上一轮类似的训练，直至事先设定的迭代次数或者误差率临界值为止；最后一轮迭代结束后，将弱分类器按照一定的规则组合（如树状结构）成为强分类器。

在最终的强分类器中，误差率较小的弱分类器将起较大的决定作用，误差较大的弱分类器将起较小的决定作用。

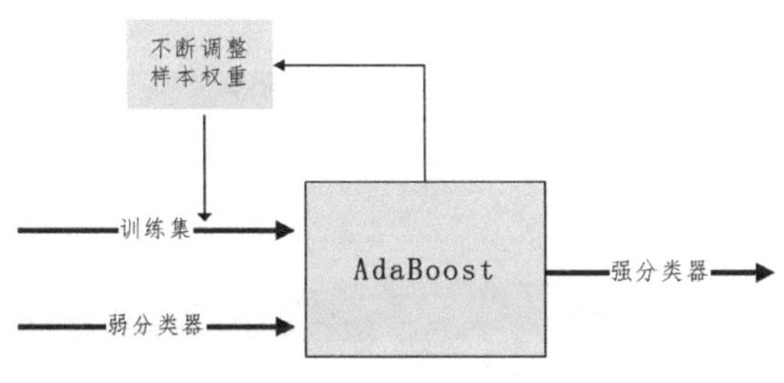

图 8-8　AdaBoost 算法示意图

OpenCV 对弱分类器进行训练时，将 Haar-like 特征值与弱分类器的阈值进行比较，满足条件即为符合人脸的特征。通常，对 Haar-like 特征值进行排序之后，选取两个相邻 Haar-like 特征值之间的某个值作为阈值，使得这个弱分类器的误差率最小，即为最优的弱分类器。对于同一类特征，训练出多个弱分类器后便将其按照 AdaBoost 的组合规则进行组合形成该类特征的强分类器。

在 OpenCV 中，不仅强分类器是树状结构，强分类器中的每一个弱分类器也是树状结构。

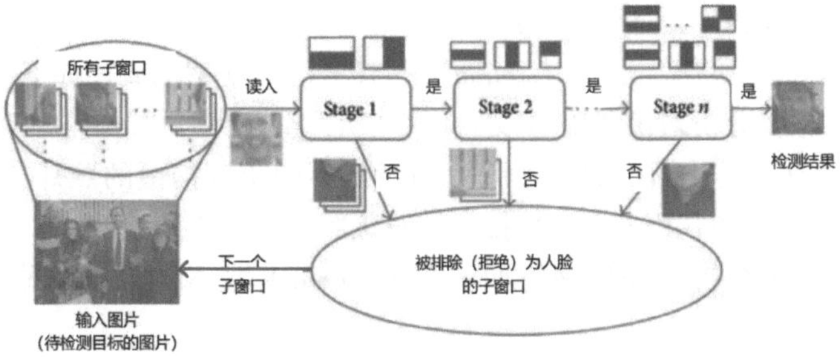

在图 8-9 中，每一个 Stage 都代表一级强分类器。当检测窗口通过所有的强分类器时才被认为是正样本，否则拒绝。由于每一个强分类器对负样本的判别准确度非常高，所以一旦发现检测到的目标为负样本，就不再继续调用下面的强分类器，减少了很多的检测时间。由于一幅图像

图 8-9　OpenCV 的 Stages 及级联分类器示意图

（图片来源：Om Rastogi，2020）

中待检测的区域很多都是负样本，这样由级联分类器在分类器的初期就抛弃了很多负样本的复杂检测，所以级联分类器的速度是非常快的；只有正样本才会送到下一个强分类器进行再次检验，这样就保证了最后输出正样本的伪正（false positive）的可能性非常低。

（4）Haar-like 级联分类器

在得到关于若干个特征的强分类器后，将它们按照简单到复杂进行排列，对其进行串行级联，最终得到 Haar-like 级联分类器。Haar-like 级联分类器的运行机制如一个决策树，只有图像满足所有强分类器的判断条件最终才会被判别为人脸。在 OpenCV 中 Haar-like 级联分类器的结果用 XML 文件表示，如图 8-10 所示。

以 OpenCV 自带的人脸分类器 haarcascade_frontalface_alt2. xml 为例，其中存储了超过 1000 个大小和位置都不相同的 Haar 特征。每一个 Haar 特征都被保存在 2～3 个形如：<x y width height weight>的标签之中。其中，x 和 y 代表 Haar 特征矩形左上角坐标（以检测窗口左上角为原点），width 和 height 代表矩形的宽和高，而 weight 则对应了上面说的权重值，

```
<!DOCTYPE html>
<html lang="en" data-color-mode="auto" data-light-theme="light" data-dark-theme="dark">
  <head>
    <meta charset="utf-8">
  <link rel="dns-prefetch" href="https://github.githubassets.com">
  <link rel="dns-prefetch" href="https://avatars.githubusercontent.com">
  <link rel="dns-prefetch" href="https://github-cloud.s3.amazonaws.com">
  <link rel="dns-prefetch" href="https://user-images.githubusercontent.com/">
  <link rel="preconnect" href="https://github.githubassets.com" crossorigin>
  <link rel="preconnect" href="https://avatars.githubusercontent.com">

  <link crossorigin="anonymous" media="all" integrity="
  sha512-1G4rYJktwRTQKn7fVfJUxH8RRZFUJ1Go77xMZfBfIhZPx4BHVrzPE1VgnafttXI8G3y/
  PywH3uXyhNkSLp3+oA==" rel="stylesheet" href="https://github.githubassets.com/assets/
  light-d46e2b60992dc114d02a7edf55f254c4.css" />
  <link crossorigin="anonymous" media="all" integrity="sha512-hI5b2oqTE9njfjYrfuzXqA4bSGSNrE5O
  Mc9IiFhZy+RDGg9Qn4Si1A97o0MlinlwFt3xAifvoLX0s7jHmHSvVw==" rel="stylesheet" href="
  https://github.githubassets.com/assets/dark-848e5bda8a9313d9e37e362b7eecd7a8.css" />
  <link data-color-theme="dark_dimmed" crossorigin="anonymous" media="all" integrity="
  sha512-klQdb3t14AYaRMkB0v9buaf5Ftfbec/
  sbxdkvyQpG6oBvzZxxH6NSQwA41lOyZsoyjqiZaTra2ci5TgInnLqQg==" rel="stylesheet" data-href="
  https://github.githubassets.com/assets/dark_dimmed-92541d6f7b75e0061a44c901d2ff5bb9.css" />


  <link data-color-theme="dark_high_contrast" crossorigin="anonymous" media="all" integrity="
  sha512-CBsfpBvg1D/Hvn8FFY4JwUVgoKjgynOSFKwgThDHrHASVid/
  Isgz0ueab5xSuSVx8vEvNL9UfYcpWIJRJYTCjg==" rel="stylesheet" data-href="
  https://github.githubassets.com/assets/
```

图 8-10　Haar-like 级联分类器对应的 XML 文件

（注：以 haarcascade_frontalcatface. xml 为例，由于篇幅所限，此处仅显示部分内容）

8. 4　Python 编程实践——人脸检测分析

本章采用 OpenCV 的 Python 语言版本的编程接口——opencv-python 包完成“人脸检测（face detection）”任务。具体案例概述如下。

人脸检测（face detection）和人脸识别（face recognition）的区别：前者的主要任务是找到“人脸的位置”，至于“是谁的脸”是不分析的；后者，不仅要分找出“人脸的位置”，而且需要分析出“是谁的脸”。

【数据及分析对象】 JPG 文件——文件名分别为“test. JPG”，图片内容为一张电影海报，含有 5 张女明星从不同角度拍摄的照片，以此照片为分析对象，利用 OpenCV 技术针对该照片进行人脸检测。

【目的及分析任务】 理解如何运用 OpenCV 技术的 haar 级联分类器实现人脸检测

1）学会使用 OpenCV 读取图片文件。

2）学会使用 OpenCV 转变图片灰度图。

3）学会使用 OpenCV 的 haar 级联分类器进行人脸检测。

4）学会使用 OpenCV 保存图片。

【方法及工具】 Python 语言及 opencv-python 包。

8.4.1　安装并导入 OpenCV-python 包

首先，下载和安装 OpenCV-python 包。

In[1]	import cv2

运行此行代码，需要安装 OpenCV 的 Python 语言包，安装命令如下：

pip install opencv-python

cv2 为 OpenCV 技术的 Python 编程接口时需要调用的包的名称。

8.4.2　读取图像文件

通过用 cv2 包中的 imread( )方法，将图片文件（test. jpg）从 Python 当前工作目录读入内存对象 image。然后，调用 cv2 包中的 imshow( )方法，显示内存对象 image。

In[2]

```
image = cv2.imread("test.jpg")
cv2.imshow("窗口名称", image)
cv2.waitKey(0)
```

cv2. waitKey（0）的含义为“一直等待至按键”，如果不按键，一直显示（不关闭）上一行中返回的窗口。

如果不写此行代码，上一行代码，即 cv2. imshow（"窗口名称"，image）的显示窗口将“瞬间消失/关闭”。函数 cv2. waitKey(delay）中参数 delay 的含义为“等待时长”，当参数 delay 的值：

- delay≤0 时，“一直等待至按键”。
- delay>0 时，delay 为等待时间，单位为 milliseconds

对应的输出结果如图 8-11 所示。

图 8-11　imshow( )方法的返回值（原始图）

8.4.3　将 RGB 图像转换为灰度图

由于 OpenCV 中 haar 级联分类器是基于“灰度图”的，需要将输入的“彩色图”文件转换为“灰度图”，可调用 cv2 包的 cvt. cvtColor( )方法进行“灰度化处理”。

彩色图和灰度图的区别：

- 彩色图：一般用 RGB 颜色模式表示，即用红色（R）、绿色（G）和蓝色（B）3 种通道表示具体颜色。
- 灰度图：用单通道表示图片黑白颜色的变化。

In[3]

```
gray =cv2.cvtColor(image ,  cv2.COLOR_BGR2GRAY )

#显示灰度转换后的图片对象
cv2. imshow ( " Showing gray image", gray )
cv2. waitKey ( 0 )
```

函数 cv2. cvtColor( ) 的参数含义可以通过 cv2. cvtColor 的方法显示。

对应输出结果如图 8-12 所示。

图 8-12 imshow( )方法的返回值（灰度图）

8.4.4 人脸检测与矩阵标识

由于在灰度转换过程中，彩色图像 image 的尺寸没有发生变化，灰度图像 gray 上的人脸位置与彩色图像 imge 中的人脸位置是相同的，即与 detectMultiScale( )方法的返回值一致。

首先，通过 CascadeClassifier( )方法加载所需要的 haar 级联分类器“haarcascade_frontalface_default. xml”。

其次，调用 detectMultiScale( )方法在灰度图像对象 gray 中检测不同大小的人脸，检测到的人脸作为矩形列表返回，返回的值有 x，y，w，h 四个值。

最后，调用 rectangle( )方法在灰度转换前的彩色图像 image 上画出人脸所在位置的矩形。

参数含义见本章【8.5 重点与难点解读】中的“表 8-4 detectMultiScale( )方法的参数及其含义”。

参数含义见本章【8.5 重点与难点解读】中的“表 8-5 rectangle( )方法的参数及其含义”。

建议读者自行输出属性 cv2. data. haarcascades 的值，该属性的含义为机器上所有 haar 级联特征 XML 文件所在的文件夹。当然，函数 cv2. CascadelClassifier( )的参数改为远程 URL，如 GitHub 上的 haar 级联特征 XML 文件的路径。

In[4]

```
#设置 haarcascade_frontalface 级联分类器文件的路径
faceCascade = cv2. CascadeClassifier ( cv2. data. haarcas-
cades + " haarcascade_ frontalface_ default. xml")

faces=faceCascade. detectMultiScale ( gray
                                    , scaleFactor=1. 1
                                    , minNeighbors=5
                                    , minSize= ( 30, 30 ) )

for (x, y, w, h) in faces:
    cv2. rectangle ( image
                  , (x, y)
                  , (x+w, y+h)
                  , (0, 255, 0)
                  , 18)
```

在 In [4] 中，代码段“cv2. data. haarcascades+" haarcascade_frontalface_default. xml" ”的含义为级联分类器 XML 文件的地址，即：

In[5]	cv2. data. haarcascades + " haarcascade _ frontalface _ default.xml"

对应的输出结果如下：

Out[5]	'C:\\Anaconda3\\install\\lib\\site-packages\\cv2\\data\\haarcascade_frontalface_default.xml'

此行输出结果，因读者所使用机器的搜索路径的不同而不同。

8.4.5 图像显示

调用是包 cv2 中的 imshow( ) 方法，将检测结果显示出来。

In[6]	cv2.imshow("Window Name", image) cv2.waitKey(0)

对应的输出结果如图 8-13 所示。

图 8-13　imshow( ) 方法的返回值（含检测结果）

8.4.6 图像保存

调用包 cv2 中的 imwrite( ) 方法，将人脸检测的结果保存至硬盘当前工作目录，文件名为 test_fr. png。

In[7]	cv2.imwrite("test_fr.png",image)

对应的输出结果为：

Out[7]	True

cv2. imwrite( ) 的返回值：

- 当保存成功时，返回 True；
- 当保存失败时，返回 False。

8.5 重点与难点解读

以下是关于 OpenCV 的重点与难点解读。

8.5.1 参数解读——OpenCV

OpenCV 中 detect Multi Scale( ) 方法的参数及其见表 8-4，rectangle( )

方法的参数及其含义见表 8-5。

表 8-4 detectMultiScale( ) 方法的参数及其含义

参数名称	参数含义	备注
image	待检测的图片	为了加快检测速度，通常为灰度图
objects	矩形向量	其中每个矩形包含检测到的对象，矩形可能部分位于原始图像之外
numDetections	相应对象的检测数向量	对象的检测数是连接在一起形成对象的相邻正分类矩形的数量
scaleFactor	指定在每个图像比例下缩小多少图像大小	默认为 1.1
minNeighbors	表示构成检测目标的相邻矩形的最小个数（默认为 3 个）	如果组成检测目标的小矩形的个数和小于 min_neighbors-1 都会被排除，如果 min_neighbors 为 0，则函数不做任何操作就返回所有的被检候选矩形框，这种设定值一般用在用户自定义对检测结果的组合程序中
flags	与函数 cvHaarDetectObjects 中的旧级联具有相同含义的参数	flags 参数不用于新的级联； 要么使用默认值，要么使用 CV_HAAR_DO_CANNY_PRUNING，如果设置为 CV_HAAR_DO_CANNY_PRUNING，那么函数将会使用 Canny 边缘检测来排除边缘过多或过少的区域，因此这些区域通常不会是人脸所在区域
minSize	最小可能的对象大小，小于该值的对象将被忽略	如果 maxSize = = minSize 模型是在单一尺度上评估
maxSize	最大可能的对象大小，大于此值的对象将被忽略	如果 maxSize = = minSize 模型是在单一尺度上评估

表 8-5 rectangle( ) 方法的参数及其含义

参数名称	参数含义	备注
image	要在其上绘制矩形的图像	无
start_point	矩形的起始坐标	坐标表示为两个值的元组，即（x 坐标值，y 坐标值）
end_point	矩形的结束坐标	坐标表示为两个值的元组，即（x+w 坐标值，y+h 坐标值）

（续）

参数名称	参数含义	备　注
color	要绘制的矩形的边界线的颜色	用三个实数（取值范围 0~255）分别表示红色（R）、绿色（G）和蓝色（B）
thickness	矩形边框线的粗细像素	取值为一个实数，仅表示边框线的粗细

8.5.2 AdaBoost 算法

假设训练集为 $T=\{(x_1,y_1)、(x_2,y_2)、(x_3,y_3)\cdots(x_n,y_n)\}$ n 个样本。

1）给训练集样本赋予权重：

$$W(m)=(w_{m1},w_{m2},\cdots,w_{mi},\cdots,w_{mn}),w_{1i}=\frac{1}{N},i=1,2,\cdots,N \quad (8\text{-}4)$$

$W(m)$代表每个样本在训练第 m 个弱分类器时对应的权重，对于第一个弱分类器的训练，$W(1)=\frac{1}{N}$。

2）计算每一轮的弱分类器的误差率。

假设这是一个二分类问题，每个弱分类器的输出结果为 $\{-1, +1\}$，那么第 m 个弱分类器的误差率为：

$$e_m = \sum_{y_i \neq h_m(x_i)} w_{mi} = P(h_m(x_i) \neq y_i) = \sum_{i}^{n} w_{mi} I(h_m(x_i) \neq y_i) \quad (8\text{-}5)$$

式（8-5）代表第 m 个弱分类器的误差率等于该次训练结果中训练错误的样本的权重之和。

3）计算第 m 个弱分类器在强分类器中所占的权重：

$$\alpha_m=\frac{1}{2}\log\frac{1-e_m}{e_m} \quad (8\text{-}6)$$

式（8-6）表示，第 m 个弱分类器的权重随着误差率的增大而减小，即误差率越大，权重越小。

4）计算第 $m+1$ 轮训练时的样本权重：

$$W(m+1)=(w_{m+1,1},w_{m+1,2},\cdots,w_{m+1,i},\cdots,w_{m+1,n})$$

$$w_{m+1,i}=\frac{w_{m,i}}{Z_m}e^{-\alpha_m y_i h_m(x_i)} \quad (8\text{-}7)$$

第 $m+1$ 轮训练时的样本权重是基于第 m 个弱分类器的训练情况进行调整的，其中$h_m(x_i)$代表第 m 个弱分类器对第 i 个样本的学习情况，如果预测正确，取值为 1，则$e^{-\alpha_m y_i h_m(x_i)}$小于 1，下一轮训练时，该样本的权重相对于上一轮将会降低；如果取值为-1，则权重会上升。其中$Z_m=\sum_{i=1}^{n}w_{m,i}e^{-\alpha_m y_i h_m(x_i)}$，是一个规范化因子，可以表达为

$$w_{m+1,i}=\frac{w_{m,i}}{Z_m}\mathrm{e}^{-\alpha_m y_i h_m(x_i)} \tag{8-8}$$

的分子之和，目的就是为了让样本权重之和为 1。

5）组合策略得到强分类器。

步骤 1）~4）中给样本赋予权重的过程是一个迭代循环过程，停止循环的方式有两种：一种是预先设定循环次数，也就是弱分类器的次数，当训练达到指定次数后自动跳出循环；另一种是预先设定模型评价指标，当模型精度达到理想的数值后自动跳出循环。

当循环结束后，通过一定的组合策略将 m 个弱分类器组合成为强分类器：

$$H(x)=\mathrm{sign}\left(\sum_{m=1}^{M}\alpha_m h_m(x)\right) \tag{8-9}$$

这是一个加权的线性组合方式，其中 sign 函数是符号函数，当 $\sum_{m=1}^{M}\alpha_m h_m(x)>1$ 时，其结果为 1，即判断为正例；当 $\sum_{m=1}^{M}\alpha_m h_m(x)<1$ 时，其结果为-1，即判断为负例。

8.5.3 基于 OpenCV 和 CNN 的图像处理的对比

目前，常用于图像处理的技术有两种：基于 OpenCV 的传统技术和基于 CNN 的深度学习技术，表 8-6 所示为两者的对比分析。

表 8-6 基于 OpenCV 和 CNN 的图像处理的对比

	优　点	缺　点
OpenCV	• 易于使用和设计 • GRIP 等工具使其变得更加容易	对于不同光照条件的适应力不强
CNN	• 适应能力极强 • 通常会出现令人惊叹的性质	应用难度较大

8.5.4 Haar 特征和 LBP 特征的对比分析

除了本章讨论的 Haar 特征，OpenCV 还支持 LBP 特征，表 8-7 所示为 Haar 特征和 LBP 特征的对比分析。

表 8-7 Haar 特征和 LBP 特征的对比分析

特　征	优　点	缺　点
Haar	• 检测准确率高 • 假正率低	• 计算复杂并且缓慢 • 训练时间更长 • 对于黑脸有着更低的准确率 • 对于人脸的抗遮挡性更差

（续）

特　征	优　点	缺　点
LBP（Local Binary Pattern）	• 计算简单快速 • 训练时间更短 • 对局部光照变化具有鲁棒性 • 对于人脸的抗遮挡性强	• 准确率相对更低 • 具有较高的假正率

8.5.5　AdaBoost 算法和 XGboost 算法的主要区别

本节讨论的 AdaBoost 和本书【第 6 章集成学习】中介绍的 XGBoost 的区别如表 8-8 所示。

表 8-8　AdaBoost 算法和 XGBoost 算法的主要区别

特　征	AdaBoost	XGBoost
模型提升策略	通过调节样本权重循环迭代训练下一个弱分类器以此来提升模型	采用负梯度去估计误差，再用新模型去拟合该误差以此提升模型
最优化方法	通过调整样本权重来对弱分类器进行训练，以此来达到最优化	通过梯度下降法使损失函数下降最快，并用负梯度去拟合新的弱分类器，其实通过在 $f_{t-1}(x)$ 处进行二阶泰勒展开实现这一最优化过程
损失函数类型和基学习器	任意基学习器算法+指数损失函数	CART 或线性回归器+任意损失函数（损失函数还考虑了树不能太复杂要分配均衡）
应用场景	主要用于分类，回归需要额外的调整	灵活用于回归和分类，只需要选择不同的损失函数

8.6　习题

1. 下面关于 OpenCV 的论述正确的是(　　)。

A. OpenCV 是一个包含数百种计算机视觉算法的开源库

B. OpenCV 默认的色彩空间是 RGB

C. OpenCV 可用于自然语言理解

D. OpenCV 可以实现对物体进行跟踪

2. OpenCV 的 Image Processing 模块的功能是(　　)。

A. 图像处理　　B. 人脸检测　　C. 图像存储　　D. 视频处理

3. OpenCV 算法的主要应用场景不包括(　　)。

A. 视觉目标检测　　B. 网络图像过滤　　C. 相机矫正与图片拼接　　D. 自然语言处理

4. AdaBoost 算法是一种(　　)类集成算法。

A. stacking　　B. bagging　　C. boosting　　D. 强化学习

5. 关于 AdaBoost 算法原理，以下表述正确的有(　　)。

A. AdaBoost 算法本质是一种集成算法，属于集成算法中的 boosting 提升算法系列

B. 在每一轮训练弱分类器的过程中，会给训练样本赋予一定的权重，首轮训练时对每一个样本赋予相同的初始权重即$\frac{1}{n}$

C. AdaBoost 算法通过改变样本的权重提升自身的训练效果

D. AdaBoost 算法的最终目标是构建一个级联分类器

6. 关于 Haar-like 特征，以下表述正确的有(　　)。

A. 特征原型又分为边界特征和矩形特征两种

B. 可以利用积分图的方法加快 Haar-like 特征的计算速度

C. Haar-like 特征是利用 RGB 颜色通道的变化进行计算的

D. 一张人像往往会有上万个 Haar-like 特征

7. 关于 AdaBoost 和 Xgboost 算法，表述错误的有(　　)。

A. AdaBoost 通过调节样本权重，循环迭代训练下一个弱分类器，以此来提升模型；XGboost 则是采用负梯度去估计误差，再用新模型去拟合该误差，以此提升模型

B. AdaBoost 通过调整样本权重来对弱分类器进行训练，权重的更新其实对损失函数求最小值的过程，以此来达到最优化；Xgboost 是通过梯度下降法使损失函数下降最快，并用负梯度去拟合新的弱分类器，是通过在$f_{t-1}(x)$处进行二阶泰勒展开来实现这一最优化过程的

C. AdaBoost 算法是 Boosting 框架+任意基学习器算法+指数损失函数，XGboost 算法是 Boosting 框架+Cart 或线性回归器+任意损失函数（损失函数还考虑了树不能太复杂要分配均衡）

D. AdaBoost 算法只能用于回归分析

8.7 主要参考文献及推荐阅读书目

[1] BEYELER, M. Machine Learning for OpenCV [M]. Birmingham: Packt Publishing Ltd, 2017.

[2] DIETTERICH T G. Ensemble Methods in Machine Learning [J]. proc international workshgp on multiple classifier systems, 2000.

[3] GOLLAPUDI S. Learn computer vision using OpenCV: with deep learning CNNs and RNNs [M]. Berkeley: Apress, 2019.

[4] KHAN M, et al. Face Detection and Recognition Using OpenCV [J]. 2019 International Conference on Computing, Communication, and Intelligent Systems (ICCCIS). IEEE, 2019.

[5] SHAHRAKI A, MAHMOUD A, ØYSTEIN H. Boosting algorithms for network intrusion detection: A comparative evaluation of Real AdaBoost, Gentle AdaBoost and Modest AdaBoost [J]. Engineering Applications of Artificial Intelligence 94 (2020): 103770.

[6] VANDER P J. Python data science handbook: Essential tools for working with data [M]. Cambridge: O'Reilly Media, Inc., 2016.

[7] VIOLA P, JONES M J. Robust Real-Time Face Detection [J]. International Journal of Computer Vision, 2004, 57 (2): 137-154.

[8] VIOLA P A, JONES M J. Rapid Object Detection using a Boosted Cascade of Simple Features [C] // Computer Vision and Pattern Recognition, 2001. Proceedings of the 2001 IEEE Computer Society Conference on IEEE, 2001.

[9] 朝乐门. Python 编程：从数据分析到数据科学 [M]. 2 版. 北京：电子工业出版社，2021.

[10] 朝乐门. 数据科学——基于 Python 语言 [M]. 北京：人民邮电出版社，2020.

第 9 章　深 度 学 习

深度学习是机器学习的一个分支，多数深度学习方法采用的是传统机器学习中的神经网络（**Neural Network**）结构。深度学习与传统机器学习的区别如图 9-1 所示。深度学习将特征提取和机器学习融合在一起，自动提取解决问题所需要的特征，不需要像传统机器学习，事先进行特征提取等数据预处理工作。

所谓“深度（deep）”是指神经网络学习的层次较多。

深度学习的这一特征，通常称之为“端到端的框架（end-to-end framework）”。

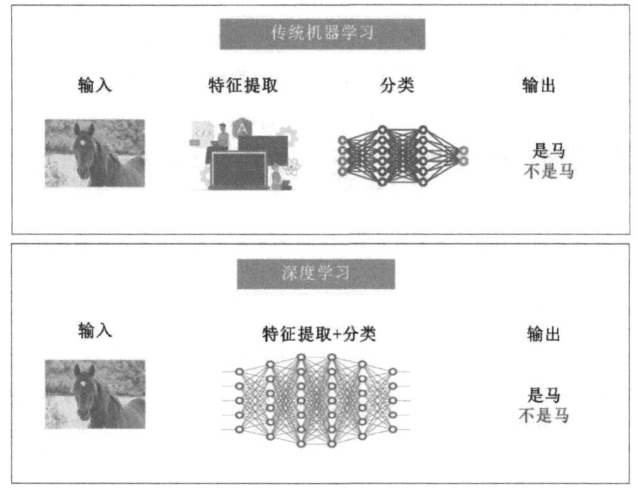

图 9-1　深度学习与传统机器学习的区别

9.1　应用场景

从功能要素的角度看，深度学习算法可以用于回归、分类、聚类等不同机器学习任务。但是，机器学习的应用场景不仅要考虑分析目的，还需要考虑以下 6 个非功能因素，如表 9-1 所示。

机器学习任务取决于所采用的具体的机器学习算法。

表 9-1　深度学习与传统机器学习的应用场景比较

非功能因素	传统机器学习	深 度 学 习
数据类型	结构化数据	非结构化或结构化数据
数据规模	较小	大数据
硬件要求	较低	较高（如需要 GPU 等）

（续）

非功能因素	传统机器学习	深 度 学 习
特征工程	需要理解特征 需要实现完成特征提取	不需要理解特征 特征提取与学习过程融为一体
运行所需时间	较短	较长
可解释性	部分传统算法的解释性较好	较差

1）数据类型：深度学习不仅适用于结构化数据，而且也可以应用于非结构化数据。因此，相对于传统机器学习，深度学习的应用更为广泛。近年来，深度学习在非结构化数据，如机器视觉、自然语言处理等领域的应用最为流行。

2）数据规模：相对于传统机器学习，深度学习需要大规模或超大规模的数据，对数据集的规模要求较高。当数据规模很大和数据维度很高时，深度学习的优势更为突出。

3）硬件要求：由于计算量大，深度学习技术中对硬件的要求很高，需要高性能计算机、GPU 等计算资源。

4）特征工程：深度学习一般不需要事先进行特征提取或特征理解等操作。

5）运行所需时间：相对于传统机器学习，深度学习的运行时间较长。有时，深度学习所需要的时间达几周或甚至几个月。

6）可解释性：与传统机器学习相比，深度学习的可解释性较差，甚至无法解释。因此，在可解释性要求不高的前提下，才能使用深度学习方法。

或者，深度学习通常与可解释性机器学习技术（如 LIME 算法）一起使用。

深度学习算法有很多种，如 CNN（Convolution Neural Networks，卷积神经网络），RNN（Recurrent Neural Networks，循环神经网络），LSTM（Long Short Term Memory Networks，长短期记忆网络），GAN（Generative Adversarial Networks，生成对抗网络）。本章主要介绍 CNN 算法，该算法在计算机视觉，如图像识别与分类、目标检测、目标跟踪、目标分割等领域应用较广。

CNN 是一种深度学习算法，由 Y. LeCun、L. Bottou、Y. Bengio、P. Haffner 于 1990 年提出，并且在 8 年后提出了改进版本。

9.2 算法原理

CNN 算法的主要原理如下。

CNN 是全连接网络的一种改进，所以，理解全连接神经网络是学习 CNN 的前提。

9.2.1 全连接神经网络及其缺点

1. 全连接神经网络的特点

全连接神经网络（Fully Connected Neural Network）是神经网络的一

种，如图 9-2 所示。

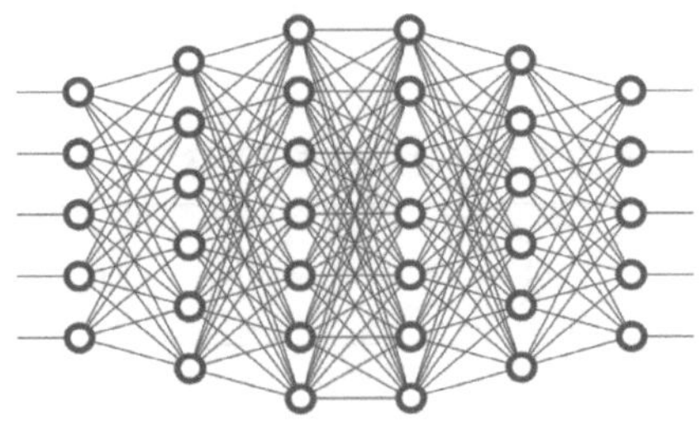

图 9-2　全连接神经网络

全连接神经网络的主要特点是“全连接”，对于第 $n-1$ 层和第 n 层（$n \geqslant 2$）而言，第 n 层的每一个节点都与 $n-1$ 层的所有节点相连接，即“上一层的神经元与下一层中的所有神经元相连接”。如图 9-2 所示，第二层中 6 个节点，每个节点都与输入层（第一层）的所有节点相连；第三层的 7 个节点，每一个节点都与第二层所有节点相连。

节点称之为“神经元”，理解这个神经元的结构是理解神经网络学习的关键，因为，深度神经网络的最基本单元是“（人工）神经元”。

全连接层（fully connectedlayer）属于密集层（dense layer 或 densely connectedlayer），对应于 TensorFlow 和 Karas 中的 Dense 类。

2. 全连接神经网络中的“神经元”

通常，全连接网络中的节点（神经元或感知器）为 MP 神经元，如图 9-3 所示。MP 神经元由 6 个部分组成：

MP 神经元的名字来自于其两位作者姓名的首字母。1943 年，McCulloch 和 Pitts 通过模仿生物神经元的功能提出了 MP 神经元的概念。

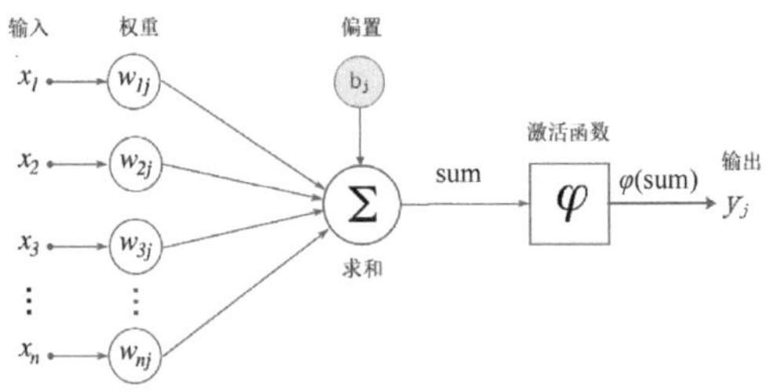

图 9-3　MP 神经元的结构

理解如何求解每个“神经元”的参数 w 和 b 是掌握全连接神经网络的第二个关键，详见本小节“**3. 全连接神经网络的参数求解方法**”。

1）输入向量：一个神经元可以接收 n 个输入，如向量 $[x_1, x_2, \cdots, x_n]$。

2）权重向量：每一个输入项都有一个权重，如输入项 x_1 的对于神经元 j 的权重为 w_{1j}。

3）偏置项：如 b_j。

4）线性转换部分——求和（Σ）：基于输入、权重和偏置项进行求和，如：

$$\text{sum} = \sum_{i=1}^{n} w_{ij} \cdot x_i + b_j \tag{9-1}$$

此处，输入、权重和偏置项的概念与线性回归中的自变量、系数和截距项一一对应。

5）非线性转换部分——激活函数（φ）：负责对求和结果（如 sum）进行非线性转换。激活函数的作用是对求和结果（sum）进行非线性转

引入激活函数的目的是避免仅使用求和带来的简单线性组合，将线性转换改为非线性转换，进而提高模型的表达能力，使模型有更好的区分度。

换，得出激活函数的输出值 φ（sum）。神经网络学习中常用的激活函数有 Sigmoid、ReLU、Tanh 和 ELU 等，这些激活函数的公式及特征如表 9-2 和表 9-3 所示。

ReLU 的计算规则为“如果 x 小于 0，ReLU 输出为 0，否则输出结果与输入数据 x 一样”，其优点在于克服了 Sigmoid 和 Tanh 的缺点——梯度消失问题的存在。

Tanh 是 Sigmoid 的变形，与 sigmoid 不同的是，tanh 是 0 均值的，而 sigmoid 并非为 0 均值。

表 9-2　神经网络学习中常用的激活函数（一个输入变量 x）

函数名称	公　式	曲　线	输出值的范围
Sigmoid	$\frac{1}{1+e^{-x}}$		(0，1)
ReLU (Rectified Linear Unit)	max（0，x），即 $\begin{cases}0 & x\leqslant 0\\ x & x>0\end{cases}$		[0，∞)
LeakyReLU	$\begin{cases}x_i & \text{if } x_i>0\\ x_i/a_i & \text{if } x_i<0\end{cases}$		[-∞，∞)
Tanh (Hyperbolic Tangent)	$\tanh(x)=\frac{e^x-e^{-x}}{e^x+e^{-x}}$		(-1，1)
ELU (Exponential Linear Unit)	$\begin{cases}a\ (e^x-1) & x\leqslant 0\\ x & x>0\end{cases}$		(-α，∞)

表 9-3　神经网络中常用的激活函数（多个输入变量）

函数名称	公　式	输出值的范围
Softmax	$\frac{e^{x_i}}{\sum_{j=1}^{k} e^{x_j}}$ 其中，$i=1, \cdots, j$	(0，1)
Maxout	$\max_i x_i$	[-∞，∞)

参见本章【9.3 核心术语】。

6）输出：将激活函数（φ(sum)）的返回值作为整个神经元的输出值——y_j。

以图 9-4 所示的神经元为例，当输入为 2，-2，1，权重为 1，-1，1 时，偏置为 1，则求和为 4，激活函数为 Sigmoid，最后经过这个神经元得到0.98。

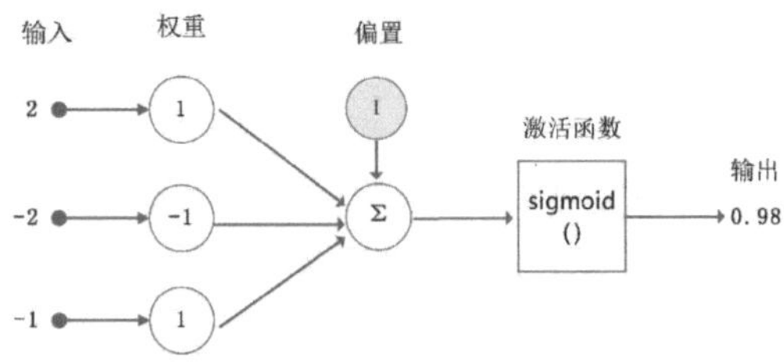

图9-4 神经元的计算

3. 全连接神经网络的参数求解方法

全连接网络的参数是指其每个神经元的权重 w 和偏置项 b。神经网络一般采用梯度下降法，通过多次迭代、不断更新参数 w 和 b 的方式，具体实现策略为“通过多次迭代，一步一步通过更新神经网络每一层节点的参数来减小整个神经网络输出的误差，最终误差达到最小时的参数就是我们要寻找的参数”。具体步骤如下：

关于梯度下降法，可以本章【9.5 重点与难点解读】部分。

搭建神经网络分为前向传播和反向传播。

● 前向传播：搭建网络结构。

● 反向传播：训练网络参数。

1）前向传播：在前向传播计算过程中，每一个神经元都会由前面的神经元产生，最后生成最终结果。从第一层到输出层，逐层计算网络输出。

2）定义损失函数（代价函数）：损失函数（代价函数）主要评价的预测结果（$\hat{y}$）与真实值（y）之间的误差，可以采用均方误差（MSE）等指标表示损失函数（代价函数）。如：

参见本章【9.3 核心术语】中的对“交叉熵损失函数（Cross Entropy Loss）”的介绍。

$$L(\theta)=\frac{1}{k}\sum_{\tau_i=1}^{K}(y^{(i)}-\hat{y}^{(i)})^2 \tag{9-2}$$

3）反向传播：从输出层到第一层，从后往前，逐层计算各层的梯度。

$$\frac{\partial L}{\partial w}与\frac{\partial L}{\partial b}$$

再反向传播过程中，由于采用的是链式法则（Chain Rule），当初始化参数（w 或 b）的取值过大（或过小）时，容易出现梯度爆炸（或消失）现象。

4）更新参数：

$$w=w-\frac{\partial L}{\partial w}$$

$$b=b-\frac{\partial L}{\partial b} \tag{9-3}$$

5）多次迭代上述过程，直至误差达到最小。此时，参数 w 和 b 的值取为最优解。

4. 全连接神经网络的缺点

全连接网络的主要缺点是全连接神经网络需要训练的参数个数太

需要训练的参数为每个神经元的 w 和 b。

CNN 的设计思路是通过卷积、池化等方法实现输入数据的降维（特征提取），进而减少全连接神经网络需要训练的参数个数。

多，导致运算量过高。全连接神经网络中需要训练的参数个数主要取决于以下 3 个因素。

1）输入层的神经元数量。

2）神经网络的层数。

全连接神经网络的层数=隐含层的层数+1（输出层）

通常是指需要计算的层数，输入层没有计算能力，所以不参与计算。

3）待优化的参数个数：待优化的参数个数=w 的总数+b 的总数。

9.2.2 全连接神经网络的改进及卷积神经网络的提出

针对全连接网络的上述缺点，卷积神经网络（Convolutional Neural Networks，CNN）采取的优化策略为：对输入数据进行特征提取，对输入数据进行降维处理，进而减少全连接神经网络需要训练的参数个数，然后进行全连接神经网络操作。CNN 处理分为两个阶段：特征学习（Feature Learning）和分类（Classification），如图 9-5 所示。

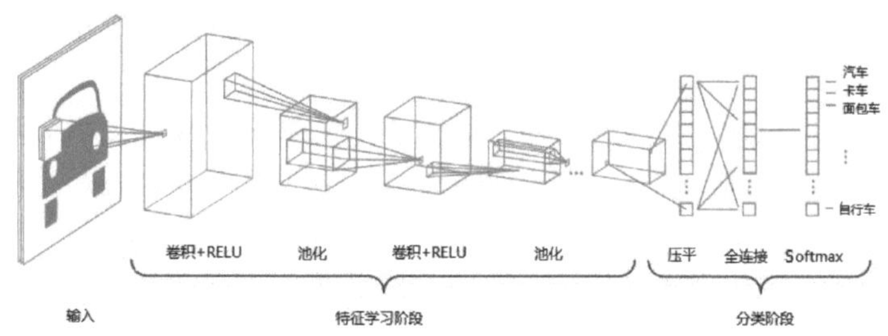

图 9-5 CNN 对全连接神经网络的改进
（图片来源：Sumit Saha，2018）

图像可以为灰度图（用单通道表示），也可以为彩色图（通常用 RGB 三个通道表示）。

1）输入层：输入数据为“汽车”的图像。

2）“特征学习阶段”为数据预处理阶段，通过多轮“卷积”+“池化”操作，对输入数据进行降维处理。

3）“分类阶段”为全连接神经网络学习阶段，对“特征学习阶段”的输出依次进行“压平（Flatten）”“全连接（Fully Connected）”和 Softmax 处理后，以“输出层中的每个输出神经单元（汽车/卡车/面包车/…/自行车）的概率”的形式给出分类结果。

9.2.3 卷积神经网络的基本思路

（1）基本思路

先通过特征提取，对输入数据进行降维处理之后，交给全连接神经网络进行处理。也就是说，CNN 在全连接神经网络的前面加了数据预处理环节——特征提取，进而减少了全连接神经网络需要训练的参数个数。

(2) 特征提取及卷积运算

如何进行特征提取？使用卷积运算，如图 9-6 所示。以提取矩阵 ***A*** 的主对角线特征位为例，可以通过设计卷积核 ***K***，并对矩阵 ***A*** 进行卷积运算后得出矩阵 ***B***。

卷积是实现特征提取的一个好思路。卷积操作的功能是从目标矩阵中提取与卷积核相似的特征。

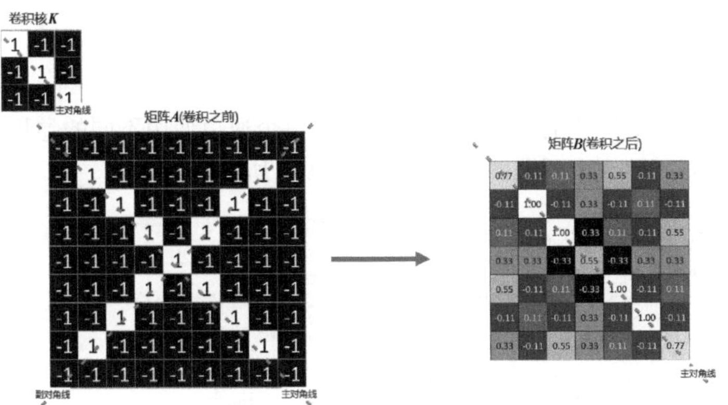

图 9-6 卷积运算的示例

相对于原始矩阵 ***A***，卷积运算后得出的矩阵 ***B*** 有两个特点。

- 维度更低，如矩阵 ***A*** 为 9×9 的矩阵，而矩阵 ***B*** 为 7×7 的矩阵。
- 保留主要特征：虽然进行了降维处理，但是主对角线的特征依然保留。可见，卷积运算所保留（或提取）的特征取决于卷积核的特征。

主对角线的取值仍为最大。

(3) 卷积核及其数量

卷积核的本质就是一个矩阵，CNN 卷积核的数量等于需要提取的特征数量。不同的卷积核提取到的是不同的特征。因此，每个卷积核只能提取一个特征。

从功能上，可以将卷积核理解为特征提取器。

(4) 卷积计算的方法

输出矩阵的每一个元素值为输入矩阵中对应区域和卷积核矩阵的卷积。具体计算方法为以卷积核矩阵为窗口，按从左到右和从上到下的顺序，对输入矩阵进行多次卷积运算（将卷积窗口与对应位置相乘求和），每一次卷积运算的结果存放在输出矩阵的相应位置，如图 9-7 所示。

输入矩阵

0	0	0	0	0
0	0	1	2	0
0	3	4	5	0
0	6	7	8	0
0	0	0	0	0

*

卷积核

0	1
2	3

=

输出矩阵

0	3	8	4
9	19	25	10
21	37	43	16
6	7	8	0

图 9-7 卷积运算的示意图（1）

计算规则：相应位置元素相乘之后累加成一个新值。

图 9-7 中，输出矩阵第 0 行的第 0 列和第 1 列的两个元素的取值分别为 0 和 3，其计算过程如图 9-8 所示。

图 9-8 卷积核运算的示意图（2）

对于 3 个通道的 RGB 图像，需要对每个通道使用不同的卷积核进行过滤，即需要 3 个不同的卷积核，如图 9-9 所示。

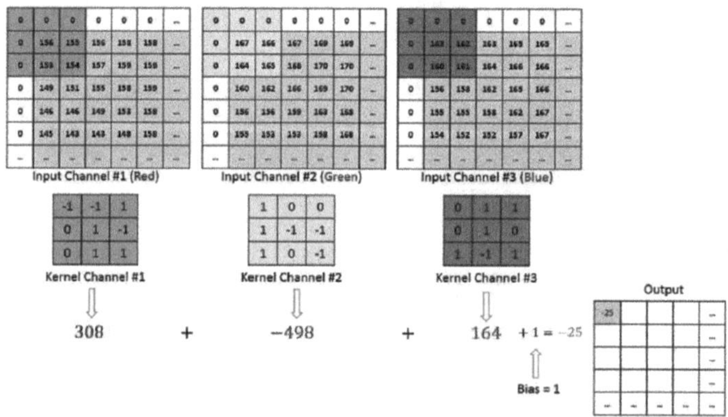

图 9-9 3 个通道卷积的计算

（5）卷积计算中可能遇到的特殊情况及其解决方法

1）每次卷积计算之后，为了下一次卷积操作需要移动卷积核的单位长度——步幅（stride）。图 9-10 所示为步幅为 1 和 2 在第一次卷积和

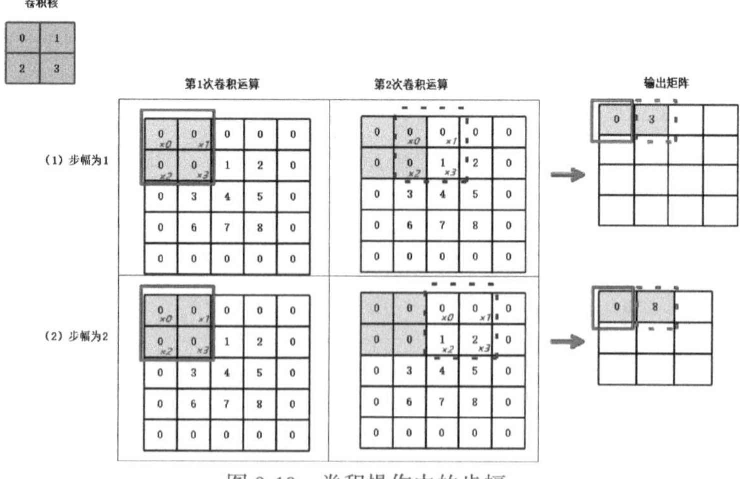

图 9-10 卷积操作中的步幅

第二次卷积操作上的区别。

2）最后一次卷积计算时，卷积核和矩阵数据长度不一致的问题——填充（padding）问题。padding 有两种情况：第一种是 padding = same，代表在卷积图像的周围填充上 0 使得卷积后的图像尺寸等于卷积前的图像尺寸，即在图 9-10 的虚线框内进行填充。第二种就是 padding = valid，代表不做填充，如图 9-11 所示。

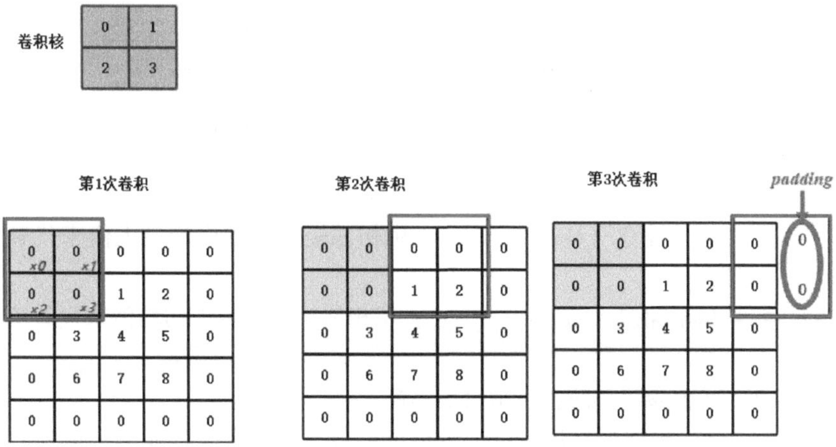

卷积核

0	1
2	3

第1次卷积

0	0	0	0	0
0	0	1	2	0
0	3	4	5	0
0	6	7	8	0
0	0	0	0	0

第2次卷积

0	0	0	0	0
0	0	1	2	0
0	3	4	5	0
0	6	7	8	0
0	0	0	0	0

第3次卷积 padding

0	0	0	0	0	0
0	0	1	2	0	0
0	3	4	5	0	
0	6	7	8	0	
0	0	0	0	0	

图 9-11 卷积操作中的 padding 示例（以步幅为 2 为例）

此例中需要填充（padding）数据为 1 个列。

（4）卷积计算的输出特征的个数

完成卷积操作之后，输出特征的个数（n_{out}）的计算公式为：

$$n_{out}=\left[\frac{n_{in}+2p-k}{s}\right]+1 \tag{9-4}$$

式中，n_{in}为输入特征的个数；n_{out}为输出特征的个数；k 为卷积核的大小；p 为卷积操作中 padding 的大小；s 为卷积操作中步幅（stride）的大小。

其实，卷积操作的降维能力非常有限，即式（9-4）中 n_{in} 与 n_{out} 的差别不是特别大。

以图 9-7 所示的 CNN 神经网络为例，其各参数为 $n_{in}=5$，$k=2$，$s=1$，$p=0$，即：

$$n_{out}=\left[\frac{n_{in}+2p-k}{s}\right]+1=\left[\frac{5+2\times0-2}{1}\right]+1=4 \tag{9-5}$$

（6）在卷积的基础上，进一步降维处理——池化

由于卷积操作的降维能力有限，CNN 中对卷积结果进行进一步特征提取和降维操作——池化（pooling）操作。通常，池化操作的策略有两种，即均值池化（Average Pooling）和最大值池化（Max Pooling），如图 9-12所示。

池化操作的数据压缩能力是以一定的信息丢失为代价的。

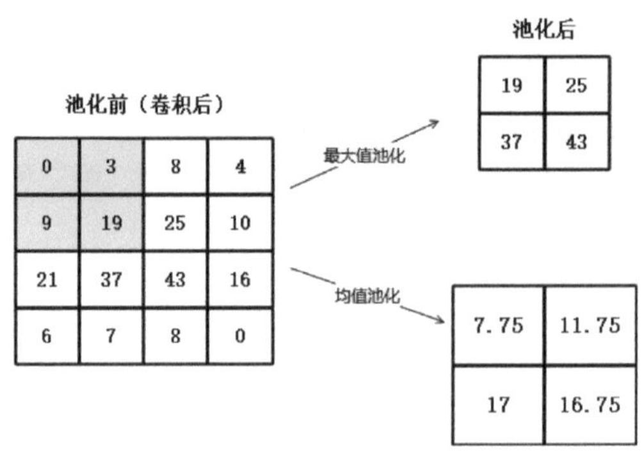

图 9-12　池化操作的示例（过滤器为 2×2，步幅为 2）

与卷积操作类似，池化操作也需要过滤器，图 9-12 所示的池化操作的过滤器形状为 2×2，而池化操作的步幅为 2。

最大值池化：可提取图片中的纹理特征。

- 最大值池化（Max Pooling）：用相邻矩形区域内的最大值来代替该区域。

均值池化：可保留图片中的背景特征。

- 均值池化（Average Pooling）：用相邻矩形区域内的均值来代替该区域。

(7) 减少参数和防止过拟合的策略——dropout

进行 dropout 操作的目的是：减少参数个数，防止过拟合。需要注意的是：dropout 操作仅发生在训练神经网络时，而在使用神经网路时需要放回被遗弃的神经元。

为了进一步减少参数数量、防止过拟合，在训练时可能会采取遗忘/舍弃（dropout）操作。每个神经元都有 $p\%$的概率被遗弃，如图 9-13 所示。

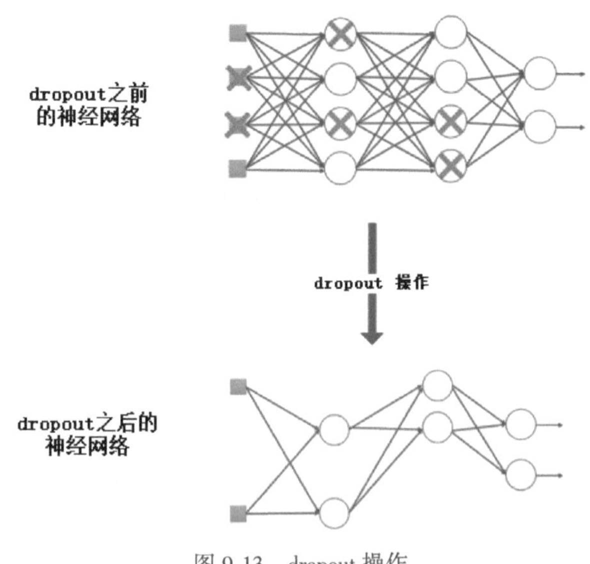

图 9-13　dropout 操作

(7) 全连接及 Softmax 函数

对多轮卷积+池化处理的结果矩阵进行压平（flatten）处理之后，再转交给全连接神经网络，并采用 Softmax 函数将全连接神经网络的输出结果以“概率形式”显示，在输出层中预测概率最大的就是最终的分类标签，如图 9-14 所示。

在 CNN 中全连接层的输入为多轮“卷积+池化”的结果，一般对这一结果进行压平（flatten）处理后交给全连接神经网络，原因是全连接神经网络的输入为一维数组。

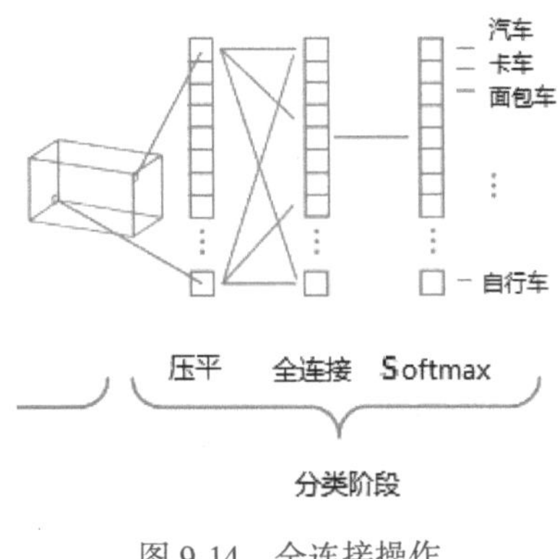

图 9-14　全连接操作

9.2.4　CNN 的整体流程

结合上述关键理论，以手写数字的识别为例，将 CNN 的整体处理过程描述如下（见图 9-15）。

输入为大小为 28×28×1 的手写数字图片。

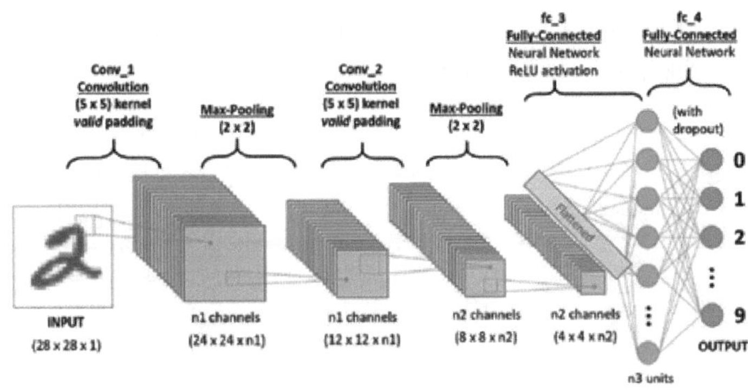

图 9-15　整体流程

（来源：Mukesh Chaudhary，2020）

1）使用大小为 5×5 的卷积核进行过滤，卷积时不进行填充。在经过第一个卷积层后，图像大小 24×24，由于有 n_1 个通道，所以整体形状为 24×24×n_1。

2）经过一个池化大小为 2×2 的池化层，进一步缩小图像尺寸为 12×12×n_1。

3）重复一次卷积一次池化得到 4×4×n_2 的图像，即迭代步骤 1）~2）。

4）进行全连接，在进行全连接之前需要将矩阵展平才能进行全连接，所以有一个 Flattened 的操作，第一次全连接使用 ReLU 为激活函数，第二次全连接使用 Softmax 为激活函数，将结果处理成该图像分别为 0~9 数字的概率。

CNN 算法的优缺点见表 9-4。

表 9-4　CNN 的优缺点

优　　点	缺　　点
• 善于挖掘抽象表示 • 泛化能力较强 • 具有强大的特征学习与分类能力	• 卷积神经网络的结构研究还不够，简单地增加网络的复杂程度会造成过拟合等问题 • 卷积神经网络的参数众多，但目前许多的参数设置是基于实践和经验所得 • 数学解释和理论指导还比较滞后

9.3　核心术语

CNN 算法所涉及的术语及其定义如下。

在 CNN 中，Softmax 函数主要用于“将神经网络的最后一层输出结果改为概率值”。

（1）Softmax 函数

Softmax 函数亦称**归一化指数函数**（**normalized exponential function**），是二分类函数 Sigmoid 在多分类上的推广，目的是将多分类的结果以概率的形式展现出来，如图 9-16 所示。

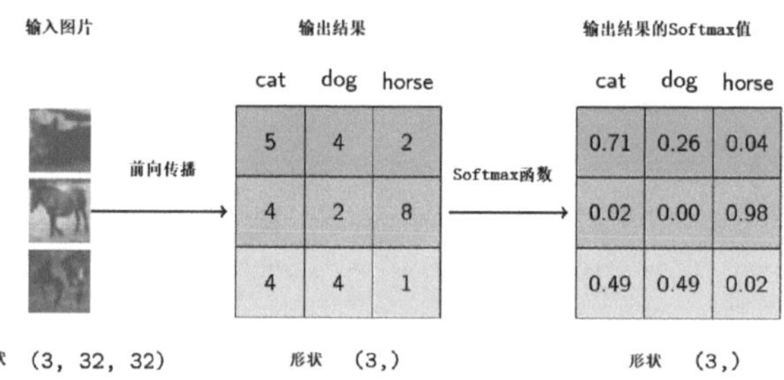

图 9-16　Softmax 的作用

（图片来源：LJ MIRANDA，2017）

Softmax 函数的计算公式如下：

$$\text{Softmax}(\vec{x})_i = \frac{e^{x_i}}{\sum_{j=1}^{k} e^{x_j}} \tag{9-6}$$

式中，k 为多分类器中的类别个数；$\vec{x}$为输入向量（x_0，…，x_k）；x_i为输入向量$\vec{x}$的第 i 个分量；$\text{Softmax}(\vec{x})_i$为$x_i$的 Softmax 值；$e^{x_i}$为$x_i$的自然指数

(e指数)函数，其返回值为大于0的正数。当输入数据为负数时，其取值非常小；当输入数据很大时，其取值也较大。$\sum_{j=1}^{k} e^{x_j}$为标准化项，其作用是确保输入向量中的每个分量x_i的Softmax值的取值范围为(0，1)，且所有分量的Softmax之和为1。

图9-16的计算过程如下（以输入图片“cat”所对应的输出向量[5，4，2]为例）。

$$\vec{x}=\begin{pmatrix}5\\4\\2\end{pmatrix}$$

$$e^{x_1}=e^5=148.413159$$

$$e^{x_2}=e^4=54.59815$$

$$e^{x_3}=e^2=7.389056$$

$$\sum_{j=1}^{k} e^{x_j}=e^{x_1}+e^{x_2}+e^{x_3}=e^5+e^4+e^2=210.400365$$

$$\text{Softmax}(\vec{x})_1=\frac{e^{x_1}}{\sum_{j=1}^{3} e^{x_j}}=\frac{148.413159}{210.400365}=0.705384512997399$$

$$\text{Softmax}(\vec{x})_2=\frac{e^{x_2}}{\sum_{j=1}^{3} e^{x_j}}=\frac{54.59815}{210.400365}=0.2594964604742962$$

$$\text{Softmax}(\vec{x})_3=\frac{e^{x_3}}{\sum_{j=1}^{3} e^{x_j}}=\frac{7.389056}{210.400365}=0.0351190265283047$$

(2)局部连接（Local Connectivity）与参数共享（Parameter Sharing）

这两个概念指的是卷积层的两个特征，用于减少参数数量，提高学习效率和防止过拟合。

- 局部连接：卷积层的节点仅仅和其前一层的部分节点相连接，只用来学习局部特征。
- 参数共享：用相同卷积核进行卷积操作，从而实现参数共享。卷积核的参数共享在单独通道上有效，至于通道与通道间的对应卷积核是独立不共享的。

(3)epoch、batch和iteration的区别与联系

梯度下降方法中参数更新的方式有以下两种。

- 批梯度下降（Batch Gradient Descent）：遍历全部数据集算一次损失函数，然后计算损失函数对各个参数的梯度，并更新梯度。这种方法每更新一次参数都要把数据集里的所有样本都看一遍，计算量开销大，计算速度慢。

相对于批梯度下降，随机梯度下降走得是另一个极端——以训练集中的每个样本为单位计算损失函数。

- 随机梯度下降（Stochastic Gradient Descent，SGT）：每看一个数据就算一下损失函数，然后求梯度更新参数，其特点是：速度比较快，但是收敛性能不太好，可能在最优点附近晃来晃去；两次参数的更新也有可能互相抵消掉，造成目标函数震荡得比较剧烈。

为了克服两种方法的缺点，通常采用另一种折中手段——“小批梯度下降（Mini-Batch Gradient Descent）”：将数据分为若干个“批（batch）”，按“批”更新参数，一个“批”中的一组数据共同决定了本次梯度的方向，减少了随机性。另一方面因为“批”的样本数与整个数据集相比小了很多，计算量也会减少很多。

epoch 和 iteration 的区别：

epoch：针对的是训练集的所有样本；

iteration：针对是训练集的一小部分样本，即 batch。

当数据量很大时，通常采用的是带 mini-batch 的随机梯度下降算法（Stochastic Gradient Descent，SGD）训练深层结构，其优点在于不需要遍历全部样本。

batch size：一个 batch 中的样本总数。

- epoch（一代训练）：针对完整的训练集进行神经网络学习的一次迭代，称为之为一个“epoch”。
- batch（一批数据）：通常，并非采用完整的训练集训练神经网络，而是首先从训练集中选取一小部分样本，然后对模型权重进行一次反向传播的参数更新，这一小部分样本叫作“batch”。
- iteration（一次训练）：使用一个 batch 中的样本对模型进行一次参数更新的过程，称之为“iteration”。
- batch 大小（batch size）和 batch 数量的换算关系：batch 数量 = 训练集的大小/batch 大小

根据上述定义，可以得到根据不同的梯度下降方式 batch 的大小和 batch 数量的关系，见表 9-5。

表 9-5 batch 大小和 batch 数量

梯度下降方式	训练集大小	batch 大小	batch 数量
BGD	N	N	1
SGD	N	1	N
Mini-Batch	N	B	$N/B+1$

（4）交叉熵损失函数（Cross Entropy Loss）

在 CNN 中，一般用的是交叉熵损失函数，而不是 MSE 损失函数。

MSE 损失函数的公式为

$$\mathrm{MSE}(\theta) = \frac{1}{k}\sum_{i=1}^{k}(\hat{y}_i - y_i)^2$$

交叉熵损失函数与 MSE（Mean Squared Error，均方误差损失函数）类似，是在分类模型中常用的一种损失函数，刻画的是预测结果($\hat{y}_i$)与观察值(y_i)两个概率分布之间的距离，交叉熵损失函数 $L(\theta)$的计算公式为：

$$L(\theta) = -\sum_{i=1}^{K} y_i \cdot \log \hat{y}_i \tag{9-7}$$

9.4 Python编程实践——手写数字识别分析

目前，常用于深度学习算法的Python包有Facebook（Meta）公司的PyTorch、谷歌公司的TensorFlow以及François Chollet等开发的Keras。本章采用的是TensorFlow及其Keras编程接口。Keras是一种面向人工神经网络学习的开源工具库的Python编程接口，可用做TensorFlow、Microsoft-CNTK和Theano的高阶应用程序接口，支持深度学习模型的训练、调试、评估、应用和可视化。

Kares的主要开发者Francois Chollet后来就职于谷歌公司。从TensorFlow 2.0开始，TensorFlow已集成了Keras，Keras也变成TensorFlow的高层应用程序编程接口（API）。因此，如今人们通常将Keras当作TensorFlow的API接口来使用，本章也是。

Kares不仅具有用户友好的API接口，而且还支持在相同代码上无缝切换CPU和GPU。

本案例是一个手写数字识别分析的案例，概述如下。

【数据及分析对象】 数据内容来自数据集MNIST（THE MNIST DATABASE of handwritten digits）手写数字图像数据库。该数据集主要记录了0~9的手写数字图像，如图9-17所示。

图9-17 MNIST手写数字数据（部分）

MNIST手写数字数据库包含的样本分为训练集和测试集。其中，数字已经过大小标准化并在固定大小的图像中居中。

该数据集为纽约大学Yann LeCun等提供的手写数字图像数据库，官方URL：http://yann.lecun.com/exdb/mnist。

【目的及分析任务】 理解机器学习方法在数据分析中的应用——采用CNN方法进行图片分类分析。

1）以MNIST数据库中60000个示例为训练集进行深度学习。

2）以MNIST数据库中10000个示例为测试集，进行CNN建模。

3）按照CNN模型对MNIST测试集中的手写数字图片进行分类。

4）将CNN模型给出的手写数字“分类类型”与数据集MNIST自带的“分类标签”进行对比分析，验证CNN建模的有效性。

训练集来自于美国人口普查局员工，样本数量为60000；测试集来自于美国高中生，样本数量为10000。

每个样本为黑白图像，且已标准化为28×28个像素，每个像素带有灰度级别，灰度级别的取值为0~255。

【方法及工具】 Python语言、TensorFlow包及Keras包。

9.4.1 业务理解

本例题所涉及的业务为手写数字识别，该业务的主要内容如下。

1）输入：28×28 的手写数字灰度图像。

2）输出：手写数字分类结果。

3）处理算法/模型为：CNN 算法。

为了接下来的 CNN 编程，需要安装 TesnforFlow 包至 Python 解释器的模块搜索路径，安装方法如下：

不建议在 JuputerNotebook 中用指令#! pip install tensorflow --user 直接安装包；

建议在 Anaconda Prompt 或命令行中输入命令 pip install tensorflow --user keras. datasets. mnist. load_data( )方法的返回值为含有两个元素的元组，其第一个元素为训练集，第二个元素为测试集。训练集和测试集又包括各自的特征矩阵和目标向量。因此，总共返回 4 个元素，即（x_train，y_train），（x_test，y_test）。

```
In[1]
#安装 TesnforFlow 包
    #！pip install  tensorflow --user
```

从模块搜索路径导入 NumPy，TensorFlow 和 matplotlib 等包至 Python 会话：

```
In[2]
import numpy as np

from tensorflow import keras

import matplotlib.pylab as plt
```

9.4.2　数据读入及理解

通过以下 3 个步骤达到读入和理解数据文件的目的。

1）调用 load_data( )方法，将 MNIST 数据集中训练集和测试集分别读入内存对象 x_train 和 y_train。读入数据：

keras. datasets. mnist. load_data( )方法的运行需要连接互联网，将自动从 https：//storage. googleapis. com/tensorflow/tf - keras - datasets/mnist. npz 下载数据文件。

当然，也可以从 mnist 数据集的官网（https://storage. googleapis. com/tensorflow/tf - keras - datasets/mnist. npz）下载数据文件 mnist. npz 之后，将代码 keras. datasets. mnist. load _ data ( ) 改为 keras. datasets. mnist. load _ data (path =" C：\ clm \ CNN \ mnist. npz")。

```
In[3]
(x_train, y_train), (x_test, y_test) = keras.datasets.
mnist.load_data()
```

输入结果为：

```
Downloading data fromhttps://storage.googleapis.com/tensorflow/tf-keras-datasets/mnist.npz
11493376/11490434 [==============================] - 3s 0us/step
11501568/11490434 [==============================] - 3s 0us/step
```

2）显示训练集的特征矩阵（x_train）和目标向量（y_train）的形状：

（60000，28，28）的含义为：

#6 万张图像

#每个图像为 28×28 像素可见

```
In[4]
#查看训练集的形状
x_train.shape,y_train.shape
```

```
Out[4]:((60000, 28, 28), (60000,))
```

3）调用 matplotlib 包中的 imshow( )方法，显示训练集中的第 0 个样本——（x_train ［0］），输出结果如图 9-18 所示。

可见，训练集的第 0 个样本对应的手写数字为 5。

```
In[5]
#显示第 0 个样本对应的图片
plt.imshow(x_train[0])
```

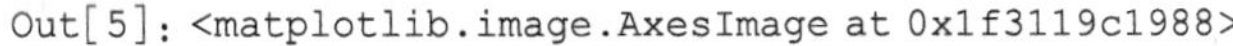

Out[5]: <matplotlib.image.AxesImage at 0x1f3119c1988>

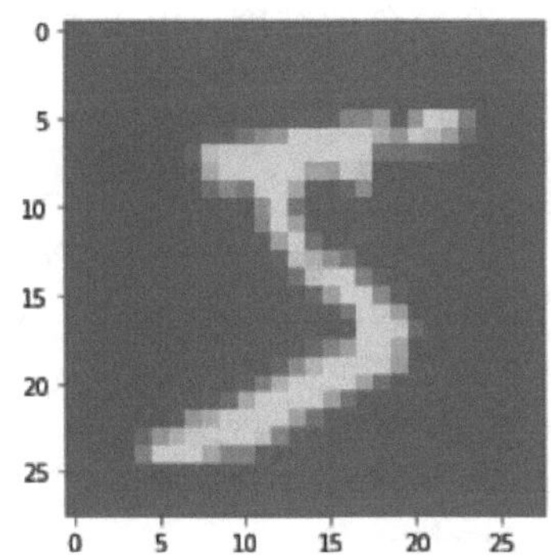

图 9-18 imshow()方法的输出结果

显示第 0 个样本对应的数字：

In[6]
```
#显示第 0 个样本对应的数字
y_train[0]
```

Out [6]: 5

9.4.3 数据准备

读入数据后，对输入数据进行如下处理，以便进行 CNN 深度学习。

1）定义 CNN 的输入层和输出层。

In[7]
```
#输入层
input_shape = (28, 28, 1)

#输出层
num_classes = 10
```

每一张图像的表示方法为(28,28,1)。其中,28,28 为图像像素,1 为通道个数(灰度图)。

输出类别的个数 10,即数字 0~9。

2）数据标准化处理，将原灰度级别取值范围 [0, 255] 缩放至区间 [0, 1]。

In[8]
```
#将图像的灰度值缩放到[0,1]的范围
x_ train = x_ train. astype (" float32") / 255

x_ test = x_ test. astype (" float32") / 255
```

255:灰度图像的位数为 8 位,2^8 = 256 种,即用 0~255 的数值来表示灰度级别。

建议通过输入代码 x_train [1] 查看训练集的第 1 个样本对应的矩阵。

In[9]
```
#显示标准化处理过后的训练集、测试集的形状
x_train.shape  ,  x_test.shape
```

Out[9]:((60000, 28, 28), (10000, 28, 28))

可见，训练集和测试集的样本数量分别为 60000 和 10000，每个样本用 28×28 个矩阵表示。

3）将通道信息加入数据集，即将数据形状改为（28，28，1）。因为

如果是 RGB 图像，需要增加维度的话就应该增加3，使得数据形状改变为（28，28，3）。

输入层定义的形状为（28，28，1），所以需要将数据的形状也改为（28，28，1），即增加一个颜色的维度。由于本例处理的是灰度图像，需要增加维度为 1。

参数 axis = -1 的含义为新增维度的位置，即最后一个维度上增加新维度。

In[10]
```
#调用函数 np.expand_dims()增加维度
x_train = np.expand_dims(x_train,axis=-1)
    #上一行代码可改为 x_train = x_train.reshape((60000,28,28,1))

x_test = np.expand_dims(x_test, -1)
    #上一行代码可改为 x_test = x_test.reshape((10000,28,28,1))
```

In[11]
```
#输出 y_train
print(x_test.shape[0], "test samples")
```

```
Out[11]:array([5, 0, 4, ..., 5, 6, 8], dtype=uint8)
```

参见本章【9.5.4 One-hot encoding】。

4）对标签数据进行独热编码（One-hot encoding），将向量转化成二维矩阵，其原因在于函数 model.fit 的参数 x_train 和 y_train 必须为二维矩阵。

In[12]
```
#对训练集中标签进行独热编码
y_train =keras.utils.to_categorical(y_train, num_clas-
ses)

#对测试集中标签进行独热编码
y_test =keras.utils.to_categorical(y_test, num_classes)

#显示训练集的标签 y_train
y_train
```

```
Out[12]: array([[0., 0., 0., ..., 0., 0., 0.],
       [1., 0., 0., ..., 0., 0., 0.],
       [0., 0., 0., ..., 0., 0., 0.],
       ...,
       [0., 0., 0., ..., 0., 0., 0.],
       [0., 0., 0., ..., 0., 0., 0.],
       [0., 0., 0., ..., 0., 1., 0.]],dtype=float32)
```

9.4.4 数据理解

对数据 x_train、x_test 进行探索性分析，本例采用的实现方式为调用 shape 属性。

In[13]	

```
print("x_train shape:", x_train.shape)
print(x_train.shape[0], "train samples")
print(x_test.shape[0], "test samples")
```

对应输出结果为：

```
x_train shape: (60000, 28, 28, 1)
60000 train samples
10000 test samples
```

从此输出结果可看出，数据集 x_ train 的 shape 为 60000×28×28×1。其中，60000 代表样本个数；28×28 代表每个样本图像的分辨率；通道数为 1，则说明图片为灰度图像。

9.4.5 定义 CNN 的学习框架

Keras 提供了两种编程接口：序列式编程接口（Sequential API）和函数式编程接口（Functional API）。本例调用 Keras 的序列式编程接口，序列模型是多个网络层的线性堆叠，因此构建一个序列模型其实是堆叠多个神经网络的层（layer）的过程。

关于 CNN 的学习框架，参见本章【9.2 算法原理】。

创建 Sequential 模型的方法有两种，第一种是使用列表将网络层参数传给 Sequential 对象，第二种是使用 add( ) 方法。

In[14]

```
#模型构建
num_filters_1 = 32  #过滤器数量 1
num_filters_2 = 64  #过滤器数量 2
kernel_size =(3,3)    #卷积核的大小
model =keras.Sequential(
    [
keras.Input(shape=input_shape),

#卷积层
        layers.Conv2D(
            num_filters_1,
            kernel_size,
            strides=1,
            padding="valid",
            activation="relu",
            use_bias=True,
            bias_initializer=keras.initializers.Zeros()
        ),

#池化层
layers.MaxPooling2D(
            pool_size=(2, 2)
            , strides=None
            , padding="valid"),

#第二次卷积池化过程
```

2D/3D/4D 的含义为卷积计算的方向。其中，2D 的含义为“卷积核沿两个方向（x, y）移动以计算卷积输出”。

#过滤器数量：32；

卷积核大小：3×3

#步幅为 1

#无填充，则输出形状为（input _ shape - kernel_size）/strides+1

激活函数为 rule。

bias _ initializer：用于偏置向量的初始化

最大池化层：筛选出范围内最大值，大小 2×2；步幅如果为 None，则默认为 pool_size。

```
        layers.Conv2D(
            num_filters_2,
            kernel_size,
            strides=1,
            padding="valid",
            activation="relu"),

        layers.MaxPooling2D(
            pool_size=(2, 2), strides=None, padding="val-
id"),

#扁平化输出(全连接之前)
keras.layers.Flatten(),

#dropput 层
keras.layers.Dropout(rate = 0.5),

#全连接层
keras.layers.Dense(units = num_classes
#输出空间维数,等于分类数
                    , activation="softmax"),
    ]
)

#显示训练结果信息
model.summary()
```

由于全连接层的输入为向量,要将多个特征矩阵"压平"为一个向量。

训练过程中随机删除神经元防止过度拟合,rate 为 0~1 浮点数,是舍弃的部分占比。

参数 activation 为激活函数,Softmax 将任意实数值转换为概率,关于激活函数,参见本章【9.3 核心术语】。

输出结果如下:

关于输出结果的解读,参见本章【9.2 算法原理】。

```
Model: "sequential"
_________________________________________________________________
Layer (type)                 Output ShapeParam #
=================================================================
conv2d (Conv2D)               (None, 26, 26, 32)       320
_________________________________________________________________
max_pooling2d (MaxPooling2D) (None, 13, 13, 32)        0
_________________________________________________________________
conv2d_1 (Conv2D)             (None, 11, 11, 64)       18496
_________________________________________________________________
max_pooling2d_1 (MaxPooling2 (None, 5, 5, 64)          0
_________________________________________________________________
```

```
flatten (Flatten)              (None, 1600)          0
_________________________________________________________________
dropout (Dropout)              (None, 1600)          0
_________________________________________________________________
dense (Dense)                  (None, 10)            16010
=================================================================
Totalparams: 34,826
Trainableparams: 34,826
Non-trainableparams: 0
_________________________________________________________________
```

9.4.6 执行 CNN 学习及模型训练

In[15]

```
#训练模型

model.compile(
loss="categorical_crossentropy",
optimizer="adam",
metrics=["accuracy"])

    #批(batch)大小
    batch_size = 128  #默认为32
    epochs = 10

results=model.fit(x_train,
        y_train,
        batch_size=batch_size,
        epochs=epochs,
         validation_split=0.1,
   )
```

损失函数:交叉熵损失，分类时一般采用 categorical_crossentropy。

优化器，adam 是梯度下降法的一种（adam 是自适应学习率的优化器，所以不需要手动调参）。

评估标准为 accuracy。

小批量优化算法。

可以通过 results.history 的方式查看训练过程。

此处，validation_split = 0.1 的含义为，从 x_train 中拿出 10% 作为验证集，因此，真正参与训练的训练集为 90%×60 000 = 54000。由于 batch_size 设为 128，每个 epoch 中的 iterations 次数为 54000/128 = 421.875，约等于 422。

训练结果如下：

```
Epoch 1/10
422/422 [==============================] - 18s 43ms/step
- loss: 0.3639 - accuracy: 0.8895 - val_loss: 0.0901 - val_accuracy: 0.9722
Epoch 2/10
422/422 [==============================] - 18s 43ms/step
- loss: 0.1165 - accuracy: 0.9641 - val_loss: 0.0596 - val_accuracy: 0.9825
Epoch 3/10
422/422 [==============================] - 19s 44ms/step
- loss: 0.0856 - accuracy: 0.9732 - val_loss: 0.0469 - val_accuracy: 0.9875
Epoch 4/10
422/422 [==============================] - 18s 44ms/step
- loss: 0.0724 - accuracy: 0.9784 - val_loss: 0.0433 - val_accuracy: 0.9877
```

```
Epoch 5/10
422/422 [==================================] - 19s 45ms/step
- loss: 0.0618 - accuracy: 0.9813 - val_loss: 0.0362 - val_accuracy: 0.9898
Epoch 6/10
422/422 [==================================] - 20s 46ms/step
- loss: 0.0584 - accuracy: 0.9820 - val_loss: 0.0343 - val_accuracy: 0.9903
Epoch 7/10
422/422 [==================================] - 18s 43ms/step
- loss: 0.0519 - accuracy: 0.9837 - val_loss: 0.0327 - val_accuracy: 0.9913
Epoch 8/10
422/422 [==================================] - 18s 43ms/step
- loss: 0.0498 - accuracy: 0.9840 - val_loss: 0.0360 - val_accuracy: 0.9895
Epoch 9/10
422/422 [==================================] - 18s 43ms/step
- loss: 0.0446 - accuracy: 0.9860 - val_loss: 0.0323 - val_accuracy: 0.9893
Epoch 10/10
422/422 [==================================] - 18s 43ms/step
- loss: 0.0425 - accuracy: 0.9866 - val_loss: 0.0304 - val_accuracy: 0.9918
```

随着 epoch 的增加，准确度也在不断增加。

9.4.7 模型评价

TensorFlow 框架自带有评价标准的参数——metrics。在配置模型的学习过程中需要将评价函数作为 metrics 的参数输入。

- binary_accuracy：对二分类问题，计算在所有预测值上的平均正确率。
- categorical_accuracy：对多分类问题，计算在所有预测值上的平均正确率。
- mean_square_error：MSE 均方误差。
- mean_absolute_error：MSE 平均绝对误差。

In[16]
```
#评价方法
score = model.evaluate(x_test, y_test, verbose=0)
print("test loss:", score[0])
print("test accuracy:", score[1])
print(score)
```

输出结果为：

```
test loss: 0.02739007957279682
test accuracy: 0.9902999997138977
[0.02739007957279682, 0.9902999997138977]
```

然后，通过 Keras 自带的 history 属性查看 accuracy 的变化并将其可视化。这里需要使用的是 matplotlib 包。

In[17]
```
plt.plot(range(1, epochs+1), results.history['accuracy'])
plt.xlabel('Epochs')
plt.ylabel('Accuracy')
plt.show()
```

可视化结果如图 9-19 所示。

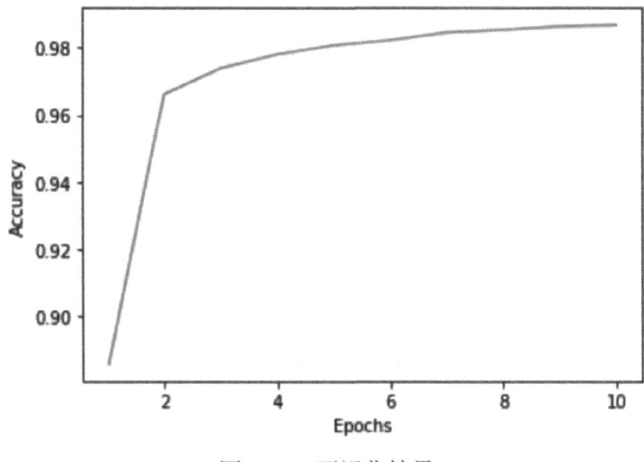

图 9-19 可视化结果

9.4.8 模型预测

利用模型进行预测，使用 model 自带的 predict( )方法进行预测。

In[18]
```
#预测测试集的第 1 个样本的输出
prediction=model.predict(x_test[:1])
print(prediction)
```

```
[[1.3475150e-08 6.4834027e-09 6.3025800e-06 1.6381235e-05 3.5942520e-11
  3.3656500e-09 8.7634330e-16 9.9997592e-01 9.9707364e-08 1.3300782e-06]]
```

可见，输出结果为 List，其中序号 7 的概率最大，所以，测试集的第一个样本为 7。

可以用以下方法显示预测结果：

In[19]
```
#显示预测标签结果
list(prediction[0]).index((prediction[0].max()))
```

```
Out[19]: 7
```

结果表示测试集编号为 1 的图片手写数字识别为 7。

9.5 重点与难点解读

基于 CNN 的深度学习的重点和难点如下。

9.5.1 参数解读——CNN 算法

表 9-6 所示为 CNN 算法的超参数及其含义。

具体参数使用参见 https://keras.io/zh/optimizers

可以传递已有的评价函数名称，或者传递一个自定义的 Theano/TensorFlow 函数来使用（查阅自定义评价函数），可使用的评价函数包括：binary_accuracy、categorical_accuracy、sparse_categorical_accuracy 等。除此之外还可以自定义评估函数。具体参数可以参见 https://keras.io/zh/metrics

损失函数的具体使用可以参见 https://keras.io/zh/losses

具体各回调函数使用参见 https://keras.io/zh/callbacks

表 9-6 CNN 算法的超参数及其含义

参数名称	参数含义	备注
optimizer	优化器，即优化算法的选择	优化器是编译 Keras 模型的所需的两个参数之一，其取值可以为 SGD、RMSprop、Adagrad、Adam 等优化器的名称
metrics	评估函数，用于评估当前训练模型的性能	当模型编译（compile）后，评价函数应该作为 metrics 的参数来输入，评价函数和损失函数相似，只不过评价函数的结果不会用于训练过程中
Losses	损失函数（或称目标函数、优化评分函数），是编译模型时所需的两个参数之一	可用的损失函数有 mean_squared_error、mean_absolute_error、mean_absolute_percentage_error 等
Callbacks	回调函数，回调函数是一个函数的合集，会在训练的阶段中所使用。	可以使用回调函数来查看训练模型的内在状态和统计。可以传递一个列表的回调函数（作为 callbacks 关键字参数）到 Sequential 或 Model 类型的 .fit() 方法。在训练时，相应回调函数的方法就会被在各自的阶段被调用

9.5.2 机器学习中的性能与可解释性的矛盾

机器学习（包括深度学习）领域的一个主要矛盾是性能与可解释性之间的矛盾。有些算法（如决策树）的可解释性很好，但其性能不高。相反，有些算法（深度学习）的性能很高，但可解释性差，如图 9-20 所示。

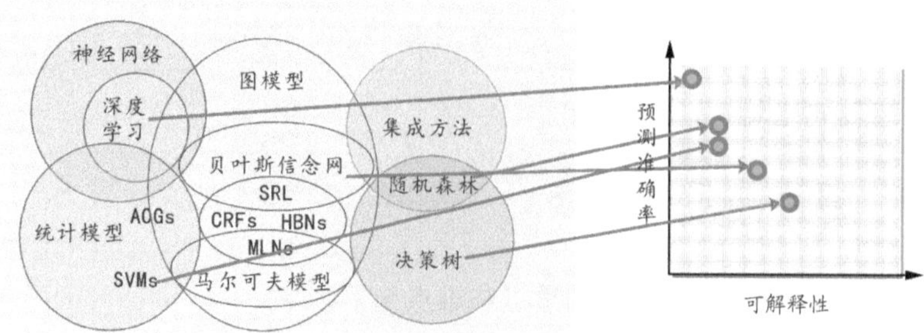

图 9-20 算法的性能与可解释性的矛盾
（来源：David Gunning，2016）

9.5.3 随机梯度下降及学习率

(1) 随机梯度下降法的思想

机器学习的一个困境是“为了确保所训练出的模型的泛化能力强，需要用大量的训练集。但是，当训练集的规模很大时，计算代价会增加”。因此，如何基于较少的样本训练出具备较好泛化能力的模型是机器学习的一个重要课题。为此，深度学习中通常引入随机梯度下降法。

在深度学习中，梯度下降算法主要用于在反向传播中优化目标函数，即调整目标函数的参数 w 和 b。

随机梯度下降法是梯度下降法的一种扩展和改进，其改进思想为“从训练集中均匀抽出一小批量（minibatch）样本，并基于这小批量样本进行梯度下降”。梯度下降算法的思想如图 9-21 所示。根据导数的定义，得出：

梯度（Gradient）的本质上是向量。函数 $f(x)$ 的梯度为由该函数的所有偏微分组成的向量。梯度的方向为函数变化率最大的方向。梯度相反的方向为函数值下降最快的方向。

$$f(x+\varepsilon)\approx f(x)+\varepsilon f'(x) \tag{9-8}$$

当 ε 足够小且 $f(x-\varepsilon\ \mathrm{sign}(\varepsilon f'(x)))$ 比 $f(x)$ 小时，可以通过将 x 往导数反方向移动一小步的方式来减少 $f(x)$。

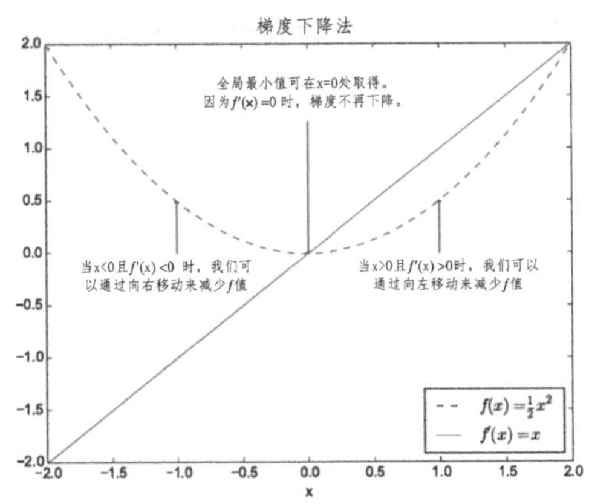

图 9-21 随机梯度下降的示意图

（来源：IanGoodfellow 等，2017）

(2) 随机梯度下降法中的学习率

因此，学习率过小，梯度下降过慢，参数更新过慢；学习率过大，容易直接跳过最小值，如图 9-22 所示。

所谓的“梯度消失”或“梯度爆炸”的本质是反向传播过程中链式求导连乘带来的影响。当每一层的梯度都大于 1 时，经过 n 次连乘，梯度会越变越大，最终造成“梯度爆炸”。相反，当每一层的梯度都小于 1 时，经过 n 次向前的连乘，梯度会越变越小，导致“梯度消失”。

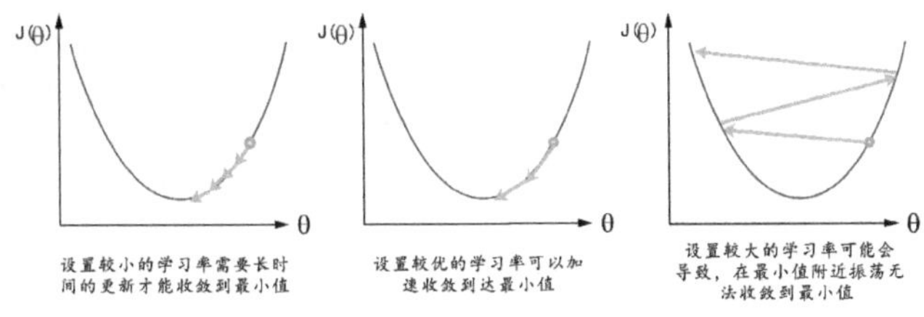

图 9-22 学习率不同时梯度下降的不同

目标函数$f(x)$为R^n上具有一阶连续偏导数的函数。

梯度下降法是一种迭代算法。在此，$k=0$代表的是第 0 次迭代；$x^{(0)}$的含义为第 0 次迭代时，x的取值。

梯度下降算法一般被认为很慢或不可靠。因此，在深度学习中普遍采用的是梯度下降算法的改进算法——随机梯度下降算法。

在卷积神经网络中，优化器的主要作用是决定如何基于损失函数更新神经网络的参数。

(3) 随机梯度下降法的步骤

输入：目标函数$f(x)$，梯度函数$g(x)=\nabla f(x)$，计算精度ε。

输出：$f(x)$的极小点x^*。

①初始化变量$x^{(0)}\in R^n$，$k=0$。

②计算$f(x^{(k)})$，其中$x^{(k)}$为第k次迭代时x的取值。

③计算梯度$g_k=g(x^{(k)})$，当$\|g_k\|<\varepsilon$时，停止迭代，令$x^*=x^{(k)}$；否则，令$p_k=-g(x^{(k)})$，求λ_k，使

$$f(x^{(k)}+\lambda_k p_k)=\min_{\lambda\geq 0} f(x^{(k)}+\lambda p_k) \tag{9-9}$$

④置$x^{(k+1)}=x^{(k)}+\lambda_k p_k$，计算$f(x^{(k+1)})$。

当$\|f(x^{(k+1)})-f(x^{(k)})\|<\varepsilon$或$\|x^{(k+1)}-x^{(k)}\|<\varepsilon$时，停止迭代，令$x^*=x^{(k+1)}$。

⑤否则，置$k=k+1$，转步骤③。

(4) 随机梯度下降法的优化

通常，将随机梯度下降法的优化称为优化器（Optimizers）。在本章使用的 Keras 包中，参数 optimizer 代表的是优化器，其取值可以为 SGD、RMSprop、Adam 和 Adagrad 等，如表 9-7 所示。

表 9-7 SGD、RMSprop、Adam 和 Adagrad 的比较

优化方法	公式	参数解释	特点
随机梯度下降（Stochastic Gradient Descent，SGD）	$g_t=\nabla\theta_{t-1}f(\theta_{t-1})$ $\Delta\theta_t=-\eta * g_t$	η：学习率 g_t：梯度	(1) 容易收敛到局部最优； (2) 在某些情况下可能被困在鞍点
自适应梯度（AdaGrad）	$n_t=n_{t-1}+{g_t}^2$ $\Delta\theta_t=-\frac{\eta}{\sqrt{n_t+\varepsilon}} * g_t$	η：学习率 g_t：梯度 θ：参数 n：训练样本个数 ϵ：平滑项（防止分母为 0）	(1) 适合处理稀疏梯度，比标准的 SGD 算法更有效地收敛； (2) 依赖于人工设置一个全局学习率； (3) η 设置过大的话，会使对梯度的调节太大； (4) 随着时间的累积分母上的历史梯度平方和会越来越大，导致学习率收缩到太小，训练提前结束

（续）

优化方法	公式	参数解释	特点
均方根传递（Root Mean Square Propagation，RMSprop）	$v_t=\rho * v_{t-1}+(1-\rho) * g_t^2$ $\Delta\omega_t=-\frac{\eta}{\sqrt{v_t+\varepsilon}} * g_t$ $\omega_{t+1}=\omega_t+\Delta\omega_t$	η：学习率 v_t：梯度平方的指数平均 g_t：梯度	（1）使用了小批量随机梯度，按元素平方的指数加权移动平均来调整学习率，依赖于全局学习率； （2）适合处理非平稳目标，即对于RNN效果较好
自适应矩估计（Adaptive Moment Estimation，Adam）	$m_t=\mu * m_{t-1}+(1-\mu) * g_t$ $n_t=v * n_{t-1}+(1-v) * g_t^2$ $\hat{m}_t=\frac{m_t}{1-\mu^t}$ $\hat{n}_t=\frac{n_t}{1-v^t}$ $\Delta\theta_t=-\frac{\hat{m}_t}{\sqrt{\hat{n}_t}+\varepsilon} * \eta$	m_t：对梯度的一阶矩估计 n_t：对梯度的二阶矩估计 $\hat{m}_t$：修正一阶矩的偏差 $\hat{n}_t$：修正二阶矩的偏差	（1）结合了Adagrad善于处理稀疏梯度和RMSprop善于处理非平稳目标的优点； （2）对内存需求较小； （3）为不同的参数计算不同的自适应学习率； （4）适用于大多非凸优化，即适用于大数据集和高维空间

9.5.4 One-hot encoding

One-hot encoding（独热编码）是指利用0和1表示一些参数，使用N位状态寄存器来对N个状态进行编码，如R-B-G三种颜色可以使用3位独热编码表示，分别为R（100），B（010），G（001），如图9-23所示。

编码前

ID	Color
1	red
2	blue
3	green
4	blue

独热编码

编码后

ID	Color_red	Color_blue	Color_green
1	1	0	0
2	0	1	0
3	0	0	1
4	0	1	0

图9-23 独热编码

（图片来源：George Novack，2020）

独热编码的优点如下。

- 能够处理非连续型数值特征。
- 在一定程度上也扩充了特征。例如，性别本身是一个特征，经过独热编码以后，就变成了男或女两个特征。

- 当分类类别很多时，可以使数据变得稀疏。

9.5.5 端到端的学习

端到端的学习已成为近几年的热门话题。

端到端的学习（End-to-end Learning）是指整个学习的流程并不进行人为的子问题划分，而是完全交给深度学习模型直接学习从原始数据到期望输出的机器学习模型，如图 9-1 所示。

对端到端的神经网络而言，其输入数据是未经任何人为加工的原始样本形式，后续则是堆叠在输入层上的众多操作层，这些操作层整体可以看作一个复杂的函数，最终的损失函数由数据损失（data loss）和模型参数的正则化损失（regularization loss）共同组成，模型深度的训练则是在最终损失驱动下对模型进行参数更新，并将误差反向传播至网络各层。

9.5.6 CNN 与其他深度学习方法的区别及联系

CNN 包含多个过滤器层或神经元层，每层神经元的信号只能向上一层传播，样本的处理在各个时刻独立，因此又被称为前馈神经网络（Feed-forward Neural Networks）。RNN（Recurrent Neural Network，循环神经网络）与传统的 CNN 共用大部分相同的架构，不同之处在于 RNN 具有可用作反馈环路的存储器，也就是长短期记忆网络（LSTM，Long Short-Term Memory），这一功能可以向 RNN 反馈长度和大小会变化的数据序列，而 CNN 仅对固定的输入数据进行操作。在 RNN 中，神经元的输出可以在下一个时间段直接作用到自身，即第 i 层神经元在 m 时刻的输入，除了（$i-1$）层神经元在该时刻的输出外，还包括其自身在（$m-1$）时刻的输出。

1）CNN 适用于图像等稀疏数据，RNN 适用于临时数据和顺序数据。

2）CNN 被认为比 RNN 功能更强，与 CNN 相比，RNN 具有较少的功能和较低的效率。

3）CNN 互连消耗一组有限的输入，并根据输入生成一组有限的输出，RNN 可以允许任意输入长度和输出长度。

4）CNN 特别适用于视频处理和图像处理，RNN 比较适用于自然语言处理、语音识别和手写识别。

Ranjan Chitta. Understanding Deep Learning Application in Rare Event Prediction [J]. Connaissance Publishing, 2020.

9.5.7 CNN 算法设置超参数的经验法则

隐藏层不包括输入层和输出层。

在深度学习中，超参数设置是一项较为复杂的工作，不仅需要由较为深厚的理论知识，而且也需要较为丰富的实战经验。为此，Chitta Ranjan 提出了深度学习算法及参数设置的 15 项经验法则，具体内容如下。

1）神经网络的层数：从带有两个隐藏层的神经网络开始；

2）中间层的节点个数（大小）：节点个数为2的几何级，如4，8，16，32等。第1层应该是输入数据特征数量的一半左右，下一层的大小为上一层的一半。

3）输出层的节点数（大小）。

- 分类任务：如果为二分类（Binary Classification），则大小为1。对于多类分类器，节点数为类别的个数。
- 回归任务：节点数与响应变量的个数一致。

4）回归输出层的大小：如果是单个响应，则大小为1。对于多响应回归，大小是响应的数量。

5）中间层激活函数的选择：使用ReLU函数。

6）输出层激活函数的选择：二分类问题选择Sigmoid函数，多分类问题选择Softmax函数；回归问题选择Linear函数。

7）丢弃（dropout）：不建议在基准MLP模型中加入丢弃（dropout）机制，而应在大型或复杂的神经网络中引入丢弃机制。同时，输入层中不应引入丢弃机制。

8）数据预处理：在特征矩阵 ***X*** 中，采用独热编码（one-hot encoding）将类别型数据列转换为数字（数值），然后进行特征缩放（标准化）。特征缩放（标准化）方法为：如果特征的可能取值无边界，采用Standard Scalar方法；如果有界，则使用MinMax Scalar方法。

9）训练集、测试集和验证集的划分：调用sklearn.model_selection包中的train_test_split()方法。

10）类别权重（Class Weight）：应谨慎使用（最好避免使用）类别极度不平衡的数据。如果在二分类中使用，权重设置方法应为：{0：类别为1的总数/数据大小，1：类别为0的数/数据大小}。

对于极不平衡的数据（罕见事件），设置类别权重可能不起作用。

11）优化器（Optimizer）：使用Adam及其默认学习率。

12）损失函数。

- 对于二分类任务，使用binary_crossentropy。
- 对于多分类任务，如果标签是独热编码化的，则使用categorical_crossentropy；如果标签是整数，则使用sparse_categorical_crossentropy。
- 对于回归类任务，使用MSE。

13）评估标准（Metrics）：

- 对于分类任务，使用准确率（Accuracy）。对于不平衡的数据，除了准确率（Accuracy），还应包括召回率（Recall）、假正率

在TensorFlow中，对应函数为tf.keras.metrics.Recall()和tf.keras.metrics.FalsePositives()

(False Positive Rate) 和 F1 值 (F1-Score)。

在 TensorFlow 中，tf. keras. metrics. RootMeanSquaredError()

- 对于回归任务：使用均方根误差 (Root Mean Squared Error)。

14) epochs：从 20 开始，看看模型训练是否显示损失减少和准确性提高。如果 20 个 epochs 没有取得小的成功，那就继续前进。如果取得了一些微小的成功，那么就把 epochs 设置为 100。

15) batch 大小：从 2 的几何级数选择 batch。对于不平衡的数据集，可以选择大一点的值，如 128，否则，从 16 开始。

9.6　习题

1. 卷积神经网络的应用领域有(　　)。

A. 图像分类　　B. 目标检测　　C. 图像分割　　D. 人像检测

2. 对于 CNN 算法而言，以下说法正确的是(　　)。

A. 池化层在许多的卷积层之后　　B. 卷积层在许多的池化层之后

C. 全连接层在最后的网络层中　　D. 全连接层在最先的网络层中

3. 对于 CNN 算法而言，以下说法正确的是(　　)。

A. 为了减少参数数量，通常会使用池化层，并且对卷积层采用填充来避免图像缩小过快

B. 在一个扁平的网络结构中，训练层数越多，误差越小

C. 过滤器的大小通常为奇数×奇数

D. 全连接层在最先的网络层中

4. 假设 CNN 的输入大小为 24×24×8。当使用 1 个 1×1 的过滤器时，会产生(　　)个参数（默认有偏置）。

A. 4608　　B. 2　　C. 9　　D. 1

5. 在使用 Keras 框架中的序贯模型构建神经网络时，网络层的搭建的方法有(　　)。

A. 使用 add() 方法

B. 自定义函数式 API

C. 使用列表将网络层参数传给序贯模型对象

D. 创建多个序贯模型对象

6. 在使用 Keras 框架下，以下经常使用的评价标准有(　　)。

A. binary_accuracy　　B. categorical_accuracy

C. 均方误差　　D. 平均绝对误差

7. 下列有关 Keras 的说法正确的是(　　)。

A. Keras 是使用纯 Python 编写的深度学习库

B. Keras 仅是基于 TensorFlow 开发而成的

C. Keras 可以不用过多地关注底层细节

D. Keras 默认的后端为 TensorFlow 和 Theano

8. 针对完整的训练集进行神经网络学习的一次迭代称为：(　　)

A. batch　　B. iteration　　C. epoch　　D. size

9. 使用单独通道的卷积神经网络时，输入图片的大小为 26×26，卷积核的大小为 3×3，过滤器移动的步幅为 1，填充的像素数为 1，则卷积后输出大小为(　　)。

A. 23 B. 24 C. 25 D. 26

10. 下列有关激活函数的说法正确的是(　　)。

A. Sigmoid 是常用的线性激活函数

B. Sigmoid 存在的问题是容易造成梯度爆炸或者梯度消失

C. Tanh 是 Sigmoid 的变形，且与之不同的是 Tanh 是“以零为中心”

D. ReLU 是一种线性且不饱和的激活函数

9.7 主要参考文献及推荐阅读书目

[1] BENGIO Y, GOODFELLOW I, C OURVILLE A. Deep learning [M]. Massachusetts: MIT press, 2017.

[2] CHARNIAK E. Introduction to Deep Learning [M] . Massachusetts: MIT Press, 2021.

[3] NOVACK G. Building a One Hot Encoding Layer with TensorFlow [OL]. https://towardsdatascience.com/building-a-one-hot-encoding-layer-with-tensorflow-f907d686bf39

[4] GUNNING D, et al. XAI—Explainable artificial intelligence [J] . Science Robotics 4. 37, 2019.

[5] KELLEHER J D. Deep learning [M]. Massachusetts: MIT press, 2019.

[6] O'MAHONY N, CAMPBELL S, CARVALHO A, et al. Deep learning vs. traditional computer vision [C] //Science and Information Conference. Springer, Cham, 2019: 128-144.

[7] RANJAN C. Understanding Deep Learning and Application in Rare Event Prediction [M]. Connaissance Publishing, 2020.

[8] ZHOU V. CNNs, Part 1: An Introduction to Convolutional Neural Networks [EB/OL]. (2019-05) https://victorzhou.com/blog/intro-to-cnns-part-1/.

[9] ZHOU V. CNNs, Part 2: Training a Convolutional Neural Network [EB/OL]. (2019-05) https://victorzhou.com/blog/intro-to-cnns-part-2/

[10] LECUN Y, BOTTOU L, BENGIO Y, et al. Gradient-based learning applied to document recognition [J]. Proceedings of the IEEE, 1998, 86 (11): 2278-2324.

[11] Yan, Le Cun, B. Yoshua, and H. Geoffrey. Deep learning [J]. Nature 521. 7553 (2015): 436-444.

附录　习题参考答案

第 1 章

1. C	2. D	3. C	4. ABCD	5. BCD
6. BCD	7. A	8. C	9. B	10. A

第 2 章

1. B	2. A	3. A	4. C	5. D
6. B	7. B	8. CD	9. AD	10. B

第 3 章

1. C	2. D	3. A	4. D	5. D
6. ABCD	7. A	8. BCD	9. C	10. B
11. AD	12. ABCD	13. AC	14. A	15. C

第 4 章

1. C	2. AD	3. BC	4. AC	5. A
6. CD	7. BD	8. CD	9. AD	10. D
11. A	12. A	13. ABCD	14. B	15. BD
16. C	17. ABCD	18. ABCD		

第 5 章

1. A	2. ABC	3. D	4. BC	5. ABCD
6. D	7. ABCD	8. B	9. B	10. ABC

第 6 章

1. A	2. C	3. C	4. A	5. B
6. D	7. AB	8. ABCD	9. ABCD	10. BCD

第 7 章

1. ACD	2. ABCD	3. AB	4. B	5. D
6. C	7. AB	8. C	9. B	

第 8 章

1. AD	2. A	3. D	4. C	5. ABC
6. BD	7. D			

第 9 章

1. ABCD	2. AC	3. AC	4. C	5. AC
6. ABCD	7. ACD	8. C	9. D	10. BCD